数学与统计学科普丛书

统计学史话

王静龙　吴贤毅

中国教育出版传媒集团

高等教育出版社·北京

内容提要

　　本书讲述人类在 16—19 世纪这三百年间探索统计的历程,力图展现从会计学之父帕乔利到天才高尔顿这些前辈先贤们在统计思想、理论与方法上的贡献。本书包括三个层面的内容:一是统计思想、理论与方法本身;二是前辈们的工作在后世的直接延伸,试图以管中窥豹的方式,展现一些以前辈们的贡献作为基石的现代研究;三是与前辈先贤们的工作有关联的一些逸闻趣事,这对理解他们当年的贡献是有所裨益的,甚至是不可分割的。

　　读史明智,读史启迪。历史一再表明,统计的发展源于科学、经济、社会等各个领域的实际问题驱动,并通过对数据的分析发现知识,优化决策。阅读统计史,将使我们更深刻地领会“统计学是收集和分析数据的科学与艺术”的含义,以及实践是获得真知的重要途径。

　　本书脉络分明,重点突出,适合数学与统计学专业师生、广大数学工作者和一般科学爱好者阅读参考。

图书在版编目(CIP)数据

　　统计学史话 / 王静龙,　吴贤毅主编. -- 北京 :　高等教育出版社,　2024. 11. -- (数学与统计学科普丛书).
ISBN 978-7-04-062755-8

　　Ⅰ. O212-09

　　中国国家版本馆 CIP 数据核字第 202425U370 号

Tongjixue Shihua

| 策划编辑　张晓丽 | 责任编辑　田　玲 | 封面设计　张　楠 | 版式设计　张　楠 |
| 责任绘图　于　博 | 责任校对　张　然 | 责任印制　赵义民 | |

出版发行	高等教育出版社	网　　址	http://www.hep.edu.cn
社　　址	北京市西城区德外大街 4 号		http://www.hep.com.cn
邮政编码	100120	网上订购	http://www.hepmall.com.cn
印　　刷	北京盛通印刷股份有限公司		http://www.hepmall.com
开　　本	787 mm×1092 mm　1/16		http://www.hepmall.cn
印　　张	14.25		
字　　数	220 千字	版　　次	2024 年 11 月第 1 版
购书热线	010-58581118	印　　次	2024 年 11 月第 1 次印刷
咨询电话	400-810-0598	定　　价	56.00 元

本书如有缺页、倒页、脱页等质量问题,请到所购图书销售部门联系调换
版权所有　侵权必究
物 料 号　62755-00

前　言

　　本书讲述 16 世纪至 19 世纪这三百年间人类探索统计的历程，力图展现从会计学之父帕乔利的赌金分配问题，到天才高尔顿的以统计学为纽带的科学王国，前辈先贤们所提出和建立的早期概率论及统计思想、理论与方法。

　　本书大抵包括三个层面的内容：

　　一是统计思想、理论与方法本身，囊括了作为系统研究概率论开端的百科全书式学者卡尔达诺与他的《机会赌博之书》以及数学家帕斯卡和律师费马给出的赌金分配问题的解，惠更斯提出的数学期望，雅各布·伯努利的大数定律，被认为是现代统计历史起点的格朗特的《观察》，由天文学家哈雷编制的、奠定了人寿保险费计算的数理基础的生命表，棣莫弗和拉普拉斯的极限定理及拉普拉斯的《概率的分析理论》，作为后世贝叶斯学派哲学基础的牧师贝叶斯的统计学，勒让德的最小二乘法，数学王子高斯引入的正态分布，泊松与泊松分布，帕累托与帕累托分布，等等。

　　二是前辈们的工作在后世的直接延伸。那些工作本身是如此激动人心，富有魅力，并启迪心智，它们构成了概率论与统计学的早期历史，但并不仅仅存在于历史中，本书试图以管中窥豹的方式，展现一些以前辈们的贡献作为基石的现代研究。例如，博特克维奇、阿贝、帕尔姆、辛钦、埃尔朗等关于泊松分布和泊松过程的深入研究；朱兰、齐普夫、布拉德福、洛特卡、西蒙、普赖斯、巴拉巴西等在当代管理学、文献计量学和网络研究中对帕累托相关的工作的继续。

三是与前辈先贤们的工作有关联的一些逸闻趣事，我们认为这对理解他们当年的贡献是有所裨益的，甚至是不可分割的。

读史明智，读史启迪。历史一再表明，统计的发展源于科学、经济、社会等各个领域的实际问题驱动，通过对数据的分析发现知识，优化决策，并在这一过程中通过与其他学科的融通，发展和丰富自己的理论、方法以及工具。格朗特通过列表观察分析伦敦教区 3 000 多期死亡公报的海量般的数据，成了历史上发现"生男生女并不机会均等，出生 100 个女孩，平均来说将出生 107 到 108 个男孩"的第一人。帕累托通过收入高于某一值的人数与这些人所拥有的财富的对比，观察分析多地的收入与分配数据，提出了经济领域的一个非常著名的规律：社会 80% 的财富掌握在 20% 的人手里。这个规律的影响深远广泛，即被推广到各个领域都可用的帕累托原则。深居简出过着隐居生活的早慧数学天才高斯，受邀指挥大地测量。他走出书斋，日复一日地在崎岖不平的山地进行一次又一次的地质测量。高斯引入的正态分布来自他积累的大地测量的大量数据。前辈们的重大发现起始于他们对数据的仔细观察和分析。阅读统计史会使我们更深刻地领会"统计学是收集和分析数据的科学与艺术"的含义。统计的历史告诉我们，实践出真知。而这正如我国老一辈统计学家魏宗舒教授一再告诫年轻人的，"如果能亲临实际做一二次数据分析，那对数理统计的领会就会更深了"。到实践中去，解决实践问题，会发现新的思想、理论和方法。难怪我国前辈统计学家茆诗松教授说，年轻人要像爱你的恋人那样爱数据。

统计的历史会使我们感悟到，前辈们知识渊博，但更重要的是他们善于思索。思索是创造力的源泉。思索问题比寻找答案更重要。围着老问题转圈，怎么跑也是原地打转。有了新问题，我们就能迈步向前进。卡尔达诺别出心裁研究掷骰子的概率。雅各布·伯努利生活的年代，人们根据已经发生的事实来估算概率，凭直观都会觉得，发生的事实越多，估算的误差就越小。雅各布·伯努利独具匠心进行研究，凭着他所说的"哪怕很愚笨的人，他也会经由他的本能，不须他人教诲就能理解"的这个直觉，发现了大数定律。已知事件发生的概率为 θ，人们就能计算某个观察结果："n 次试验中事件发生 r 次和失败 $n-r$ 次"的概率。但贝叶斯并不感到满足，并试图求解它的逆问题：有了这个观察结果，我们如何知道这件事发生的概率 θ 呢？由此他开创了贝叶斯学派。贝叶斯的思想在数据分析、智能推理与机器学习的各个应用领域都大有作为。在统计学家、自然与社会学家中，贝叶斯之名如雷贯耳。如今是大数据、数据挖掘的时代，统计发展有机遇，也有挑战。前辈们的工作激励着人们砥砺前行。

由衷感谢中国科学院院士陈希孺教授。本书的写作得益于他的著作《数理统计学简史》。感谢上海华证指数信息服务有限公司董事长、总经理刘忠博士，他推荐我们阅读风险管理的名著，彼得·L.伯恩斯坦的《与天为敌：风险探索传奇》。书中讲述的概率统计问题给了我们很多帮助。本书参考资料的收集，承蒙虞克明、刘奇、孙孝前、汪小寅及张佳佳等诸位博士的大力协助，向他们表示衷心的感谢。最后，向高等教育出版社的张晓丽编辑和田玲编辑表示最诚挚的感谢，感谢她们的关心和帮助。她们为本书的出版做了大量的工作。

本书初稿第一至十一章由王静龙编写，吴贤毅完成了第十二章的初稿。

对于撰写统计的探索历程，我们自感阅历不足，书中定有很多疏漏与不成熟的地方。不妥之处恳望诸位同仁与读者批评指正。

王静龙、吴贤毅

2024 年 4 月

目　录

人类玩赌博可谓源远流长. 古埃及人玩骰子可追溯到五千多年前. 赌博有娱乐性，三千多年前特洛伊战争期间（公元前 1193—前 1183），古希腊军人就用骰子游戏来消闲解闷. 但正如古人所言，"小赌怡情，大赌伤身"，赌博之风气若任其蔓延滋长，必将败坏社会风气，所以自古以来，就有限制甚至禁止赌博的法律，例如两千五百年前中国战国时期，当时魏国就制定有《法经》，其中的《杂律》"嬉禁"就有"博戏罚金三币". 人们容易沉溺于赌博. 在那些依赖运气的赌博中，输赢都有可能发生. 参与赌博的人对输与赢，有着不同的反应. 在输的时候，往往认为自己运气不会一直不好，输的局面大概马上就会停止. 而赢的时候，却认为自己会一直赢下去. 其实，对于依赖运气的机会性赌博而言，输与赢经常发生，谁都不知道下一次究竟是输还是赢. 正是这种具有娱乐性的机会性赌博，启发人们探索出概率理论. 这样说并不为过，直接促使概率论产生的是赌博.

1.1 会计学之父帕乔利

文艺复兴时期意大利数学家和现代会计的奠基人卢卡·帕乔利（Luca Pacioli，1445—1517），在他 1494 年出版的巨著《数学大全》（又称《算术、几何、比及比例概要》）中，提出的赌金分配问题，其解决方法被认为是系统研究概率论的开端．意大利邮政总局于 1994 年 4 月 13 日发行了一枚面值 750 里拉的纪念邮票，见图 1.1．邮票标题是"卢卡·帕乔利修士：庆祝《算术、几何、比及比例概要》发表 500 周年".

图 1.1　意大利发行的纪念卢卡·帕乔利的邮票

概率论的起源与赌博有关．但在概率论发端之初，人们就已经认识到，概率论的应用绝不只限于赌博．它是人们认识不确定现象的理论与方法的基础．概率论之所以发展如此地神速，就是因为这是社会经济与科技发展的实际需要．

帕乔利是意大利文艺复兴时期的重要人物．他毕生从事数学教学．他边讲课，边编写数学教材．与其说是教材，不如说是他的著作．他在意大利各处的教学活动和编写的教材，大大影响了后来的数学教学和研究．他深知数学与实际结合的重要性．帕乔利年少时，家里人曾将他送入商人家当学徒，随商人的船队去各个港口处理贸易业务．这使他得以了解贸易与商业交易方面的知识．帕乔利深知数学与实际的结合不仅体现在数学与艺术、建筑的关系上，还充分体现在数学与经济管理等方面的内容中．在他出版的 11 部著作中，除了数学方面的内容，还涉及簿记、贸易、货币与兑换、军事战略、棋艺、类似"数独"的数学谜题与魔术，以及散文与诗歌等．以他的名字命名的卢卡·帕乔利奖是意大利面向国际学术界的重要奖项，其宗旨是奖励运用跨学科方法取得重要成就的学者．2013 年，卢卡·帕乔利奖授予我国清华大学汪晖教授与德国哲学家于尔根·哈贝马斯．汪晖是获得这个国际奖项的首位中国学者.

在帕乔利快二十岁时，他有幸得到意大利文艺复兴初期的著名画家皮耶罗·德拉·弗朗西斯卡的指点. 画家皮耶罗掌握了很多数学和几何学的知识，并力图将几何学与解剖学引入绘画. 皮耶罗非常重视几何透视学原理，把它看成是绘画的基础，曾撰写著作《论绘画中的透视》. 皮耶罗传授数学知识给帕乔利. 1496 年帕乔利在米兰结识了文艺复兴时期的代表人物达·芬奇，两人随即成了好朋友，并住在一起. 达·芬奇虽然在绘画时对比例和几何有着敏锐的直觉，但在米兰遇到帕乔利之前对数学知之不多，帕乔利就教他数学. 当时帕乔利正在写作他的一本新书《神奇的比例》. 这本书的主题是比例，讲述黄金分割在数学、艺术和建筑上的应用，以及皮耶罗·德拉·弗朗西斯卡的绘画作品. 达·芬奇为帕乔利的《神奇的比例》配上了精确、复杂且漂亮的插图. 帕乔利的另一本著作《论棋艺》曾长期被认为已经失传，但 2006 年其手稿被发现. 该书在 2008 年得以出版. 据说，这本书的插图也是达·芬奇所作.

帕乔利的巨著《数学大全》有五个篇章的内容：（1）算术与代数；（2）算术与代数在贸易和计算中的应用；（3）簿记；（4）货币和兑换；（5）纯粹数学和应用几何. 《数学大全》于 1494 年出版之后，短短五十年间，先后由意大利文翻译成荷兰文、德文、法文、英文与俄文，迅速传遍了全欧洲. 这部巨著的第三篇题为《簿记论》. 《簿记论》是世界上第一本关于簿记的著作，在会计发展史上具有划时代的重大意义. 《簿记论》详细地描述了复式簿记记账法. 这是一项创新的会计方法，有着极大的经济效益. 其重要意义可与两百年后发明的蒸汽机相媲美. 帕乔利对复式簿记记账法的记载与研究被认为是会计学的开端，他被尊称为"会计学之父". 2004 年帕乔利的传世之作《数学大全》第三篇《簿记论》的中译本出版，中译本名为"会计账簿及记录：摘自《算术、几何、比及比例概要》".

帕乔利对簿记的观察、实践与研究始于 1466 年. 当时，他年方 21 岁，离开故乡来到威尼斯. 那时的威尼斯水陆贸易都十分发达，簿记在商业界与金融界已运用自如，在当时的商品经济中发挥了重要的作用. 在威尼斯期间，帕乔利对簿记从了解到逐渐产生了浓厚的兴趣. 他从数学与经济管理结合的角度对威尼斯式簿记进行了研究. 他认为，精明的商人应具有数学头脑，熟悉簿记，由簿记洞察经营情况，探寻正确的管理决策，以获取良好的经济效益．而对于簿记员，应掌握数学的基本方法，按科学程序进行计量、考核，达到账目平衡．帕乔利把簿记看成是应用数学的重要组成部分．这为他后来从实务与理论两方面对借贷复式簿记的系统性、科学性与重要性进行深入研究奠定了思想基础．1482 年至 1490 年这八年间，帕乔利往来于罗马、那不勒斯、比萨与威尼斯等城市，实地考察复式簿记．他看到了经济管理工作存在的各种弊病，以及威尼斯复式簿记在运用中的各式缺陷．正因为如此，帕乔利认为复式簿记工作须提高科学素质，不断完善，适应社会经济发展的需要．他的《簿记论》对复式簿记方法进行的研究使得簿记从实践转向理论，并最终实现簿记理论对实践的指导作用．就这样，一门新兴的学科——会计学诞生了．帕乔利的《簿记论》作为第一部有关簿记的论著，随后成了会计教科书的模式，为公众使用超过了两百年．也许我们中的很多人不知道帕乔利是谁，但我们每个人都知道会计，多亏了他给我们的知识．

1.2　帕乔利的赌金分配问题

可能是由于帕乔利研究会计记账，而会计期末要结账，故他在其名著《数学大全》中还提到了一场未竟赌局如何结账的问题，也就是在一场未最终完成的赌局中分配赌金的问题：A 和 B 进行了一场公平的球类赌博．他们约定在一方赢得 6 局时赌博结束．赢得 6 局者得全部赌金．但实际上，在 A 赢了 5 局，B 赢了 3 局时，赌博就终止结束了．那么，赌金该如何分配呢？这个问题看似简单，但在当时要给出一个大家公认且都能接受的合理答案，谈何容易．赌徒 A 说："既然我赢的局数多，那赌金就应全归我．"赌徒 B 肯定不同意．在他看来赌徒 A 尚没有赢得 6 局，B 自己还有可能先赢得 6 局，A 怎么可以拿走全部赌金．赌徒 B 说："既然没有人赢得 6 局，为体现赌博的公平性，那我们就每人分一半赌金．"赌徒 A 显然不会同意，赢的局数多的赌徒与赢的局数少的怎么可以分得一样多？帕乔利本人提出按他们赢的局数来分．因为 A 赢了 5 局，B 赢了 3 局，所以把赌金分成 8 份，A 拿 5 份，B 拿 3 份．根据赢的局数来分，看似公平，但人们不难对此提出异议．

如果只赌一局，A 赢 B 输，赌博就结束了. A 赢了 1 局，B 赢了 0 局，倘若根据赢的局数来分，那 A 岂不是拿走全部赌金？显然，这不公平. 正因为帕乔利提出的赌金分配问题，一时难以找到合理公平的分配方法，引发起人们激烈的争论. 自帕乔利在 1494 年提出这个问题，它历经 150 余年，反复出现在数学著作以及人们的讨论之中，直到 1654 年才有了赌金的正确分配解法. 更为重要的是，正如我们前面所言的，1654 年的赌金分配问题的解决方法被认为是系统研究概率论的开端. 所以直到如今，大凡学习概率统计的人，都知道这个赌金分配问题.

本章参考文献

这一章除了参考书末文献[1]与[2]，还参考了下列文献：

刘兴云，孟凡利，1994. 卢卡·帕乔利会计思想研究及其现实意义——纪念《数学大全》出版五百周年. 会计研究(3)：23-28.

第二章
百科全书式学者卡尔达诺与他的《机会赌博之书》

正如前一章所说,三千多年前的特洛伊战争期间,古希腊军人掷骰子用来消闲解闷.就连万物的起源,古希腊人也是用一个掷骰子的巨大赌局来解释的.三兄弟掷骰子分配宇宙.大赢家主神宙斯(Zeus)赢得天堂,海神波塞冬(Poseidon)赢得了海洋,而输了的冥王哈得斯(Hades)则成为地狱的总管.既然古希腊盛行赌博,那概率论似乎应由古希腊人提出.众所周知,公元前3世纪古希腊数学家欧几里得用公理化方法,把古希腊人先前积累的大量几何图形的知识以及证明几何图形性质的逻辑推理的方法加以整理,组成演绎体系,写出了《原本》,建立了欧氏几何.古希腊人能建立这样一个论证精彩、逻辑周密、结构严谨的欧氏几何体系,却没有步入概率论这个充满魅力的领域,令人十分诧异.尽管古希腊人知道掷骰子时连续投掷出现相同的数字 10 000 次是不可能的,而相同一两次很容易,但似乎并没有一个古希腊人能静心坐下来,计算一下它们的概率.为什么古希腊人没有提出概率论?有一种解释说是因为古希腊人认为被公理与逻辑证明了的才是真实的,他们不重视经验,似乎从未有过可以通过实验、观察来验证某种假设的想法.古希腊人没有提出概率论,也与他们当时所处年代、社会与经济发展的水平有关.那个年代的人安于现状,过着简朴单纯的生活,日升而作,日落而息,不思改变.古希腊人往往在面对风暴时屈服,向风神祈祷,陈设祭品;在预测明天将如何时,求助于占卜者;在参与赌博时,祈求神灵保佑自己运气好，而不去注意例如掷骰子时骰子出现的点数的规律性.

2.1 百科全书式学者卡尔达诺

吉罗拉莫·卡尔达诺（Girolamo Cardano，1501—1576）是文艺复兴时期意大利百科全书式学者，见图2.1. 他经常玩骰子，并对骰子点数随机出现的情况感到好奇. 通过观察，他发现骰子点数的出现有规律性，并对此进行了研究，将实验观察转变为理论. 1525 年他写了《机会赌博之书》一书，并于 1565 年修订此书. 卡尔达诺于 1576 年去世，1663 年该书首次出版，书的英译名为 *The Book on Games of Chance*.

图 2.1　卡尔达诺

学过中学代数的高次方程这一课题的人，大凡知道卡尔达诺，因为一元三次方程有个求根的卡尔达诺公式（又称卡当公式）. 关于一元三次方程的求解，有这样一段有趣的史话. 求解一元高次方程是那个年代欧洲数学界的一大难题. 前一章介绍的会计学之父帕乔利为求解一元三次方程，绞尽脑汁，但百思不得其解. 在其 1494 年出版的巨著《数学大全》中，帕乔利悲观地说，求解一元三次方程，犹如化圆为方的问题，是根本不可能的. 1510 年左右，意大利数学家希皮奥内·德尔·费罗（Scipione del Ferro，1465—1526）第一个发现了一元三次方程的解法. 他解出了缺少二次项的正系数一元三次方程，然而并没有公开发表自己这一突破性的成果. 费罗有一本笔记簿，记录他的重要发现，其中包括他发现的一元三次方程的解法. 在 1526 年费罗去世前，他将解法传授给他的学生 A.M.菲奥尔（Fior）.

1534 年意大利数学家尼科洛·塔尔塔利亚（Niccolò Tartaglia，1499—1557）宣称自己发现了缺少一次项的正系数一元三次方程的解. 塔尔塔利亚其实是尼科洛·丰塔纳（Niccolò Fontana）的绰号. 丰塔纳因头部受伤，留下说话困难的后遗症，人们给他取了个绰号"塔尔塔利亚"（意大利语"口吃者"的意思). 他本人也自称塔尔塔利亚, 并以这个姓氏发表文章. 菲奥尔听说塔尔塔利亚会解一元三次方程, 要求与他公开竞赛. 两人相约于 1535年 2 月 22 日进行公开竞赛. 竞赛前夕, 塔尔塔利亚苦思冥想, 想出了多种形式的, 包括缺少二次项的正系数一元三次方程的解法. 所谓公开竞赛, 就是各自给对方 30 道题目, 看谁解出来的多. 塔尔塔利亚解出了菲奥尔给的 30 道题目. 而塔尔塔利亚给的 30 道题目, 多数是菲奥尔不会解的缺少一次项的正系数一元三次方程, 因而塔尔塔利亚大获全胜, 扬名整个意大利. 1541 年, 塔尔塔利亚称, 他完全解决了一元三次方程的求解问题. 很可能是他想在酝酿成熟后写一本关于三次方程解法的书的缘故, 塔尔塔利亚并没有将自己的解法很快发表.

卡尔达诺长时间以来, 一直也在研究三次方程的求解问题, 苦无任何结果. 1539 年当卡尔达诺得知塔尔塔利亚会解一元三次方程的消息之后, 卡尔达诺便多次亲自写信请教, 并邀请塔尔塔利亚来访当面请教. 经卡尔达诺软磨硬泡再三恳求, 并发誓永不泄密, 塔尔塔利亚才给了他一首隐晦地藏着三次方程解法的 25 行的小诗. 但他随即后悔, 拒绝了卡尔达诺在通信中要求他解释小诗的要求. 1540 年卡尔达诺和他的学生费拉里(Lodovico Ferrari, 1522—1565)破解了这首小诗, 并以此为线索, 完全解决了三次方程的求解问题. 费拉里还进一步完全解决了四次方程的求解问题. 限于卡尔达诺的永不泄密的誓言, 这两个结果都没有立即发表. 1543 年卡尔达诺从费罗留下的笔记簿, 得知费罗早于塔尔塔利亚, 是第一个解出一元三次方程的人. 卡尔达诺随即违背他当初的誓言, 将一元三次和四次方程的解法, 发表在他 1545 年出版的数学名著《伟大的艺术》中. 书中说, "费罗约在 30 年前发现了这一法则并传授给菲奥尔". 书中还说, "塔尔塔利亚独立地发现了一元三次方程的解法". 并说"塔尔塔利亚在我的恳求下将方法告诉了我, 但没有证明. 在这种帮助下, 我克服了很大困难找到了证明". 尽管卡尔达诺在书中说了塔尔塔利亚的巨大贡献, 说明了方法的来源, 但他违背誓言, 发表一元三次方程的解法的行为激怒了塔尔塔利亚. 他对卡尔达诺的怨恨终生未曾消解. 尽管大家知道早于卡尔达诺, 费罗与塔尔塔利亚就发现了一元三次方程的解法, 但由于卡尔达诺是首个发表一元三次方程求根公式的人, 因而该解法被称为"卡尔达诺公式".

卡尔达诺的《伟大的艺术》一书，是文艺复兴时期第一部有关代数的专著，开创性地使用 a、b、c 等代数符号．应用这样的代数符号，今天的中学生，甚至小学生都很熟悉．但在那个年代，对于许多人来说，这是极为神秘深邃的符号．书中除了发表求解一元三次方程的方法，还同时发表了求解一元四次方程的方法．书中明确指出一元三次方程有三个根，而塔尔塔利亚给出的只是一个根．该书给出了代数学中的一些新方法，例如：已知方程的一个根将原方程降阶；方程的根与系数间的某些关系；利用反复实施代换的方法求得数值方程的近似解．书中还探索负数的平方根问题，最早使用了复数的概念．《伟大的艺术》一书是卡尔达诺作为数学家的代表性著作之一．他的另一本代表性著作，是 1539 年出版的《算术实践与个体测量》一书．该书主要讲解用数值计算方法来解决实际问题，其代数变换显示出较高的技巧．当时的代数没有符号，仅用文字叙述来表示解题过程，这足以说明卡尔达诺有很强的抽象思维与逻辑推理能力．卡尔达诺作为数学家的第三本代表性著作，就是前面所述的《机会赌博之书》一书．

卡尔达诺不仅研究数学，还精通医术．他是 1526 年帕多瓦大学（Università degli Studi di Padova）的医学博士．卡尔达诺是欧洲名医，曾任米兰医学协会的负责人，母校帕多瓦大学医学院教授．作为医生，卡尔达诺既精于诊断开方，也专于外科手术，他是历史上最早描述斑疹伤寒临床症状的人．他记述了梅毒的病症，提出了疝气手术的新方法．卡尔达诺还是个发明家，发明了许多机械装置，包括万向轴与组合锁．因他精通医术，收入颇丰，为保存好自己的钱，他发明了最早的密码锁．他设计了许多机械装置，著名的有"卡尔达诺悬置""卡尔达诺接合"与"卡尔达诺轴"等．

卡尔达诺一生共出版了 131 部书．据说有 170 多部书未出版就被烧掉了．在他去世时，尚留有 111 部书的手稿．他的著作涉及的领域极其广泛，有数学、天文学、物理学、机械学、化学、生物学、哲学、泌尿学与牙病学等领域．还包括圣母玛利亚的一生、基督耶稣诞生时的星位、道德与非道德、古罗马暴君尼禄（Nero，37—68）、音乐与梦想等主题．他有两部百科全书式的综合性著作最为畅销．一部是 1550 年出版，21 卷的《事物之精妙》．另一部是 1557 年出版，17 卷的《世间万物》．这两部书中包含大量力学、机械学、天文学、化学、生物学等自然科学与技术的知识，还有密码术、炼金术与占星术等内容. 那个年代这两部书被誉为最好的百科全书. 这两部书仅在 16 世纪就有十几个版本, 被译为多种文字, 多次印刷, 广为流传, 影响深远. 人们通常称卡尔达诺为数学家、医学家与物理学家. 其实, 他在化学、生物学、哲学、古典文学与占星学, 以及宗教与音乐等领域都取得了不错的成就. 他是一位百科全书式的学者.

卡尔达诺性格孤僻古怪, 行为怪异. 他嗜赌成性, 沉迷占星不能自拔. 有人说他有满身的缺点. 著名德国哲学家、数学家戈特弗里德·威廉·莱布尼茨(Gottfried Wilhelm Leibniz, 1646—1716)曾如此评价他:"卡尔达诺是一个有许多缺点的伟人; 没有这些缺点, 他将举世无双."

2.2 卡尔达诺的著作:《机会赌博之书》

古希腊人与古罗马人进行赌博的规则, 我们现代人会感到好奇. 例如掷四颗骰子, 掷出 1、3、4 与 6 时, 这被称为"维纳斯掷", 得分最高; 掷出 6、6、6 与 6 的得分, 比掷出 1、1、1 与 1 的高. 所谓得分高, 意思是说"幸运", 难得出现. 由此可见, 在古希腊人看来, 幸运的维纳斯掷 1、3、4 与 6 最不可能出现, 掷出 6、6、6 与 6 难于掷出 1、1、1 与 1. 其实, 掷出 6、6、6 与 6 的可能性与掷出 1、1、1 与 1 的相等, 都等于 $(1/6)^4 = 0.00077$. 而掷出 1、3、4 与 6, 所谓的维纳斯掷的可能性等于 $24 \cdot (1/6)^4 = 0.0185$, 远大于掷出 6、6、6 与 6, 即 1、1、1 与 1 的可能性. 前者是后者的 24 倍之多. 因为这两个可能性都很小, $(1/6)^4$ 小于千分之一, $24 \cdot (1/6)^4$ 小于五十分之一, 所以仅凭观察, 难以发现维纳斯掷并不是最不可能出现的. 唯有时常赌, 赌了成千上万次的赌徒才有可能发现它们有如此的差别. 当然, 如果这个嗜赌成性的赌徒没有好奇心, 不善于观察总结, 也难于有这样的发现. 卡尔达诺是赌徒中的赌徒, 曾自称"我不是时常, 而是正如我感到惭愧的, 每天都在赌博". 卡尔达诺凭借其超强的才能与猎奇心, 仔细评估自己赌博的结果. 他知道赌博的各种作弊方法, 所以在认真分析掷骰子赌博时, 对于自己所得到的结论是否成立, 他作了这样一个至关重要的假设: 如果掷骰子的行为是诚实(没有作弊)的话. 通过研究, 他最终将实验观察上升到理论. 他可能是历史上第一个对赌博进行数学分析的人. 即使如此, 他也赌输很多钱. 这使得他感叹地说: "赌博的最大好处是根本不想去赌博."

在卡尔达诺的《机会赌博之书》一书中, 是他第一个定义了古典概型, 也就是第一个对现在习惯的、以分数的形式表示概率的方法进行了定义: 用我们想要的结果的数量除以所有结果的总数. 据此, 卡尔达诺在书中计算了下列一些问题的概率. 这些初等概率论的问题, 现代的大学生甚至学过一些概率的中学生都能求解. 但在卡尔达诺生活的那个年代, 他能自行立题, 并求解之, 真是神乎其神.

投掷一颗骰子, 掷出两个点数之一, 例如 1 或 2 的概率. 因为这个问题涉及骰子六个面中的两个面, 所以答案是 $1/3 = 0.33$.

卡尔达诺在书中进一步创造性地计算了重复出现的概率. 例如连续两次掷出 1 或 2 的概率是 $1/3$ 的平方, 等于 $1/9$. 连续三次掷出 1 或 2 的概率是 $1/3$ 的立方, 等于 $1/27$, 以及连续四次掷出 1 或 2 的概率是 $1/3$ 的四次方, 等于 $1/81$. 这个问题实际上是独立事件的积的概率计算.

书中卡尔达诺还计算了用两颗骰子, 而不是用一颗骰子掷出 1 或 2 的概率. 既然投掷一颗骰子, 掷出 1 或 2 的概率是 $1/3$, 那么凭直觉人们可能会想, 投掷两颗骰子, 掷出 1 或 2 的概率应是它的两倍, 等于 $2/3$. 事实上, 正确的答案是 $5/9$. 卡尔达诺很高明, 他知道投掷两颗骰子, 在第一颗骰子掷出 1 或 2 的概率是 $1/3$ 时, 其中有两颗骰子都掷出 1 和都掷出 2 的概率皆等于 $1/9$. 而在第二颗骰子掷出 1 或 2 的概率是 $1/3$ 时, 其中又有两颗骰子都掷出 1 或都掷出 2 的概率皆等于 $1/9$. 所以在 $1/3 + 1/3$ 时, $1/9$ 被加了两次. 因而投掷两颗骰子, 掷出 1 或 2 的概率应是 $1/3 + 1/3 - 1/9 = 5/9$. 这个问题实际上是互不相斥事件的和的概率计算.

掷两颗骰子, 计算骰子点数之和, 其和是 2, 3, …, 12 这 11 个数之一. 赌注押在哪一个和上最为有利? 卡尔达诺分析这个问题时, 迈出了极其关键的一步. 他认为掷两颗骰子时, 所有结果的总数并不是 11 (从 2 到 12). 这是因为通过观察他发现从 2 到 12 的这 11 个数并不是等可能出现的. 他意识到在掷两颗骰子时, 和是 2 只可能是这两颗骰子都掷出 1, 其可能性很小, 而和是 7 的可能性就比它大. 要和是 7, 可能一颗骰子掷出 3, 而另一颗掷出 4, 但也可能一颗骰子掷出 4, 而另一颗掷出 3. 这两种情况得到的和都是 7. 即使掷出的是 2 与 5，其和也是 7. 卡尔达诺认为掷两颗骰子，所有结果的总数应该是从蛇眼（两个 1 点）到棚车（两个 6 点）的所有可能组合的总数. 它等于 $6^2 = 36$. 在卡尔达诺生活的年代，他能意识到从"两个 1 点"到"两个 6 点"的所有 36 个组合是等可能的，这足以说明他真是才高于人. 组合这个概念在计算概率时极其重要. 卡尔达诺对组合的应用，是他在发展概率原理中迈出的重要一步. 卡尔达诺认为赌注应押在"7"上，因为数字 7 是最容易掷出的. 掷出 7 可以有 6 种不同的组合：1+6，2+5，3+4，4+3，5+2 与 6+1. 掷出 7 的概率等于 $6/36 = 1/6$. 掷出其他数字的组合都比掷出数字 7 的来得少. 例如掷出数字 11 的只有两种组合：5+6 与 6+5，其概率等于 $2/36 = 1/18$. 而掷出数字 2 与 12 的都仅有一个组合，分别是 1+1 与 6+6，其概率都仅等于 $1/36$.

　　卡尔达诺除了指出，一个结果的概率是这种结果可能出现的数量与总数量的比值，还给出了几率（odds）的定义：这种结果可能出现的数量与这种结果可能没有出现的数量的比值. 显然，知道了概率，就能够算出几率，反之亦然. 例如掷两颗骰子，掷出点数和为 7 的概率是 $6/36$（36 投 6 中），掷出 7 的几率就等于 $6：30 = 1：5$. 由此可见，掷不出 7 的几率是 $5：1$. 在相互打赌时，卡尔达诺用几率计算赌注. 例如某人押 5 元钱赌"掷不出 7"，那么你最多押多少钱与他对赌，赌"掷出 7"？所谓押 5 元钱赌"掷不出 7"，意思是说若掷不出 7，则你押的钱归他所有；而若掷出 7，则他押的 5 元钱归你所有. 在他押 5 元钱赌"掷不出 7"时，由于掷出 7 的几率是 $1：5$，那你最多押 1 元钱与他对赌，赌"掷出 7". 倘若你押的钱多于 1 元钱，那几次三番地赌下来，你很有可能要输.

　　关于帕乔利提出的赌金分配问题，卡尔达诺在他 1539 年出版的《算术实践与个体测量》一书中，给出了一种解法. 假设全场比赛在一方赢得 $s = 6$ 局时结束. 赌徒 A 领先，已胜 $s_1 = 5$ 局. 只需再赢 $r_1 = s - s_1 = 1$ 局就满局. 赌徒 B 落后，仅胜 $s_2 = 3$ 局，尚需再赢 $r_2 = s - s_2 = 3$ 局才满局. 卡尔达诺通过复杂的推理，认为应按 $r_2(r_2 + 1) = 12$ 与 $r_1(r_1 + 1) = 2$ 的比例，把赌金分给 A 与 B. 卡尔达诺的分法，其分的比例仅与尚需赢的局数（r_1，r_2）有关，而与已经赢的局数（s_1，s_2）没有任何关系. 卡尔达诺的分法是将赌博进行下去的想法. 他能这样想，实属不易. 按此下去，再深入一步考虑，如同计算骰子掷出点数的概率那样，卡尔达诺倘若计算，让赌博进行下去，赌徒 A 与 B 满局的概率有多大，则他就有可能解出帕乔利提出的赌金分配问题. 可惜，他没有作这样的研究. 卡尔达诺在《算术实践与个体测量》一书中，给出的这个解法仍不正确. 直到 17 世纪中期才有了赌金分配问题的正确解法，这时卡尔达诺已去世约 80 年了.

除卡尔达诺，又一个研究概率的意大利人是伽利略（Galileo，1564—1642）. 他是意大利文艺复兴后期伟大的天文学家、物理学家、力学家和哲学家，是近代实验物理的开拓者. 1610 年伽利略被比萨大学聘为首席数学教授，并被托斯卡纳大公科西莫二世聘为宫廷首席数学家. 那时，他写了一篇关于赌博的短文《论玩骰子》. 伽利略并不喜欢这个论题. 而是大公为了改进自己的赌技，要伽利略写下关于这个问题的他的想法. 在这篇短文中，伽利略重新描述了卡尔达诺的许多工作. 尽管卡尔达诺的《机会赌博之书》一书是在伽利略写这篇短文的 50 多年之后，于 1663 年才正式出版的，但据推测，伽利略对卡尔达诺的工作可能早就了解. 卡尔达诺思索这些已有很长时间，他必定和朋友们讨论过这些问题，况且他还是一位很受欢迎的演说家. 所以，虽然《机会赌博之书》一书尚未出版，但那时的数学家们谅必已经非常熟悉此书的内容. 和卡尔达诺一样，伽利略也研究掷骰子的实验，计算各种结果的概率. 伽利略对研究概率没有太大的热情，并没有作认真的考虑. 他认为这些方法是每个数学家都能模仿的，已经没有什么可以再研究的了. 这也是当时大多数学者的想法，骰子不值得研究. 事实上，随着社会、经济与科技的发展，骰子的研究、赌金分配问题的解决将引领一个重大的发现，它们是系统研究概率论的开端.

本章参考文献

这一章除了参考书末文献[1]与[2]，还参考了下列文献：

[1] 肖云霞，2011. 一元三次方程求解史话. 数学之友（12）：74—76.

[2] 中国科普博览数学博物馆的资料：费罗与一元三次方程的故事.

意大利人卡尔达诺凭着他长时期的赌博实践，通过一系列的观察，得到了有关概率的一些重要结论，但他似乎仅对研究赌博理论感兴趣，而对发展概率理论并没有兴趣．另一个意大利人帕乔利研究会计，似乎就会计期末的结账问题连带提出了未竟赌局的赌金分配问题，而他并没有将这个问题展开作深入的研究．在帕乔利与卡尔达诺之后，紧接着研究概率论，并且做出了杰出贡献的，首先是两个法国人：神童帕斯卡（Pascal，1623—1662）和律师费马（Fermat，1601—1665），见图3.1．说起他们，不得不说另一个法国人：赌徒梅雷（De Méré）．

图 3.1　费马（左）和帕斯卡（右）

梅雷为自己的数学技巧与计算赌博概率的能力而感到自豪. 事实上, 梅雷往往凭直觉计算概率. 例如, 梅雷认为一颗骰子连续掷 4 次至少出现一个 "6" 点的可能性与两颗骰子连续掷 24 次至少出现一个 "双 6" 点的可能性一样大. 它们都超过了 50%. 为什么梅雷会如此认为? 很可能他是这样想的. 显然, 一颗骰子掷 1 次出现一个 6 点的可能性为 1/6. 梅雷由此推断, 一颗骰子连续掷 4 次至少出现一个 6 点的可能性就超过了 50%. 梅雷凭直觉, 推得的这个结论碰巧是正确的. 经计算, 这个概率等于 $1-(5/6)^4=$ 51.77%, 稍大于 50%. 梅雷以此类推, 既然两颗骰子掷 1 次出现一个双 6 点的可能性为 1/36, 那么两颗骰子连续掷 24 次至少出现一个双 6 点的可能性也就超过了 50%. 梅雷的这个 24, 很有可能他是这样得来的, 一颗骰子是 "1/6 与 4", 成比例地, 两颗骰子应该是 "1/36 与 24". 由此梅雷凭直觉推得了一个结论, 两颗骰子连续掷 24 次至少出现一个双 6 点的可能性与一颗骰子连续掷 4 次至少出现一个 6 点的可能性一样大, 它们都超过了 50%. 根据他自己推得的这个结论, 梅雷有的时候下注押 "6", 赌 "连续 4 次投掷一颗骰子至少出现一个 6". 多次赌下来, 押 6 使他赢了许多钱. 而当他有的时候下注押 "双 6", 赌 "连续 24 次投掷两颗骰子至少出现一个双 6". 不料多次赌下来, 押双 6 使他输了许多钱. 为此他谴责数学. 梅雷的这个问题就是著名概率学家威廉·费勒(William Feller, 1906—1970)的名著《概率论及其应用》第二章问题的第 19 题, 见本章参考文献[1]. 该题的题解见本章参考文献[2]. 事实上, 两颗骰子连续掷 24 次至少出现一个双 6 点的概率等于 $1-(35/36)^{24}\approx49.14\%$, 稍小于 50%. 梅雷仅凭直觉计算概率, 当然容易出错. 押双 6 输钱, 在所难免. 梅雷出名, 并不是因为这个问题, 而是帕乔利提出的赌金分配问题. 梅雷与许多的法国数学家多次讨论帕乔利的赌金分配问题, 然而没有人能给出答案. 1654 年梅雷初识帕斯卡, 他们第一次见面时, 梅雷就向帕斯卡提出了赌金分配问题, 这立即引起了帕斯卡极大的兴趣. 帕斯卡希望有人与他一起研究这个问题. 帕斯卡的朋友帮助他联系上了费马. 1654 年帕斯卡与费马在这个问题上的合作是概率论历史上一个划时代的里程碑. 从 1654 年的 7 月 29 日到 10 月 27 日, 短短的三个月时间内帕斯卡与费马来往有 7 封信件, 相互探讨梅雷提出的赌金分配问题, 以及与此有关的其他问题. 通常把 1654 年 7 月 29 日, 帕斯卡首次与费马通信的日子作为概率论的诞生之日. 由此看来, 梅雷的出名是因为他用一道难题缠住了帕斯卡与费马, 使他们走上了探索之路, 从而有了新的发现.

3.2　神童帕斯卡

　　帕斯卡是个神童, 他在 16 岁时发现了著名的帕斯卡定理: 圆锥曲线内接六边形其三对边的交点共线, 见图 3.2. 帕斯卡定理是射影几何的一个重要定理. 1640 年他在 17 岁时进一步写成了论文《圆锥曲线论》. 古希腊数学家阿波罗尼奥斯 (Apollonius, 约公元前 262—约前 190) 的著作《圆锥曲线论》, 是如此的

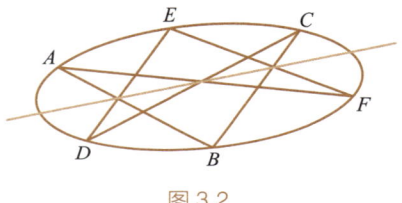

图 3.2

完美, 几乎使后人没有插足的余地. 而帕斯卡的这些工作是此著作发表 1 800 多年以来, 圆锥曲线理论的研究工作的最大进展.

　　帕斯卡的父亲是收税官. 收税官提前向国王交税, 然后他向市民收税. 当然他希望最终收得的要超过先前交纳的. 帕斯卡为减轻他父亲每日繁重的会计记账与加总工作, 1642 年在 19 岁时发明了一种计算机器. 这个精巧的装置利用齿轮和轮子的前转求和、后转求差. 这台世界上最早的机械计算器现陈列于法国博物馆, 见图 3.3. 机械计算器就是今天的电子计算器的雏形. 帕斯卡还尝试在他的机器上能够进行乘法和除法的运算, 甚至开始研究开方的计算方法. 帕斯卡发明的这台计算机器被称为世界上第一台数字计算器, 为以后的计算机设计提供了基本原理.

图 3.3　帕斯卡发明的机械计算器

　　帕斯卡对物理学有卓越贡献, 突出的有他在 1653 年提出流体能够传递

压力的定律，即所谓帕斯卡定律．他利用这一定律制成水压机．他继续了伽利略和托里拆利的大气压实验，发现大气压随高度变化．1662 年帕斯卡逝世，终年 39 岁．为纪念帕斯卡在流体动力学与流体静力学，以及关于真空问题的研究所做出的贡献，后人用他的名字"帕斯卡"来命名压强的单位，简称帕．帕斯卡在数学上有极高的造诣，突出的除圆锥曲线论的研究之外，还有他在无穷小分析上深入探讨了不可分原理，得出求不同曲线所围面积和重心的一般方法，并以积分学的原理解决了摆线问题．他计算了三角函数的积分，最早引入了椭圆积分．后面我们将着重讲解帕斯卡在概率论研究上的贡献；讲述他与费马共同讨论赌金分配问题，是如何建立概率论基础的．

3.3　全职律师和业余数学家费马

　　费马是全职律师和业余数学家．他在数学上取得的成就可与职业数学家相比．费马似乎对数论最有兴趣．称两个正整数 a 和 b 是所谓的亲和数，意思是说，a 的除 a 以外的所有因数之和等于 b，b 的除 b 以外的所有因数之和等于 a．由此看来，称 a 和 b 是亲和数，那是因为 a 中有 b，b 中有 a．古希腊数学家毕达哥拉斯（Pythagoras，约公元前 580—约前 500）最早提出了"亲和数"的概念，并发现了第一对亲和数 220 和 284．220 的除 220 以外的所有因数是 1、2、4、5、10、11、20、22、44、55 与 110，它们相加等于 284．284 的除 284 以外的所有因数是 1、2、4、71 与 142，它们相加等于 220．距离发现第一对亲和数的 2 000 多年之后，1636 年费马找到了第二对亲和数 17 296 和 18 416．两年之后，法国哲学家、物理学家、数学家笛卡儿（Descartes，1596—1650）于 1638 年找到了第三对亲和数 9 363 584 和 9 437 056．法国人费马和笛卡儿在两年的时间里，打破了找寻亲和数的 2 000 多年的沉寂．至于数论研究，费马最著名的可能就是他提出的，后人所称的"费马大定理"．他猜想，当整数 $n>2$ 时，关于 x，y 和 z 的方程 $x^n+y^n=z^n$ 没有正整数解．大约在 1637 年，费马阅读古希腊数学家丢番图（Diophantus）的《算术》一书时，在其第 11 卷第 8 命题旁边写下了这个猜想．他还写道："关于这个论题，我确信已发现了证明方法，可惜这里空白处太窄了，写不下．"费马的如此简单的注释，让后人惊讶不已. 费马的这个猜想激发了一代又一代人的兴趣. 历经 300 多年，这个猜想最终在 1995 年，由英国数学家怀尔斯（Wiles, 1953—）所证实，见图 3.4. 费马还有不少关于数论的猜想，这些猜想对数论研究都有重大贡献. 此外，费马对解析几何学、微积分学、概率论与光学也都做出了重大贡献.

图 3.4 费马大定理邮票和英国数学家怀尔斯

3.4 赌金分配问题的费马解法

关于帕乔利的赌金分配问题，帕斯卡和费马是这样想的，让赌博进行下去，预测最后有哪些结局，是哪个赌徒获胜，计算他们获胜的概率. 在赌金分配问题中，赌徒 A 领先，他只需要再赢 1 局就满局. 赌徒 B 落后，他尚需再赢 3 局才满局. 如果赌博继续下去，他们都有可能获胜. 显然，领先的 A 最后获胜的概率比较大，但是这个概率有多大？落后的 B 最后获胜的概率有多小？他们这种预测未来的概率论思想，慢慢地渗透到各个领域，逐渐应用于金融保险、经济学、医学，以及其他自然科学和人文科学领域.

费马与帕斯卡求解赌金分配问题的角度稍有不同. 费马的解法是计算其中一个赌徒获胜的概率. 他认为，既然赌徒 A 需再赢 1 局就满局，赌徒 B 需再赢 3 局才满局，所以至多再赌 3 局，就可完全决出胜负. 除 3 局赌博都是 B 赢，以至于 B 获胜这 1 种结局以外，其余的结局都是 A 获胜. 因为帕乔利说这是一场公平的球类赌博，所以 B 最终获胜的概率是 $(1/2)^3 = 1/8 = 12.5\%$，A 最终获胜的概率是 87.5%. 也就是说，A 有 87.5% 的可能性获得全部赌金，B 有 12.5% 的可能性获得全部赌金．由此可见，虽然赌博没有进行下去，A 应分得 87.5% 的赌金，B 应分得 12.5% 的赌金．费马的这个解法就隐含着随机变量，以及随机变量取值的平均水平，也就是数学期望的思想．在费马看来，A 最终可能获胜，也可能没有获胜．这也就是说，A 最终可能得到全部赌金，也可能什么都没有得到．那么 A 最终能得到多少？因为 A 最终获胜得到全部赌金的可能性是 87.5%，最终失败什么都没有得到的可能性是 12.5%，所以费马认为 A 平均能得到全部赌金的 87.5%．事实上，这个问题就是对于未来不确定的收益今天应该怎么计算的问题．根据费马与帕斯卡的思想，那就是计算数学期望，取平均值．但他们并没有使用"期望"这个词语，而将"概率乘赌金"称为"赌博的值（value）"．之后，荷兰人惠更斯（Huygens，1629—1695）在他 1657 年出版的《论赌博中的计算》一书中，将"值"改称为"期望（expectation）"．"数学期望"这个名词由此而来．它是概率论最重要的概念之一．

帕乔利的赌金分配问题较为简单．我们用下面的较为复杂一些的例子来说明费马解法的思路．假设某个球类联赛，A 与 B 两队进行决赛．规定先赢 4 场比赛的球队获得冠军．第一场比赛 A 队输给了 B 队，倘若这两支球队势均力敌，那么 A 队获得冠军的概率有多大？第一场 B 队赢了，它尚需再赢 $r_2 = 3$ 场比赛就可获得冠军，而 A 队需再赢 $r_1 = 4$ 场比赛才可获得冠军．所以至多再有 $r_1 + r_2 - 1 = 6$ 场比赛，就可决出谁是冠军．费马将"A 队获得冠军"这个事件，按 B 队没有取胜，取得 1 场比赛胜利与取得 $r_2 - 1 = 2$ 场比赛胜利，分割成下面这 $r_2 = 3$ 个事件．

事件一：B 队没有取胜，A 队获得冠军．此时共有 4 场比赛，全是 A 队取胜．其概率为 $(1/2)^4 = 1/16$．

事件二：B 队取得 1 场比赛胜利，A 队获得冠军．此时共有 5 场比赛，B 队胜 1 场，A 队胜 4 场，且最后 1 场是 A 队胜．其概率为 $4 \cdot (1/2)^5 = 1/8$．

事件三：B 队取得 2 场比赛胜利，A 队获得冠军．此时共有 6 场比赛，B 队胜 2 场，A 队胜 4 场，且最后 1 场是 A 队胜．其概率为 $C_5^2 \cdot (1/2)^6 = 10 \cdot (1/2)^6 = 5/32$．

由这 3 个事件的概率，可得 A 队获得冠军的概率为
$$1/16 + 1/8 + 5/32 = 11/32$$

从而知，B 队获得冠军的概率为 $1-11/32=21/32$. 费马的解法将"A 队获得冠军"这个事件分割成 3 个事件. 按现行概率论教科书的说法，这 3 个事件是一个完备事件群. 费马、帕斯卡的解法，以及卡尔达诺的计算，都隐含着不太严格地使用组合方法以及概率的计算公式，例如概率的乘法、加法公式和全概率公式等，还有事件相斥和事件独立等概念. 求解前所未有的复杂问题，探索出新的概念和公式，总是从初期简单、粗糙、不太严格的阶段一步一步地进入合乎逻辑且精细的阶段. 数学家研究数学问题的进程，往往与课本上讲解数学问题的逻辑结构是不一样的. 正如 DNA 双螺旋结构的发现者之一，詹姆斯·沃森(James Watson，1928—)在他的名著《DNA 双螺旋》序言中所说，"科学的发现很少会像门外汉所想象的一样，按照直截了当合乎逻辑的方式进行".

3.5 赌金分配问题的帕斯卡解法

关于赌金分配类型的问题，帕斯卡给出的解法，其思路与费马的稍有不同. 帕斯卡有两种解法，其一是递推法. 假设赌徒 A 与 B 分别尚需赢 r_1 与 r_2 局才满局. 记 A 最终获胜的概率为 $p(r_1, r_2)$. 则有

边界条件：当 $z>0$ 时，$p(0, z)=1$，$p(z, 0)=0$，$p(z, z)=1/2$；

递推公式：当 $z_1, z_2>0$ 时，$p(z_1, z_2)=\dfrac{p(z_1-1, z_2)+p(z_1, z_2-1)}{2}$.

利用帕斯卡的递推法，不难算得

关于帕乔利的赌金分配，A 最终获胜的概率 $p(1, 3)=7/8=87.5\%$；

关于上述球类联赛，A 队最终获得冠军的概率 $p(4, 3)=11/32$.

递推法可看成是由下而上的倒推，例如帕乔利的赌金分配问题的求解过程如图 3.5 所示.

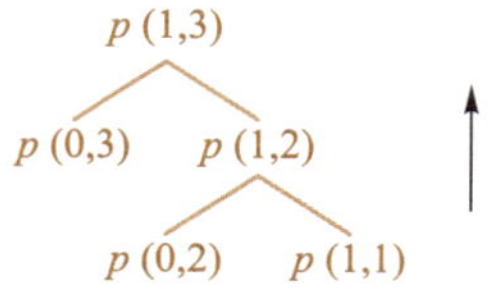

帕斯卡还由上而下用一个三角形来求解赌金分配问题. 三角形（见图 3.6）的顶点"1"表示刚开始，什么都没有发生. 我们把它称为第 0 行. 接下来的第 1 行表示第 1 局赌博的结果，可能是

$p(1,3)$
$p(0,3)$ $p(1,2)$
$p(0,2)$ $p(1,1)$

图 3.5 由下而上倒推的计算

左边的"1"，表示 A 赢；也可能是右边的"1"，表示 B 赢. A 赢与 B 赢的概率都等于 1/2. 接下来的第 2 行表示第 2 局赌博的结果，左边的"1"表示 A 赢了 2 次；右边的"1"表示 B 赢了 2 次；中间的"2"表示 A 与 B 各赢了 1 次(可能先 A 赢后 B 赢，也可能先 B 赢后 A 赢). 第 2 行各个数之和，意思是说第 2 局赌博下来可能的结局有 1+2+1=4 种. 由此算得"A 赢了 2 次"与"B 赢了 2 次"的概率都等于 1/4；"A 与 B 各赢了 1 次"的概率等于 1/2. 以此类推，第 3 行表示第 3 局赌博的结果，可能的结局有 1+3+3+1=8 种，"A 赢了 3 次"与"B 赢了 3 次"的概率都等于 1/8，"A 赢了 2 次，B 赢了 1 次"与"B 赢了 2 次，A 赢了 1 次"的概率都等于 3/8. 帕乔利的赌金分配问题到第 3 行，3 局赌博下来就决出了胜负. A 仅需赢 1 局就满局，所以第 3 行左边 3 个数表示 A 最终赢了，其概率为 7/8；最右边的那个数表示 B 最终赢了，其概率为 1/8.

使用帕斯卡引用的三角形，不论问题多复杂，都很容易分配赌金. 例如上述球类联赛，由于至多再有 6 场比赛，就可决出谁是冠军，因而将三角形画到第 6 行，见图 3.7，向左表示 A 队赢. 因为 A 队再赢 4 场比赛才可获得冠军，所以第 6 行左边的 3 个数(1、6 与 15)之和 22，除以第 6 行各个数之和 64，即得 A 队最终获得冠军的概率为 22/64=11/32.

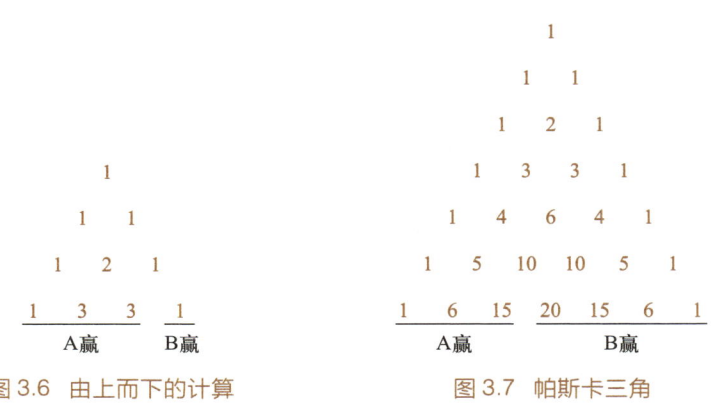

图 3.6 由上而下的计算　　　　图 3.7 帕斯卡三角

假设赌徒 A 与 B 分别尚需赢 r_1 与 r_2 局才满局，将帕斯卡给出的三角形画到第 r_1+r_2-1 行. 这一行左边的 r_2 个数之和，除以这一行各个数之和 $2^{r_1+r_2-1}$，即得赌徒 A 最终赢的概率. 而右边的 r_1 个数之和，除以 $2^{r_1+r_2-1}$，即得赌徒 B 最终赢的概率. 帕斯卡给出的三角形, 其结构并不复杂. 三角形顶点及左右两端点上的数字都为 "1", 而其余的数字等于它肩上两个数字之和. 波斯著名诗人奥马·海亚姆 (约 1048—1131) 一生之中写了不少很有价值的数学论文. 他曾研究过这种形式的三角形. 虽然比帕斯卡早 550 多年, 奥马·海亚姆就研究过它, 但由于帕斯卡研究并总结了关于它的众多结果, 且以此解决了赌金分配等概率论中的问题, 其影响广泛, 故人们习惯称它为帕斯卡三角. 比帕斯卡早 600 多年, 中国古代数学家贾宪约于 1050 年, 在其所著的《释锁算书》一书中就有了这个三角形. 中国古代著名数学家杨辉于 1261 年, 在其所著的《详解九章算法》一书中引用了贾宪三角, 并进行了研究. 另一位中国古代数学家朱世杰于 1303 年, 在其所著的《四元玉鉴》一书中引用了贾宪三角. 杨辉一生数学著作极丰, 共有 5 种 21 卷, 朝鲜与日本等国均有译本出版, 颇具影响. 我们习惯称这个三角形为杨辉三角, 见图 3.8.

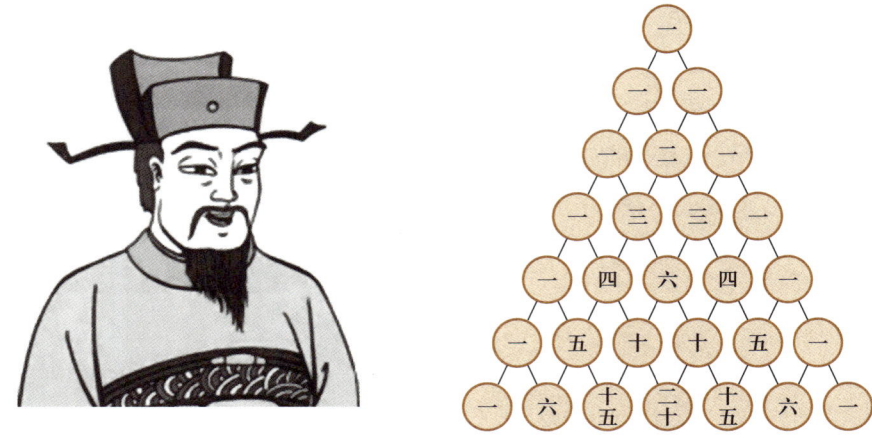

图 3.8　杨辉和杨辉三角

3.6　惠更斯提出数学期望的概念

　　帕乔利提出的, 历经 160 余年未解的赌金分配问题, 被帕斯卡与费马解决的喜讯, 引起了荷兰人惠更斯极大的兴趣. 惠更斯是著名物理学家、天文学家和数学家, 见图 3.9. 他被誉为介于伽利略与牛顿 (Newton, 1643—

1727）之间的一位重要的物理学先驱．惠更斯自幼聪慧，有很强的动手能

力，13 岁时自制一台车床．他设计制造的光
学与天文仪器精巧超群，磨制的透镜精度达
到了前所未有的高度，改进了望远镜与显微
镜．他所研制的"惠更斯目镜"至今仍然为
人们所使用．惠更斯对天文学有着极大的贡
献．1610 年伽利略用望远镜发现土星有"耳
朵"，后来又发现土星的"耳朵"消失了．
土星的"耳朵"时而出现时而消失，这样一
个奇怪现象成了天文学上的谜．1655 年惠更
斯用他改进了的望远镜解开了这个由来已久
的天文学之谜．他发现这个"耳朵"原来是

图 3.9　惠更斯

土星旁边的一个薄而平的圆环．伽利略发现土星"耳朵"消失，其实是土星
光环恰好以侧面对着地球，看上去呈线状的缘故，因而用望远镜也无法看
到．之后不久，惠更斯又发现了土星最大的一颗卫星"土卫六"．人们将它取
名为泰坦（希腊神话里，泰坦是一个巨人家族）．惠更斯把科学实验、实践与
理论研究相结合，对钟摆进行了深入的研究．1657 年惠更斯进一步验证了伽
利略于 1582 年发现的单摆振动的等时性，并把它应用在计时器上，制成了
世界上第一架计时摆钟．这架摆钟由大小不一、形状相异的一些齿轮组成，
用重锤作单摆的摆锤．因摆锤可以调节，计时就比较精确．1658 年他提出了
著名的单摆周期公式．1675 年惠更斯首先成功地在钟上采用了摆轮游丝，大
大提高了钟的走时精度，且缩小了钟的外形尺寸，怀表开始流行．人类早期
利用天文景象和流动物体的连续运动，例如使用日晷、沙漏、漏壶、油灯与
蜡烛灯等计时．这些钟的计时精度很低．在伽利略、惠更斯与其他一些科学
家及工匠的努力下，人类开始进入采用机械件的一个新的计时年代，促进了
生产和科学技术的发展．

　　人们熟悉惠更斯，多半起因于光的本质的微粒说与波动说的争论．牛顿
是光的微粒学说的集大成者，而惠更斯发展了光的波动学说．牛顿的微粒说
与惠更斯的波动说构成了光的两大基本理论，由此产生激烈的论战．这是一
场经年累月的拉锯战，时而微粒说占据上风，时而波动说占据上风．这场论

战从 17 世纪初开始，至 20 世纪初结束，前后历时 300 多年. 最终科学家达成共识：光既有波的属性，又有微粒的特征，这就是光的波粒二象性. 当然，随着科学不断向前发展，波粒二象性真的是最后结果，没有争论了吗？学术争论推动人类对未知世界的探寻，催生了人类智慧. 它是新理论、新思想的发源地和生长地. 正是这场微粒说与波动说的跨世纪的争论，引出了量子力学的诞生. 它是 20 世纪人类文明发展的一个重大飞跃. 我们的现代文明，从电脑、电视、手机到核能、航天、生物技术，几乎没有哪个领域不依赖量子论.

惠更斯在数学上有出众的天才. 早在他 22 岁时就发表了关于计算圆周长、椭圆弧及双曲线的著作. 他研究过各种平面曲线，如悬链线、曳物线、对数螺线等. 他在微积分学方面有所成就. 他在概率论方面有重要贡献. 得知赌金分配问题已被解决的喜讯，惠更斯也参加了帕斯卡和费马的讨论. 他对赌博这一类，既可以看作是机会碰运气游戏，又可以看作是博弈赌赢的游戏，进行了深入的概率分析. 1657 年，惠更斯将他的研究成果总结成文，写成了《论赌博中的计算》一书. 他的书有公理、定理与命题，还有形形色色与赌博有关的问题. 对所列出的问题，惠更斯的解法的逻辑结构与现行概率论教科书的大致相同. 该书得到了学术界的广泛认可，多次再版，作为概率论的标准教材达 50 年之久. 惠更斯在书中明确提出了数学期望的概念. 书中有个命题：若某人在赌博中以概率 p，$q(p, q \geqslant 0, p+q=1)$ 得 a，b 元，则其数学期望为 $pa+qb$ 元. 概率论经历了古典概率、分析概率和现代概率等几个阶段. 惠更斯的这本书被认为是关于概率论的最早的论著. 惠更斯在他的《论赌博中的计算》一书中告诫读者，这是认识不确定现象的方法，"你所处理的不只是赌博而已，其中实际上包含着很有趣很深刻的理论的基础".

本章参考文献

这一章除了参考书末文献[1]与[2]，还参考了下列文献：

[1] 费勒，1964. 概率论及其应用：上册. 胡迪鹤，林向清，译. 北京：科学出版社.

[2] 陈希孺，1981. 概率论及其应用题解. 重庆师范学院数学系印.

[3]《中国大百科全书》74 卷（第一版）力学的三个词条：帕斯卡、皮耶·德·费马和惠更斯. 词条作者是朱照宣，由"科普中国"科学百科词条编写与应用工作项目审核. 北京：中国大百科全书出版社，1985.

第四章

瑞士伯努利家族

概率统计有伯努利(Bernoulli)分布、伯努利试验与伯努利大数定律. 流体动力学有伯努利方程与伯努利原理. 经济学中的效用(utility),这个概念是伯努利提出的. 微积分学计算极限的洛必达法则并不是由法国数学家洛必达(L'Hôpital,1661—1704)、而是由伯努利发现的. 数论中有伯努利数. 微分方程有伯努利微分方程. 此外,还有伯努利双纽线. 上述伯努利并不是同一个人. 他们来自同一个伯努利家族.

4.1 伯努利家族

本章下面提到的诸位伯努利,他们的家谱关系如图 4.1 所示.

伯努利家族原籍安特卫普(今比利时城市),1583 年迁居德国法兰克福,最后定居瑞士巴塞尔. 这个家族的一代又一代子孙中,至少有一半相继成为杰出人才. 他们在科学、技术、工程、法律、管理、文学与艺术等领域享有名望,有的甚至声名显赫. 图 4.1 中,老尼古拉斯·伯努利受过良好教育,在当地政府和司法部门任高级职务. 他有三个儿子,长子雅各布、次子尼古拉斯、三子约翰. 雅各布·伯努利是 "大数定律" 的发现者,伯努利分布、伯努利试验、伯努利微分方程与伯努利双纽线都以他的名字命名,数论

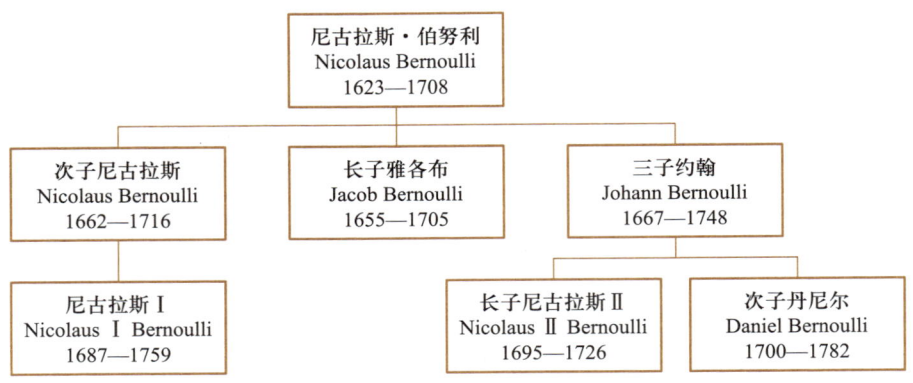

图 4.1　本章提到的几位伯努利的家谱关系

中的伯努利数是他引入的. 关于雅各布, 人们最为津津乐道的轶事之一, 就是他痴迷于研究对数螺线(又称等角螺线, 或生长螺线), 见图 4.2. 对数螺线是笛卡儿在 1638 年发现的. 雅各布研究发现了对数螺线的许多特性, 如对数螺线经放大后, 可与原图完全相同, 它是自我相似的. 不仅如此, 对数螺线经过各种适当变换后仍是对数螺线. 他万分惊叹这种曲线是如此神奇, 要求死后将它雕刻在自己的墓碑上, 并附颂词"纵使变化, 依然故我", 用以象征死后永生不朽. 可惜雕刻师误将阿基米德螺线雕刻在他的墓碑上. 雅各布的著作《推测的艺术》的出版, 是概率统计学历史上的一个重要事件. 在《推测的艺术》一书中, 雅各布提出了著名的伯努利大数定律. 他开始写这本著作是在他生命的最后两年. 书尚未完稿, 他就因长期患病于 1705 年去世, 年仅 51 岁. 留下的书稿由他侄儿编辑校对整理, 在他死后八年, 于 1713 年问世.

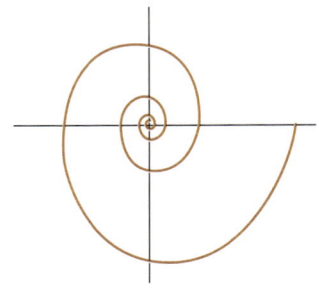

图 4.2　对数螺线

　　老尼古拉斯的次子尼古拉斯是瑞士伯尔尼的第一位法律学教授. 尼古拉斯的儿子叫尼古拉斯 I. 尼古拉斯 I 的伯伯雅各布去世后, 当时年仅 18 岁的他被家人要求, 对伯伯留下的书稿《推测的艺术》进行编辑校对以供出版. 他完成这项工作, 历时八年. 在这八年的时间里, 尼古拉斯 I 自己也在进行数学研究, 做出了许多贡献, 其中包括在法律应用方面, 如何使用概率理论进行推测分析.

老尼古拉斯的三子约翰·伯努利发现了洛必达法则. 之所以这个法则不以伯努利的名字命名, 是因为有这样一段趣事. 洛必达是法国的王公贵族. 他酷爱数学, 拜约翰·伯努利为师学习数学. 他对约翰·伯努利说:"我在财力上帮助你, 你在才智上帮助我." 洛必达表示愿意用财物换取约翰·伯努利的学术论文. 那时的约翰·伯努利刚新婚宴尔, 正是用钱之际, 既然如此, 何不各取所需. 况且在约翰·伯努利看来, 这是洛必达的一片诚意. 于是约翰·伯努利将自己的一些研究发现邮寄给洛必达. 洛必达认真学习, 细心钻研这些研究成果, 并花费大量的时间与精力加以整理. 1696 年洛必达将自己的研究成果与这些用财力换来的成果, 编著出版了世界上第一本微积分教科书《曲线的无穷小分析》. 洛必达在书中首先建立了一组定义与公理, 然后由此而起, 阐述变量、无穷小量、切线、微分等概念. 洛必达的这本书对传播创建不久的微积分理论起了很大的作用. 此书前言中洛必达向莱布尼茨和约翰·伯努利致谢. 在前言中洛必达还写道:"本书的许多结果都得益于约翰·伯努利和莱布尼茨, 如果他们需要来认领书中的任何结果, 我都不否认." 书的第九章有计算极限的一个著名法则. 运用这个法则, 可以在分子和分母都趋于零时, 计算这个分式的极限. 后人称它为"洛必达法则". 其实这个法则是约翰·伯努利在 1694 年 7 月 22 日告诉洛必达的. 直到洛必达 1704 年去世之后, 约翰·伯努利才展示了他与洛必达之间的书信往来, 说这个法则该归功于他. 但那个年代的欧洲数学界认为, 这样的行为是正常的物物交换. 当然学术界公认, 这个法则是约翰·伯努利发现的, 但归属人是洛必达, 毕竟洛必达是第一发表人. "洛必达法则"之名沿用至今. 洛必达还计划写作一本着重讲解积分的微积分教科书, 但因他过早去世, 这本教科书未能完成. 遗留的手稿于 1720 年在巴黎出版, 名为"圆锥曲线分析论". 洛必达是一个值得尊敬的法国数学家和伟大的数学思想传播者, 他为科学事业贡献了自己的一生.

老尼古拉斯希望儿子光耀门楣，从政或从商．无奈长子雅各布与三子约翰太热爱数学了．约翰怀着对数学的热情，跟着哥哥雅各布学习数学．约翰生活在 17 世纪下半叶到 18 世纪上半叶．那一时期微积分的发明与发展是数学上最为突出的成就．约翰就是一个对微积分，以及与其相关的一些数学分支，如微分方程与变分法都做过卓越贡献的人．特别值得一提的是，1696 年约翰在写给他哥哥雅各布的一封公开信中，提出了著名的"最速降线问题"，从而引发了欧洲数学界的一场论战．争论促进了科学的发展，产生了一个新的数学分支：变分法．约翰是公认的变分法的奠基人．此外，约翰在把微积分应用到物理学，特别是力学方面也有卓越贡献．约翰学术活动的一大特点就是，采用通信等方式与其他科学家建立广泛的联系，交流学术成果，讨论和辩论一些问题．当时尚没有科学期刊，通信是学术交流的一种重要方式．约翰与 110 位学者有通信联系，学术讨论的信件大约有 2 500 封．约翰学术活动的另一大特点就是，潜心教学与培养人才．他培养出许多出色的数学家，其中有 18 世纪数学界的中心人物、瑞士大数学家欧拉（Leonhard Euler，1707—1783），还有他的儿子丹尼尔·伯努利．

4.3 丹尼尔·伯努利

约翰·伯努利有两个儿子，丹尼尔是次子，长子是尼古拉斯Ⅱ．尼古拉斯Ⅰ是尼古拉斯Ⅱ的堂兄．尼古拉斯Ⅱ是一名数学家．作为长子，他带领弟弟丹尼尔学习数学．1725 年在他 30 岁时被任命为圣彼得堡的数学教授．然而仅一年之后，他就因病去世．伯努利家族在 17，18 世纪的三代人中的三位首屈一指的世界级科学家，除了雅各布与约翰，第三位就是丹尼尔．流体动力学的伯努利方程与伯努利原理以他的名字命名．经济学中的"效用"概念是他提出来的．1738 年丹尼尔出版的《流体动力学》一书，其中有他发现的"流速增加，压强降低"的伯努利原理．由这个原理导出的流体动力学的基本方程，后人称之为"伯努利方程"．他发现的原理，解释了两艘并排行驶着的船会互相强烈吸引的原因，特别当并排行驶的其中一艘稍微落后时免不了撞船的原因．这个原理有很多应用．飞机为什么能飞上天，喷雾器为什么会喷出雾，接乒乓球的上旋球和下旋球时为什么难以接好，等等，这些都是它的一些璀璨亮眼的应用．丹尼尔之所以会提出效用的概念，是为了解释他堂兄尼古拉斯Ⅰ设计的一个赌博方法．

4.4 "效用"与圣彼得堡悖论

通常称尼古拉斯Ⅰ设计的这个赌法为圣彼得堡悖论．在分析这个悖论之前，我们首先看下面这个赌法：甲抛掷一枚均匀硬币，直到头像朝上为止．游戏规则如下：若抛掷 n 次才出现头像，则乙就付 n 枚银币给甲，$n = 1$，2，3，…．看来，总是甲赚钱．为使得游戏是公平的，则甲要先付多少枚银币给乙？或者说，丙要付多少枚银币给甲，甲方愿意将这个赚钱的机会让给丙？在不确定的条件下，预测未来收益的这一类决策问题，其标准的解法就是计算平均收益（数学期望）．不难算得这场游戏，甲的平均收益为 2 枚银币．因而甲要先付 2 枚银币给乙，则游戏公平．丙若要替换甲，则须至少付 2 枚银币给甲．尼古拉斯Ⅰ为说明期望值作为预期价值有瑕疵，将游戏规则修改为，若甲抛掷 n 次才出现头像，则乙就付 2^{n-1} 枚银币给甲，$n = 1$，2，3，…．也就是说，若第 1 次抛掷时出现头像，则乙付 1 枚银币给甲；若第 2 次抛掷时出现头像，则乙付 2 枚银币给甲；若第 3 次抛掷时出现头像，则乙付 4 枚银币给甲；以此类推．每当多抛掷 1 次才出现头像，则乙就付双倍的银币给甲．之所以把这种赌法称为悖论，是因为此时甲的平均收益为无穷大．由此看来，甲是不会将这个赚钱的机会让给任何人的．当然，倘若甲是理性人，善于思考，精于计算，那他会很高兴地以 20 枚银币的价格出售他的赚钱的机会．这是因为一旦甲经计算，就知道他只有 2.1% 的机会赚得超过 20 枚银币．20 枚银币作为这项游戏的"预期价值"，绰绰有余．针对这个悖论，丹尼尔在 1738 年的论文《有关衡量风险的新理论》里，基于人类行为的理性假设，提出了"效用"的概念．他认为一件物品的价值取决于它的价格所产生的效用，也就是需求、欲望等得到满足的程度．丹尼尔认为在不确定条件下，未来收益的预测值应是期望效用值，而非期望值．效用这个概念可用来解释人们为什么热衷买彩票．这是因为在这些人看来，买彩票的一点点钱（效用）无所谓，而若中奖，奖金（效用）令人无比惊喜．这也就是说，买彩票的人认为少的钱的效用没有钱那么多，而多的钱的效用比钱多，越是多的钱它的效用就比钱越是多得多．因而人们热衷于买彩票的行为可理解为，他是抱着冒险进取的心态，追求高收益．事实上，处理决策问题，更多的决策者追求的不是高收益，而是抱着保守稳妥的心态．在他们看来，少的钱的效用比钱多，而多的钱的效用没有钱那么多，越是多的钱它的效用就比钱越是少得多．而这正如丹尼尔说的，财富多多益善，效用函数的一阶导数大于零，但随着财富的增加，满足程度的增加速度会逐渐下降，效用函数的二阶导数小于零．简单地说就是，效用与先前拥有的财富成反比．对于圣彼得堡悖论而言，如果取钱 x 的效用为 $10+\ln x$，那么在 $x \leqslant 12$ 时，$10+\ln x > x$，钱的效用比钱多；而在 $x > 12$ 时，$10+\ln x < x$，钱的效用比钱少．经计算，甲的平均效用为 $10+\ln 2 \approx 10.693\ 1$．在这个效用函数看来，甲会很高兴地以 11 枚银币的价格出售他的赚钱的机会．

丹尼尔于 1738 年提出的效用理论，十分具有生命力．在随后的 200 年，它对经济学家，甚至心理学家与哲学家等的工作都产生了深远影响．丹尼尔无法想象，他基于理性人的假设提出的效用概念会流传这么久．关于圣彼得堡悖论，法国数学家和物理学家泊松（Poisson，1781—1840）提出的见解，值得关注．他说，赌博是一种契约．由于乙不可能有无限多的银币，故他无法履行圣彼得堡悖论这项赌博的契约．为此泊松说，圣彼得堡悖论的赌法必须稍作改进．例如规定：给甲的银币不能超过乙的赌本．若乙的赌本是 20 枚银币，因为 $2^4 < 20 < 2^5$，所以甲抛掷硬币 $n \leqslant 5$ 次才出现头像，则乙就付 2^{n-1} 枚银币给甲，而在 $n \geqslant 6$ 时，不论 n 多大，乙总是付 20 枚银币给甲．因而甲的平均收益为

$$\sum_{n=1}^{5} \frac{1}{2^n} \cdot 2^{n-1} + 20 \cdot \sum_{n=6}^{\infty} \frac{1}{2^n} = 3.125 \text{（枚银币）}$$

即使乙的赌本是 1 万枚银币，甲的平均收益也没有超过 8 枚银币．甚至当乙的赌本是 10^{16} 枚银币时，甲的平均收益才刚超过 27 枚银币．

4.5 雅各布·伯努利

伯努利家族中雅各布对概率统计的贡献最为重要. 1994 年第 22 届国际数学家大会在瑞士苏黎世召开. 瑞士发行的纪念邮票的图案是雅各布的头像, 以及伯努利大数定律与其示意图形, 见图 4.3. 1703 年雅各布在写给莱布尼茨的信中提出了一个问题. 他觉得奇怪的是, 能知道用一对 (两颗) 骰子掷出的点数和等于 7 的概率, 也能知道它不等于 8 的概率, 但却不知道 20 岁的男性比 60 岁的男性活得时间长的概率. 能不能通过调查这两个年龄段的男性的寿命来找到答案呢? 在给雅各布的回信中, 莱布尼茨对这种方法并不明确赞成. 他对雅各布说, 自然界以一种重复过去的模式发展, 但这只是一种大体上的重复, 他的回信是使用拉丁文写的, 但其中他用希腊文告诉雅各布, 有限次数的试验对于一个出于探求自然特性目的而进行的研究而言, 实在是太小的一个样本. 莱布尼茨的回复并没能阻止雅各布的研究, 但是他记住了莱布尼茨的这些话, 试验的次数要多.

图 4.3 瑞士发行的纪念雅各布的邮票

雅各布从样本数据推测概率的这些研究工作成果总结在他的《推测的艺术》一书中. 在雅各布看来, 概率理论的应用如果只限于赌博或博彩等, 那它仅仅是一个智力游戏、一种知识上的好奇, 没有多少实际意义. 根据已经发生的事实估算概率, 人们凭直观都会觉得, 发生的事实越多, 估算的误差就越小. 正如雅各布所说的, 对于这个现象, "哪怕很愚笨的人, 他也会经由他的本能, 不须他人教诲就能理解". 凭经验看出了现象, 从形成规律到证明它们，这条道路是漫长且复杂的．雅各布的功绩在于，他对"发生的事实越多，估算的误差就越小"这个事实给以理论的阐明．他着手研究这个问题，其结果导致了为人们熟知的，以他名字命名的大数定律．"大数定律"这个名词并不是雅各布提出来的．它最早是泊松于 1837 年发表的论文《关于判断的概率的研究》中提出来的．

　　在赌博时，例如轮盘赌或博彩，不转动轮盘或还没有摸取彩票，人们就可以计算出结果．雅各布称这为"未卜先知"．而在现实生活中，只有极少数的情况与赌博相类似．人们不得不根据已经发生的事实来估算概率，也就是雅各布所说的"后知后觉"．雅各布知道现实与抽象是有区别的．轮盘赌的输赢方式，以及博彩的中奖和没有中奖的方式始终如一．但当刚出现新疾病时，无论你以往对尸体做了多少次观察，也不大可能马上对这个新疾病了解清楚．所以雅各布在《推测的艺术》一书中说，欲根据已经发生的事实来估计事物未来发生的概率，必须假设在相同的条件下，未来事物发生（或不发生）的方式，要与过去观察到的方式完全相同．简单地说，雅各布的这个必不可少的假设，就是指未来是过去的重复．此外，在赌博中，每一次赌对下一次赌是完全没有影响的，也就是"独立"．由此，雅各布在《推测的艺术》一书中还假设：相互独立的试验．显然，在赌博中，任何事件都被简化为一个确切的数字．同样地，博彩时"中奖"与"没有中奖"也可量化，例如把它们分别表示为"1"与"0"．据此雅各布在《推测的艺术》一书中假设事件可量化．总之，雅各布在《推测的艺术》一书中，创造性地提出了当今仍常用的三个假设：完全信息（即未来是过去的重复）、独立试验与量化．当然，这三个是理想状态的假设，理想与现实是有差异的．因而在实践中，用雅各布发展的方法得到的可能是个粗略的答案．但雅各布的方法为我们提供了一个用来在历史数据的基础上，预测未来结果概率的强有力工具．它使得我们在事物发生之后，能够解释所发生的事情．

4.6　大数定律

　　为说明大数定律，雅各布假设有一个罐子，里面装满了 3 000 个白鹅卵石与 2 000 个黑鹅卵石. 假设我们仅知道罐子里装的鹅卵石只有白与黑两种颜色, 但并不知道它们各有多少个. 我们从罐子中不断地取鹅卵石, 每次仅取 1 个, 记录下它的颜色后, 把它放回罐子. 然后再取 1 个, 记下它的颜色后放回罐子. 以此类推, 有放回重复地取鹅卵石, 并不间断计算在已取的鹅卵石中, 白与黑两种颜色鹅卵石所占的比值. 直觉告诉我们, 如果越来越多地取鹅卵石, 那么我们 "事后" 算得的 (在已取的鹅卵石中, 白与黑两种颜色鹅卵石所占的) 比值, 将越来越接近或几乎就是 "事先" 罐子中这两种颜色鹅卵石所占的真实比值 60% 与 40%. 如何描述 "几乎就是"? 用微积分学的极限概念, 能不能说 "几乎就是" 即 "极限就是"? 所谓 "极限就是", 简单地说, 就是 "事后" 算得的比值与 "事先" 的真实比值, 它们之间的误差一定越来越小且趋于 0. 显然, 它们之间的误差并不一定 100% 地越来越小且趋于 0. 因为有可能出现这样的情况, 摸出的鹅卵石都是白的而没有黑的, 或几乎都是白的而黑的没几个. 当然出现这种情况的可能性非常小, 但它毕竟还是有可能的, 我们不能排除它发生的可能性. 如果出现了这样的情况, 那么据此 "事后" 算得的, 在已取的鹅卵石中, 白鹅卵石所占的比值等于 1, 或与 1 相差无几, 它与 "事先" 罐子中白鹅卵石所占的真实比值 60% 之间就有相当大的误差了. 雅各布高明之处就在于他另辟蹊径, 着手研究误差比较大的可能性是否越来越小而趋于 0. 也就是说, "事后" 算得的比值与 "事先" 的真实比值的接近可靠程度是否越来越大而趋于 1. 根据真实比值 60% 与 40%, 雅各布利用他给出的公式, 经过复杂深奥的计算, 得出在不间断有放回重复地取出 25 550 个或更多个鹅卵石后, 将有 1 000/1 001 = 99.90% 的可能性, 使得 "事后" 算得的比值与真实比值的误差在 2% 之内. 即 "事后" 算得的比值落在真实比值附近 2% 的范围内的概率达到 99.90%. 雅各布自己很满意 1 000/1 001 = 99.90% 的比率. 在他看来, 这个概率是 "道义确定", 也就是它 "确实可靠, 接近必然, 接近事实", 几乎不会不发生. 对于不间断有放回重复地取出的鹅卵石多于 25 550 个的情形, "事后" 算得的比值落在真实比值附近 2% 的范围之外, 只有 1/1 001, 即千分之一的可能性. 这个概率非常之小. 在雅各布看来, 它也是 "道义确定", 几乎不会发生. 这就是通常所称的 "小概率事件原理", 也就是 "概率很小的事件, 在一次试验中是极不可能发生的". 我们可以将 "误差大于 2%" 的事件置之不顾，认为"事后"算得的比值与真实比值的误差在 2% 之内。伯努利大数定律所揭示的是，通过越来越多的试验观察下去，将在杂乱无章的事物中，认识到某种必然有序的现象。雅各布将概率极大，或概率极小的事件称为"确实可靠，道义确定"。与此相应地，他称概率是 50% 的事件为"非内在可靠确定"，意即不是确实可靠的。这足见雅各布对概率看法的高明之处。设想欲抽样调查某地区居民关于某个提案的支持率。倘若有这样的先验信息，该地区居民对这个提案众说纷纭，意见往往很不统一，支持率很可能接近50%。它是"非内在可靠确定"而不易识别，那就得调查比较多的居民。反之，如该地区居民往往不约而同，意见趋向一致，支持率很可能比较大或比较小而"道义确定"，那就可调查比较少的居民。雅各布之所以将罐子中白与黑这两种颜色鹅卵石所占的真实比值取为 60% 与 40%，多半就是为了使它接近不易识别的 50%。

事实上，不论罐子里装的是鹅卵石，还是其他，例如小球；不论装的是那两种颜色的鹅卵石，还是其他，例如两种不同标记的小球；不论一共装了多少以及这两种分别装了多少，如果不间断有放回重复地取，取了多次之后，"事后"算得的比值与真实比值的差异在预先设定的范围（例如 2%）之内的概率必能达到预先设定的程度（例如 99.90%）。这就是伯努利大数定律。人们把这样的罐子称为伯努利罐子。每次取 1 个，记下它的特征，例如颜色，这种只有两个可能结果的试验称为伯努利试验。有放回、相互独立、重复进行的 n 个伯努利试验称为 n 重伯努利试验。量化之后，由伯努利试验得到的分布称为伯努利分布。倘若"0"与"1"分别表示"无这个特征"与"有这个特征"，这时的伯努利分布简称为 0-1 分布。伯努利罐子模型可用于很多实际问题，例如检测产品的不合格率、支持率的民意调查等。有些实际问题样本量很大，例如流水线上产品的不合格率，整座城市、整个国家等的民意调查，虽然没有做到有放回，但仍可称之为伯努利试验。

4.7　后记

伯努利大数定律并没有告诉你，越来越多地取，误差就越来越小，小到可以忽略的地步.事实上,多取 1 次,差异反而有可能会更大一些(见图 4.3 中大数定律的示意图形).大数定律是说,越来越多地取,"事后"算得的比值与真实比值的差异在预先设定的范围之内(例如 2% 或 1% 甚至更小)的概率将越来越大,渐渐趋于 100%.总之,取得越多,误差就更有可能在一个小的范围内变动.雅各布经过计算得到的估值 25 550,并没有使他感到满意.那个年代,他的家乡巴塞尔的人口也不足 25 550 人.那个时候,欧洲一个中等城市尚不过几千人,25 550 真可算是"天文数字".需要做 25 550 次试验,才能达到 99.90% 的"确实可靠"程度,这让雅各布陷入难以忍受的困惑之中.能不能少取些鹅卵石,也能使得"事后"算得的比值与真实比值之间的误差在 2% 之内的概率达到 99.90%?雅各布开始写《推测的艺术》这本著作是在他生命的最后两年.他还没有解决这个问题就于 1705 年去世了.留下的书稿由他侄儿尼古拉斯 I 进行编辑校对以供出版,共历时八年.其间,尼古拉斯 I 利用他自己的公式,给出了估值 17 350.这比伯伯雅各布的估值,足足少取了 8 200 个鹅卵石.这是一个很大的改进.估值的改进,固然有意义,但对于伯努利大数定律而言,这并不是关键所在.其重要意义在于,不间断有放回重复地越来越多地取,"事后"算得的比值与真实比值的误差在预先设定的范围之内,这个事件几乎一定要发生.这也就是人们通常所言的,大量独立重复试验中,事件出现频率的稳定性.正是因为这种稳定性,概率的概念才有了客观的意义.也正是因为这种稳定性,频率作为概率的估计,才有了理论基础.用频率估计概率的方法称为参数估计,它是统计学的一个研究课题.大数定律是参数估计的一个理论基础.由雅各布撰写、尼古拉斯 I 编辑校对、1713 年出版的《推测的艺术》一书,在总结之前有关概率的研究成果的基础上,从理论与应用上都有着根本重要性的发展,更提出了大数定律,这对于统计学的发展有着不可估量的影响.

《推测的艺术》首次引进了"排列"的概念,得出了 n 个相异物件的排列数、n 个相异物件取 r 个的排列数与 n 个物件不全相异时的排列数的计算公式.关于组合,《推测的艺术》一书研究了组合系数的性质、可以重复的组合数与超几何分布,并由正整数幂次和的表达式引入伯努利数.由此可见,《推测的艺术》一书不仅是概率统计学历史上,而且也是组合学历史上的一个重要事件.

本章参考文献

这一章除了参考书末文献[1]与[2]，还参考了下列文献：

《中国大百科全书》74卷（第一版）力学的一个词条：伯努利家族. 词条作者是朱照宣，由"科普中国"科学百科词条编写与应用工作项目审核. 北京：中国大百科全书出版社，1985.

第五章
两个英国人
格朗特和哈雷

　　众所周知，数据并不仅仅是数值的意思．数据的英文名是 data，它是拉丁文 datum 的复数形式，其含义简单地说是"事实资料"．数据既包括数值型资料，也包括文字型资料．从古至今，各类文籍、史籍浩如烟海，数不胜数．人们分析这些典籍中过去和现在的样例，猜测和规划未来．而系统地使用概率统计方法，整理、比较、分析这些典籍中样例的海量般的数据，这方面的经典例子莫过于 1662 年出版的英国统计学家格朗特（John Graunt，1620—1674）的著作：*Natural and Political Observations Made Upon the Bills of Mortality*（《关于死亡公报的自然与政治观察》，简称为《观察》），见图 5.1．

　　1604 年起英国伦敦教区（London Parishes）每周有一本"死亡公报（Bill of Mortality）"．公报不仅记录了在这一周内死亡与受洗婴儿的名单，死者还按 81 种死因（内含 63 种病因）分类．公报中男、女和不同地区分开统计．格朗特的《观察》是对 1604 年起的 3 000 多期公报的观察分析．每期公报中的数据很多，3 000 多期公报中的数据似恒河沙数．格朗特是观察、整理、分析这批大数据的第一人．在当时没有电脑的情况下，格朗特整理这批数据的工作量可想而知有多大．他的工作毅力，令人不觉肃然起敬．格朗特的著作《观察》分 12 章，共有 8 个表和一系列的结论．他对这批海量数据作了整理、分类、排比与分析，从中得出了一系列的结论和规律，令人耳目一新．这些惊人的结论和规律让抱有传统见解的人目瞪口呆．

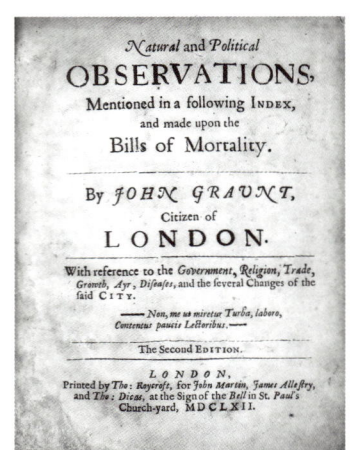

图 5.1 格朗特和他的《观察》

5.1 格朗特

　　事实上，格朗特原本既不是科学家、大学教授，也不是政治家. 42 岁出版《观察》、成名之前的格朗特一直是个商人. 格朗特的父亲是伦敦一家服装店店主. 他先在服装店帮工，跟随父亲学习经商，后来子承父业，作了店主. 格朗特年轻时接受了良好的教育. 他勤奋好学，经营服装店之后，仍继续学习，通过自学掌握了法文和拉丁文. 正如与他同时代的英国传记作家奥布里（John Aubrey，1626—1697）所描述的，格朗特是"一位非常聪慧和勤奋好学的人……他早上很早起床，在店铺营业之前进行学习……他言谈诙谐、流畅". 格朗特不同于一般的世俗商人，他是一位有教养的绅士. 他在一些公共机构中担任职务，甚至担任过一段时间的大学音乐教授和一个军乐队的指挥. 格朗特在伦敦的文化和科学界有不少朋友，这其中有英国古典政治经济学之父威廉·配第（William Petty，1623—1687）. 格朗特撰写《观察》涉及人口统计的复杂工作，威廉·配第给了他很多帮助.

　　难以想象，究竟是什么原因促使格朗特去翻阅厚厚的 3 000 多期公报，整理烦琐乏味的伦敦出生和死亡记录. 格朗特承认，"从这些难以理解、无足轻重，没有什么规律的，且被人们冷落的出生和死亡记录中，归纳出如此深奥且未曾预料到的事情时，我找到了许多乐趣"。的确如此，无数次摸索的研究过程，即使是稍微的成功，整个人都会因之而神采奕奕、无比兴奋。事实上，格朗特所处的正是英国社会转变的时代。那时，英国正从农业社会转变成一个海外冒险、工商业日益发达的商业社会。以往农业社会征税是以土地和耕田为税基，不在意有多少人口。在商业社会，随着资本的增长，越来越多的人集聚在城镇和城市中，人口问题开始变得重要起来，它关系到国家的税收收益。由于统计人口的需要，格朗特的《观察》一书就这样应运而生。商人出身的格朗特整理出生和死亡记录时有一个目标，那就是"了解不同性别、各个地区、年龄、宗教、行业、阶层和文化程度的人口数目。""贸易行业和政府部门可能需要定期和准确地得到这些数据，因为如果知道上述各类人口的数量，他们就能知道人们可以达到的消费水平。如果某地区的消费水平没有某种贸易的需求，那么这种贸易就不会贸然出现在该地区"。由此看来，可能就是格朗特发明了"市场调研"这个概念。格朗特对死亡原因尤其感兴趣，他认为急性传染病的数据有利于帮助政府"了解整个国家的情况，监测气候、空气、食物等的状况"。格朗特在观察意外事件是如何偶然发生的之后，认为绝大多数的意外事件与职业以及居住条件有关。格朗特将当时伦敦良好的城市环境归功于伦敦市政府和城市警察。他还将此归功于伦敦人"自然的传统的对流血和非人道的残酷罪行的痛恨"。他观察到很少有人饿死。他还观察到"乞丐们在城市里到处聚集……似乎他们之中大部分人都很健康、结实"。格朗特建议政府收留他们，并且根据其情况与能力教他们工作。《观察》一书为管理格朗特所居住城市的伦敦市政府作哪些决策提供了依据和建议。

5.2　格朗特的《观察》

格朗特的《观察》出了很多版。1662 年初版当年，就出了第二与第三版，1665 年出了第四版，格朗特去世两年之后的 1676 年出了第五版。这本篇幅仅 85 页的书，获得了人们非常高的评价，吸引了英国以及英国以外许多国家的大量读者。格朗特的成就受到公众极大的关注。1662 年书出版之后，这位服装店店主立即被 1660 年创立、1662 年正式成立的英国皇家学会吸收为会员．他是英国皇家学会的第一位统计学家．1664 年他当选为英国皇家学会理事会成员．意大利人哥伦布（Columbus，1451—1506）是人类历史上最为出色的航海家之一，1492 年到 1502 年他先后 4 次出海远航，横渡大西洋到美洲，发现了美洲新大陆．他的发现对世界产生了当时人们所料想不到的巨大影响，成了人类历史发展的重要转折点．德国统计学家苏斯密尔西（Süssmilch，1707—1767）将格朗特与哥伦布相提并论，把格朗特在《观察》一书中揭示的人口统计的新规律，比作人们熟知的哥伦布发现新大陆一样地伟大．苏斯密尔西说，这是因为"如果我们调查户口，一定会遇到仅有女孩，或仅有男孩的家庭，也可能遇到既有女孩也有男孩等各种各样不同情况的家庭．再则在小型社区或村落，一年中不过死亡二三人，即使有时多至 6 人，甚至多达 12 人．就这样人们难以寻求出生与死亡的规律性．这时又有谁会想到它有什么规律性．教会的记录簿提供了确认这种规律性的重要依据．数世纪之前教会就有了这些记录……但谁利用了这些记录？这种发现与发现新大陆同样伟大……是格朗特完成了这一创举"．这话说得完全在理，格朗特做了前人没有想到、没有做的事．且格朗特做的这件事对学术发展有极大影响，在应用上有非常重要的意义．格朗特的《观察》一书充分说明，非凡的重大的科学创造往往起始于对平凡的细枝末节的仔细观察．观察是日常生活中很普通的事，观察成功与否显然需要知识与经验的积累，更重要的是需要思索．思索是创造力的源泉．思索问题比寻找答案更重要．围着老问题转圈，怎么跑，也是原地打转．有了新问题，我们就能迈步向前进．当然，观察与思索都要实践．观察思索加上实践，就能做到于细微处见成效．

当代统计学家、哈佛大学教授休伯（Peter J. Huber），在他 1997 年的论文 *Speculations on the Path of Statistics* 中画了一条螺旋线（见图 5.2），用来表示现代统计的发展历程．螺旋线的起点就是格朗特，由他开始向外伸展，按时间先后次序一一列举了对统计发展做出重大贡献的统计学家．在休伯教授看来，格朗特的《观察》是现代统计历史的起点．其实，这本书不仅在统计学上，而且在社会学上，都取得了惊人的突破．螺旋线的起点处有个"Tables（表格）"，意思是说用表格整理数据，将数据分类、排比，描述数据，分析数据，这源于格朗特．接下来有个"Graphics（图形）"．排列在螺旋线第五位的是英国统计学家威廉·普莱费尔（William Playfair, 1759—1823），人们公认是他首先将图形引入统计学. 他的著作大多是关于经济学的. 他采用的图形有条形图和直方图等. 运用表格和图形分析数据，标志着那个阶段的统计正如螺旋线的左下角所示的，是描述性（descriptive）的. 然后由英国两位统计学家卡尔·皮尔逊（Karl Pearson, 1857—1936）和罗纳德·费希尔（Ronald Fisher, 1890—1962），导引统计学科由前一阶段的描述性统计进展到，正如螺旋线的右下角所示的，以数学、概率为基础的推断性统计. 这是一个否定. 休伯教授的螺旋线说，接着再有一个否定，那就是当代统计学家、普林斯顿大学教授图基（John W. Tukey, 1915—2000）提出的探索性数据分析（Exploratory Data Analysis, 简称 EDA）. 传统的推断性统计分析方法通常是预先假设样本数据服从某种分布，从而建立某个模型，然后分析数据. 探索性数据分析方法强调数据的可视化，先用表格、图形以及描述性统计量查看数据，发现数据中隐含的规律，探索寻找合适的数据模型. 所谓探索，意思是说在研究的过程中对数据的理解会不断变化，逐渐深入. 由此看来，探索性数据分析是在提高了的意义上，向描述性统计的回复. 休伯教授之所以画螺旋线，看来是为了表示否定之否定，即统计学的螺旋式上升的发展历程.

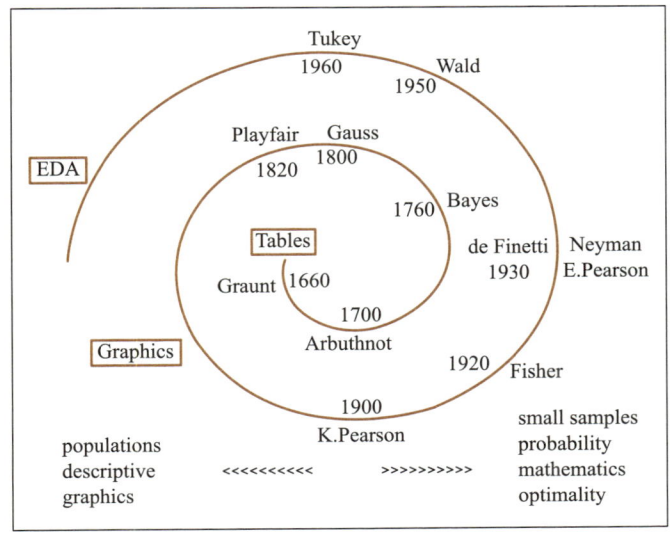

图 5.2 统计学的螺旋式上升的发展历程

《观察》一书中未曾出现"概率"这个词. 据说, 格朗特并不知道帕斯卡、惠更斯. 但很显然他意识到了"概率"这个概念. 例如为了疏导人们对某种闻之色变的可怕疾病的恐惧心理, 他说: "尽管人们极其忧虑, 但我还是要去统计每种可怕疾病在 1629 年至 1636 年与 1647 年至 1660 年, 这 20 年间的死亡人数. 将各种可怕疾病的死亡人数和这 20 年间总的死亡人数 229 520 相比较, 这些人就会对他们所面临的危险有更好的了解. "由此可见, 他有"概率"思想. 在格朗特看来, 既要注意损失有多大, 又要注意损失发生的可能性有多大. 他认识到, 对于不确定性现象, 重要的是推断它发生的可能性大小. 而这正如著名印度裔美国统计学家 C.R.劳 (C. R. Rao, 1920—2023) 所说的, "不确定性知识+所含不确定性量度的知识 = 可用的知识".

格朗特用数据说话, 归纳推断不确定性现象, 对统计学做出了深远且广泛的巨大贡献. 下面列举格朗特的《观察》一书对统计学的贡献与主要的创新思想.

5.3　人口统计研究的开端

格朗特的贡献一: 以他的研究为开端的人口统计研究, 促成当今世界各国都设立了政府的人口统计部门. 格朗特的著作——1662 年出版的《观察》一书, 分析了伦敦地区 60 余年居民死亡与出生的数据, 开创了现代人口统计的研究方向. 他的研究工作对同时代乃至后来的学者都产生了巨大的影响. 与格朗特同时代的英国政治经济学家威廉·配第, 1666 年在巴黎的一份名为 *Journal des Scavans* 的期刊上发表了一篇文章, 鼓励法国人在 1667 年进行一次类似的调查. 威廉·配第继格朗特之后, 将统计方法对人口问题的分析拓展到对社会与经济问题的分析. 他于 1672 年写成了《政治算术》一书. 此书在他去世后三年, 于 1690 年出版. 这里的"政治"是指政治经济学, 而"算术"是指统计分析方法. 所谓政治算术意思是说, 分析社会、政治和经济问题, 不能只依靠思索、辩论与理论推演, 还必须依据统计数据. 一项政策的效果如何, 单靠口舌争论是不行的, 要计量 (重量和尺度) 比较, 让数字说话. 在这本著作中, 威廉·配第依据实际资料, 运用数字和计量等统计方法对英国、法国与荷兰三国的国情国力做了系统的数量对比分析. 英国伟大的哲学家培根（Bacon，1561—1626）主张，科学理论应以实际观察为依据，并接受其检验. 看来威廉·配第是受到了培根实证科学思想的影响，他将这种思想用于社会科学，特别是经济学.《政治算术》一书拓宽了统计方法的应用面，从人口统计拓展到经济统计，开创了现代经济统计的研究方向，是一本视角独特的政治经济学名著. 格朗特与威廉·配第的研究工作清楚地表明了统计学作为国家管理工具的重要作用，促成了政府统计部门与机构的设立. 就统计技术而言，《政治算术》一书的贡献甚为有限. 可能就是这个原因，休伯教授描述统计学发展历程的螺旋线（见图 5.2）上没有威廉·配第.

5.4　大量观察法的先驱

格朗特的贡献二：他是大量观察法的先驱. 雅各布·伯努利的《推测的艺术》是在格朗特去世后约 40 年，于 1713 年出版的. 但格朗特与雅各布两人的脑海里有着相同的想法，《观察》一书所做的研究隐含着伯努利大数定律的思想. 格朗特作了大量的观察，越来越多地观察下去，在杂乱无章的数据中，他终于发现了某种有序的现象. 这犹如雅各布在《推测的艺术》一书中所展示的，大量独立重复试验中，事件出现频率的稳定性. 两者的区别在于，雅各布知道有个概率，他要说明的是大量独立重复试验的频率稳定于概率的性质. 而格朗特在任何情况下都未曾使用过"概率"这个词，他岂止不知道有序的现象是什么样的，他根本就不知道有没有有序的现象. 但这并不妨碍他从大量数据的观察分析中，推断出当时人们并不知道的至今仍十分有用的结论、方法与技术. 显然，格朗特已经意识到"概率"这个概念了. 格朗特是大量观察法的先驱. 在他之后，倡导大量观察法的是德国统计学家苏斯密尔西. 大量观察法作为统计研究方法是由德国统计学家冯·梅尔（Georg von Mayr，1841—1925）集大成而完成的. 梅尔是社会统计学体系和社会统计学派的建立者. 他认为，社会现象本身就是复杂的集团现象，只有通过大量观察才能得出其内在联系和规律性. 大量观察法是社会统计学派的研究方法. 梅尔在社会统计学界享有盛名. 可能因为苏斯密尔西和梅尔是社会统计学家, 休伯教授描述统计学发展历程的螺旋线(见图5.2)上没有他们. 早期的统计主要用于社会统计问题, 后来加入了生物统计问题. 这些问题的数据往往都是大量的、自然采集的. 据此, 人们很自然地强调, 统计就是大样本, 是由自然观察得到的大量数据的统计处理. 直到英国化学家和统计学家戈塞特(William Sealy Gosset, 1876—1937)于1908年以"Student(学生)"的笔名发表论文《平均数的或然误差》(*The Probable Error of a Mean*)之后, 正如螺旋线(见图5.1)的右下角所示的, 统计学上了"小样本(small samples)"这一新台阶. 戈塞特在酿酒厂工作. 他发现供酿酒的各批麦子的质量有很大差异. 每批麦子需要在不同的温度下做实验. 因而每一批麦子在同一个温度下的实验数据不可能是大样本, 只能是小样本. 戈塞特发现, 对于小样本时的平均数, 如果使用中心极限定理的正态分布去处理, 就会有误差. 用正态分布分析小样本数据是否可靠? 误差有多大? 对于这些问题的研究, 戈塞特写就了这篇以"学生"为笔名的论文, 导入了"学生"分布, 即 t 分布. 他是小样本统计理论与方法的开创者. 难以理解的是, 休伯教授描述统计学发展历程的螺旋线(见图5.2)上为什么没有戈塞特.

5.5 数据归约

格朗特的贡献三: 提出了"数据归约(data reduction)"的概念. 自1604年起的3 000多期伦敦教区死亡公报的数据, 数量极其庞大, 杂乱无章. 按现今例行的做法, 需构造统计量, 简化数据. 如今我们会觉得这样做理所当然, 很普遍. 但在格朗特所处的年代, 人们根本没有简化数据的意识. 格朗特在《观察》一书中提出了"数据归约"的概念. 他独创一格, 利用表格整理数量庞大的杂乱无章的数据, 将数据中的有用信息用表格的形式集中起来. 在他看来, 用表格表示统计结论简洁明了. 《观察》一书有8个表. 其中表1对1629年至1636年与1647年至1660年这20年间伦敦逐年死亡人数, 按81种死因作了分类统计. 表3对1629年至1664年伦敦逐年死亡与受洗婴儿人数按男女分类作了统计.

5.6　流行病学统计调查分析的先驱

　　格朗特的贡献四：他是流行病学统计调查分析的先驱. 1347 年至 1352 年间，黑死病(the black death，鼠疫)在欧洲爆发，来势凶猛，导致 2 500 万人丧生. 在随后的 300 多年间，黑死病仍时有发生. 《观察》一书的表 7 对黑死病大流行的 1592 年、1603 年、1625 年、1630 年、1636 年与 1665 年这 6 个年头里，伦敦每周的死亡总人数与黑死病死亡人数作了统计. 格朗特将统计学引入流行病学领域，他是流行病学统计调查分析的先驱.

5.7　生男生女的机会并不均等

　　格朗特的贡献五：他是历史上发现"生男生女并不机会均等"的第一人. 格朗特的《观察》还未出版之前，生男生女理所当然机会均等是众所公认的. 对于《观察》一书说生男生女并不机会均等，男婴略多于女婴，岂止当时的人们感到非常新奇，就是现在人们仍感到有些不可思议. 格朗特根据伦敦 3 000 多期死亡公报中，去教堂洗礼的新生儿的大数据推算，在伦敦新生儿男女性别比为 14：13. 他还根据英国汉普郡(Hampshire)的拉姆西(Romsey)地区的数据推算，在拉姆西新生儿男女性别比为 16：15. 汉普郡是英格兰东南部的一个郡，南邻索伦特(Solent)海峡. 索伦特海峡是英吉利海峡中的小海峡. 汉普郡位于伦敦的西南边，离伦敦不远. 拉姆西是英国政治经济学家威廉·配第的出生地. 可能就是这个原因，格朗特得到了拉姆西的死亡公报. 根据新生儿男女性别比可知，在伦敦出生 100 个女孩，平均来说出生 108 个男孩；在拉姆西出生 100 个女孩，平均来说出生 107 个男孩. 这也就是我们通常所说的，出生 100 个女孩，平均来说出生 107 到 108 个男孩. 人口统计中女性 100 人时的男性平均人数称为性别比. 因而新生儿的性别比为 107 到 108. 伦敦与拉姆西的新生儿男女性别比略有差异. 在历史上，是格朗特首次通过具体数据资料说明不同地域的新生儿男女性别比之间有微小差异. 他在《观察》一书中也对这个差异作了些解释.

格朗特对于生男生女的性别比问题所作的推断，吸引了大家的关注．自此之后的一段时间内，性别出生的比率问题成了人口统计学领域的一个热门话题．休伯教授描述统计学发展历程的螺旋线（见图 5.2）上，靠着格朗特，位居第二的是苏格兰统计学家阿巴思诺特（Arbuthnot，1667—1735）．他还是作家与医生．1712 年他发表政治讽刺作品《约翰牛传》，就此确立了作为英国象征的约翰牛形象．他是英国女王的专职医生，是英国皇家医学院研究员．阿巴思诺特依据的数据是 1629 年至 1710 年这 82 年伦敦每年受洗男女婴儿的个数．他发现每年都是男婴多于女婴．据此阿巴思诺特是这样推理的．假如生男生女机会均等，则一年内男婴出生数多于女婴的概率（机会）不会超过 1/2．则连续 82 年都是男婴多于女婴的机会，将不会超过

$$0.5^{82} = 2.068 \times 10^{-25}$$

这个数太小了．在"生男生女机会均等"的假设下，"连续 82 年伦敦每年都是男婴多于女婴"，机会如此小的这样一个事件居然被观察到了．这太不合情理了．由此推断"生男生女机会均等"这个假设不可能成立．这也就是说，生男生女的机会必定不均等，男婴出生机会多于女婴．显然，阿巴思诺特的推理过程隐含着假设检验的基本思想．其实，他的这个推理过程就是符号检验．阿巴思诺特研究的这个问题，后来又有学者继续讨论，例如荷兰科学家格雷维塞得（Gravesande，1688—1742）．格雷维塞得的主要贡献在于物理学．他发明了"魔灯"．这是一个投影设备，利用油灯的光在黑暗房间的墙壁上，投射出一个巨大的有着各种变化的魔鬼影像．格雷维塞得的魔灯推动了投影术的发展，它是幻灯机、电影放映机的雏形．格雷维塞得认为阿巴思诺特的推理还可以再仔细些．他的计算过程如下所示．

　　1. 经计算，82 年中平均每年出生婴儿 11 429 个．

　　2. 以平均数 11 429 为基准，调整每年的男女婴儿出生数．例如，1629 年出生婴儿 9 901 个，其中男女婴儿分别为 5 218 和 4 683 个．据此，格雷维塞得首先将 1629 年出生的婴儿数 9 901 调整为 11 429．然后将 1629 年出生的男女婴儿数分别加以调整：

$$1629 \text{ 年出生的男婴数从 } 5\ 218 \text{ 调整为 } 11\ 429 \times \frac{5\ 218}{9\ 901} = 6\ 023$$

$$1629 \text{ 年出生的女婴数从 } 4\ 683 \text{ 调整为 } 11\ 429 \times \frac{4\ 683}{9\ 901} = 5\ 406$$

3. 调整之后，这 82 年里每年出生的男婴数最少的是 5 745，最多的是 6 128．最少的也比全年出生的婴儿总数 11 429 的一半来得大．假如生男生女机会均等，则一年内出生 11 429 个婴儿，其中男婴出生数在 5 745 与 6 128之间的概率为

$$r = \sum_{k=5\ 745}^{6\ 128} C_{11\ 429}^{k} 2^{-11\ 429}$$

格雷维塞得费了很大的功夫，算得 $r \approx 0.29$．则连续 82 年，年年都如此的概率为

$$0.29^{82} \approx 8.253 \times 10^{-45}$$

这个数比阿巴思诺特算得的更小．这更加足以使人相信，生男生女的机会并不均等，男婴出生机会多于女婴．

除了推断出男婴出生率略高于女婴，格朗特根据伦敦的死亡公报还推断出各年龄组男性死亡率皆高于女性；新生儿的死亡率较高；大城市的死亡率较高；一般疾病和事故的死亡率较稳定；传染病的死亡率波动较大，传染病流行时的死亡率比不流行时的高得多．大自然安排得非常巧妙，在各年龄组男性死亡率皆高于女性．因而尽管出生的新生儿中女的少而男的多，但随着年龄的增加，女性人数减少得慢，而男性人数减少得快，性别比越来越小．到了婚嫁年龄，男性和女性的人数基本持平．之后，女性人数慢慢就会超过男性人数，性别比越来越小．例如 2022 年上海市 60 岁及以上老年人口男女性别比值为 92.16%，65 岁及以上老年人口性别比值为 89.96%，80 岁及以上高龄老人性别比值为 70.30%，100 岁及以上老年人口性别比值为 33.59%．

5.8　生命表

格朗特的贡献六：创建了世界上第一张生命表．伦敦教区的死亡公报记录着死者的死因，但未记录死者的年龄．尽管如此，格朗特仍试图估计伦敦地区出生者的死亡年龄的平均值，即预期寿命．有关预期寿命的著述最早见于 6 世纪古罗马的《学说汇纂》（*Digesta*）．《学说汇纂》摘录 1—4 世纪古罗马法学家的著述，共分 50 卷，9 200 段．乌尔比安（Domitius Ulpianus，约

170—约228）是 2 世纪的古罗马著名法学家.《学说汇纂》中引用的著述以他的为最多，达 2 464 条. 乌尔比安的著述中有一条是关于预期寿命的. 现把它列表表述，见表 5.1.

表 5.1 乌尔比安的表

年龄 x/岁	[0, 20)	[20, 25)	[25, 30)	[30, 35)	[35, 40)	[40, 50)	[50, 55)	[55, 60)	≥60
年龄 x 时后续的预期寿命	30	28	25	22	20	$59-x$	9	7	5

表 5.1 的第二行是年龄 x 时后续的预期寿命. 按乌尔比安的表，古罗马人出生时预期寿命为 30 岁，20 岁时后续的预期寿命为 28 岁，等等. 那个时候，这张表被用于计算年金. 在之后的 1 400 多年，乌尔比安的这张预期寿命表似无人问津，预期寿命的概念与计算并没有得到进一步研讨. 直到格朗特根据伦敦地区出生和死亡人数，经过推算创建了世界上第一张生命表（表 5.2）之后，生命表及与之相关的预期寿命才引起人们广泛的关注，成了热门话题. 格朗特编制的生命表是开创性的工作.

表 5.2 格朗特的生命表

年龄/岁	存活人数
0	100
6	64
16	40
26	25
36	16
46	10
56	6
66	3
76	1

在现代人看来，格朗特的这张生命表太粗糙了，其起点存活人数的基数为 100，除开始相差 6 岁，其余皆相差 10 岁. 现在的生命表很精细，通常取

第五章 两个英国人格朗特和哈雷

起点存活人数的基数为 10 万, 甚至 100 万, 年龄相差 1 岁, 婴幼儿甚至以月为间隔. 除了存活人数, 还有死亡人数与死亡率, 死亡率精确到百万分之一. 男和女, 还有例如吸烟和不吸烟者, 分开有各自的生命表, 甚至特殊的人群如化工厂工人、煤矿工人等也都有他们自己的生命表. 现在的生命表不论如何精细制作, 其结构和表 5.2 基本相同. 格朗特的生命表告诉我们, 每出生 100 人中到 6, 16, …, 76 岁时平均而言的存活人数. 因为伦敦教区的死亡公报未曾记录死者的年龄, 所以格朗特构造生命表, 没有精确的资料可依据, 只能估算. 例如到 6 岁时的存活人数, 格朗特的估算方法如下所述. 根据《观察》一书的表 1, 他对 1629 年至 1636 年与 1647 年至 1660 年的死亡人数进行统计分析. 这 20 年内死亡总人数为 229 250. 他认为有些疾病, 例如惊风症、佝偻症与寄生虫病等, 患者基本上是 6 岁以下儿童. 得这类病的死者有 71 124 人. 另有一些疾病, 例如天花与麻疹等, 患者中约一半, 即 6 105 人在 6 岁以下. 这两者相加, 格朗特估算出这 20 年内 6 岁以下儿童的死亡人数为 77 229. 在总的死亡 229 250 人中, 约有 16 000 人死于黑死病. 格朗特认为, 生命表应将这类非正常死亡的排除在外. 两者相减, 格朗特估算出这 20 年内正常死亡总人数为 213 250 人. 由此推测, 6 岁以下儿童的死亡率为

$$\frac{77\ 229}{213\ 250} = 36\%$$

所以出生 100 人, 至 6 岁时死亡 36 人, 存活的只有 64 人. 至于寿命大的一头, 格朗特作了一些假设, 估计有 3% 的人活到 66 岁, 1% 的人活到 76 岁. 至于其他年龄的存活人数, 他用一种奇特的内插方法加以估算. 他承诺书中只有 "简单的段落, 没有一长串冗长的推论". 因而他在《观察》一书中没能阐述清楚其推理过程, 也可能他并没有仔细推敲自己的方法. 格朗特的这张生命表不够细致精确, 因为死亡公报没有记录死者的年龄. 但重要的是, 格朗特提出了生命表这个开创性的概念, 并给出构造框架, 这个框架一直沿用至今. 生老病死乃是人之常情, 格朗特的生命表一经问世就广为流传. 它是威廉·配第一再坚持认为政府应成立中央统计办公室的一个依据.

格朗特根据他的生命表, 对死亡年龄进行推测. 例如出生 100 人, 至 6 岁时死亡 36 人. 格朗特根据自己掌握的信息推测, 平均而言这 36 人是小于

6 岁的哪一个年龄死亡的. 又如 6 岁时存活的 64 人, 至 16 岁时仍然存活的只有 40 人, 死亡 24 人. 平均而言这 24 人是 6 岁与 16 岁之间的哪一个年龄死亡的. 以此类推, 直到 76 岁时仍然存活的 1 人, 推测他是 76 岁之后的哪一个年龄死亡的. 然后格朗特计算这 100 人的平均死亡年龄, 也就是得到出生者的预期寿命的估计值是 16 岁. 在格朗特看来, 当时伦敦有的人寿命不到 16 岁, 有的人寿命超过 16 岁. 总的来讲, 对于一个刚出生的婴幼儿, 人们能期望的是, 他的平均寿命是 16 岁. 在格朗特去世的 1674 年, 威廉·配第根据爱尔兰一个教区的信息资料, 在给英国皇家学会的报告中, 提到出生者的预期寿命是 18 岁. 随着生产力的发展、医疗技术的进步与卫生环境的改善, 人口预期寿命日益增长. 例如 2017 年英国男性和女性出生者的预期寿命已分别达到 79.2 岁和 82.9 岁.

5.9　用平均值的思想估计伦敦人口

　　格朗特的贡献七: 用平均值的思想估计伦敦人口. "平均来说"或"平均而言"是我们经常使用、很熟悉的一个词语. 格朗特的生命表中这些年龄的存活人数都是"平均来说"的. 表中的最高寿命是 76 岁, 这并不是说当时伦敦没有寿命超过 76 岁的人. 这仅表明当时伦敦寿命超过 76 岁的人, 其存活率很小很小. 格朗特假设在 100 个人中, 有 1 人活到 76 岁, 即他假设活到 76 岁的机会是 1%. 所以在他看来, 活到例如 86 岁的机会不足 1%. 由于他的生命表中存活人数的基数是 100 人, 因而平均来说, 表中就没有人活到 86 岁了. 倘若表中存活人数的基数是 1 000 人、10 000 人, 或者和现在通常使用的生命表相同, 将存活人数的基数取为 100 000 人, 那么平均来说表中就有人活到 86 岁了.

　　格朗特所处的那个年代, 伦敦号称有 200 万人口. 虽然这是当时人们普遍公认的, 但是大家还是有所怀疑. 怀疑它是不是太大了? 格朗特是第一个对伦敦人口用平均值的思想做出在他看来有理有据估计的人. 他尝试了几种不同的估计方法, 检测他所得到的伦敦人口的估计是否可靠. 其中一个方法是, 利用死亡数据估计伦敦人口. 每年伦敦大约有 13 000 场葬礼, 平均每

11 个家庭每年有 3 人死亡, 家庭平均 8 个人. 由此他估计出伦敦人口约为 381 000 人. 他的另一个方法是利用出生婴儿数来估计伦敦人口. 由于流行黑死病与发生战争的缘故, 婴儿出生没有去教堂洗礼的不在少数. 格朗特知道, 不能仅根据死亡公报中受洗婴儿的人数来估计出生婴儿数. 他注意到出生人口数通常少于死亡人口数, 由此他假设每年伦敦平均出生 12 000 个婴儿. 一般来说, 育龄妇女两年之内生育一个小孩. 格朗特据此假设育龄妇女是出生婴儿数的 2 倍, 故有 24 000 个育龄妇女. 他假设拥有与没有育龄妇女的家庭一样多, 因而家庭总数为 48 000 个. 每个家庭平均 8 个人, 由此估计伦敦人口是 384 000 人. 他的再一个方法是核查 1658 年的伦敦城市地图. 据此格朗特估计伦敦城内居住着 11 880 户家庭. 然后他注意到, 伦敦每年的 13 000 场葬礼中有 3 200 场葬礼的死亡者是城里人. 也就是说, 约有四分之一的葬礼是城里人的. 将 11 880 乘 4, 估计整个伦敦约有 47 520 户家庭. 每个家庭平均 8 个人, 从而估计伦敦人口约是 380 000 人. 格朗特的这三种估计方法得出的结果相差不多, 伦敦人口约 38 万. 这个估计值可能太小了. 但是与当时公认的 200 万人相比, 大家普遍认为格朗特的估计更接近真实情况. 这三种估计方法得出的结果相差不多, 这是不是格朗特刻意为之的, 人们不得而知.

平均来说, 究竟有多大程度的可靠性呢? 平均值究竟有多大的代表性呢? 平均值与我们所指的真实值之间无法避免的误差该如何估计? 格朗特的《观察》一书并没有研究这些问题. 在他之后的统计学家们解决了如何估计误差的问题.

5.10　数据的可信性问题

格朗特的贡献八: 提出了数据的可信性问题. 认为所谓统计工作就是有了数据之后用数学方法去分析数据, 这样一种认识是误解了统计. 分析数据仅仅是统计的一项工作. 统计还有另一项工作, 那就是收集数据. 收集到的现实活动中的数据有可能存在些问题, 例如不够完整, 不太准确等. 为了数据分析能有效地获取有价值的信息, 有必要预先对数据进行一些处理. 这项工作就是所谓的"数据的预处理". 难能可贵的是, 格朗特在《观察》一书中已意识到预处理数据的必要性, 提出了数据的可信性问题.

格朗特清楚地知道他所研究的死亡公报中的这些数据有缺陷. 英国是信奉基督教的国家. 只有在(基督教)教堂做过洗礼的人才会被记录在册. 所以死亡公报并不包括天主教徒与信奉其他宗教, 以及不信教的民众. 死亡公报记录了这一周内死亡的名单与死亡的原因, 除没有记录死者的年龄这一缺陷之外, 格朗特还告诫说, 死因诊断是不确定的, 有可能失误. 错判死因, 时有发生. 更有甚者, 有的时候出于某种目的而篡改死因. 格朗特在《观察》中就发现了这样一个篡改死因的异常情况. 它与黑死病有关.

1603 年 4 月至 12 月和 1625 年 4 月至 12 月都是黑死病流行的日子. 这两个时间段的黑死病死亡情况的比较见表 5.3. 1603 年 4 月至 12 月黑死病死亡人数 30 561 人, 占总的死亡人数 37 294 的 81.9%. 1625 年 4 月至 12 月黑死病死亡人数占总的死亡人数的 68.4%, 它比 1603 年的 81.9% 降低了很多. 是真的降低了, 还是数据不可信? 格朗特认为数据不可信, 这是他在将 1625 年与 1625 年前后几年的非黑死病(正常)死亡人数比较之后得出的结论. 1625 年全年总的死亡人数为 54 265. 这一年的 1 月至 3 月没有黑死病死亡的人. 倘若表 5.3 中, 1625 年 4 月至 12 月黑死病死亡人数的确是 35 417, 那么 1625 年非黑死病(正常)死亡人数为 54 265−35 417＝18 848. 1625 年前后几年都没有黑死病死亡的人, 这些年每年总的死亡人数, 也就是非黑死病(正常)死亡人数在 7 000 与 8 000 之间. 由此看来, 1625 年非黑死病(正常)死亡人数比邻近年份约多出 11 000 人. 格朗特考虑到一般疾病(正常)的死亡率比较稳定, 因而他认为 1625 年非黑死病(正常)死亡人数比邻近年份多 11 000 人, 这是不可信的. 多出来的 11 000 人的病因很可能是黑死病. 格朗特经调查发现, 不少死者家属苦苦相求, 甚至行贿, 让执事者把本该登记为黑死病死亡的人改为其他原因死亡. 总之, 有人故意篡改数据. 这也就是说数据有水分. 格朗特据此推测, 1625 年 1 月至 3 月很可能有人死于黑死病, 4 月至 12 月死于黑死病的很可能不止 35 417 人, 1625 年死于黑死病的比 35 417 人很可能多 11 000 人. 为此他将登记在册的这一年黑死病的死亡人数 35 417 校正为 46 417. 1625 年全年总的死亡人数为 54 265, 所以在校正之后, 这一年黑死病死亡人数的比值就等于 46 417/54 265＝85.5%. 这就与表

5.3 中 1603 年 4 月至 12 月黑死病死亡人数占死亡总人数的比值 81.9% 相差不大了. 由此看来, 将 1625 年黑死病死亡人数 35 417 校正为 46 417 是合理的.

表 5.3　黑死病死亡情况的比较

时间段	1603 年 4 月至 12 月	1625 年 4 月至 12 月
死亡总人数	37 294	51 758
非黑死病(正常)死亡人数	6 733	16 341
黑死病死亡人数	30 561	35 417
黑死病死亡人数占死亡总人数的比值	81.9%	68.4%

现今人们称不可信的数据为异常值. 异常值产生的原因除篡改数据, 数据有水分之外, 还可能是由于书写记录有误, 度量仪器失灵等. 如何识别异常值? 如何把它校正? 一直是人们很关心的问题. 格朗特识别出 1625 年死于黑死病的人数 35 417 是异常值, 并把它校正为 46 417, 这很有创意并富有启发性, 但仅仅是 "个案". 他的具体处理方法不能照搬照抄用来解决其他任意一个异常值问题. 异常值问题的解决往往需要具体问题具体分析, 依赖于人们对统计数据敏锐的观察力, 以及对所研究问题的实际背景的理解.

5.11　由部分归纳推断总体

格朗特的贡献九: 开创了由部分归纳推断总体的数据分析方法. 统计抽样有很长的历史了. 早期一次有趣的抽样活动是英国 1279 年建立起来的硬币样品检测制度. 在这之前的英国, 硬币用银制作, 其面值和其内在银的价值是一致的, 一磅银中允许加入的铜不能超过 6 便士. 当时英国有一个铸币者在铸造货币时故意加入了 8.5 便士的铜, 致使银的含量下降, 货币严重贬值. 这导致商人交易时害怕得到劣币, 一些外国商人纷纷离开英国, 致使英国经济问题日益严重. 为振兴经济, 英国采取了一系列的措施: 决定发行由黄金和白银制作的硬币, 并为确保硬币符合经自己制定并已公布的黄金和白银含量标准，决定对铸币厂铸造出来的硬币进行检测．显然，检测铸造出来的所有硬币是很困难的．为此，就有了所谓的"货币检查箱"．其实它是一个盒子，里面装着待检测的硬币．这些硬币是从铸币厂铸造的硬币中随机抽取的．检测时，它们要和严加看管、放在货币密室金库里的一盒子黄金，也就是标准做比较．显然，难以期望每一枚硬币都完全达到标准，为此允许硬币和标准可以有一定程度的偏差．这就是当今企业普遍采用的"抽样检验"的雏形．统计抽样走过了很长的一段路，直到格朗特的《观察》一书面世之后，抽样方法才取得了惊人的突破．

格朗特并没有意识到他是抽样理论和方法的革新者，但这并不妨碍他的抽样实践．他研究的是伦敦教区 60 余年 3 000 多期公报记录的全部出生与死亡数据，但这并不是伦敦全市的出生与死亡数据．这些数据仅是英国、欧洲乃至全世界的一个城市的一段时间的不完整数据．格朗特意识到他所得到的数据仅仅是全部出生与死亡的一部分数据，但这并不妨碍他从这一部分数据归纳得出一般性的结论．格朗特将原始数据进行系统的整理与论述，这是在他之前从未有人做过的．他分析数据并由部分推断总体的方法奠定了统计科学的基础．他的这种开创性的分析方法，现在被称为"统计推断"．格朗特并没有对统计推断中的误差进行分析，后人解决了如何计算误差的问题．

5.12　天文学家和人口统计学家哈雷

除了伦敦，还有不少城市的有关出生与死亡的数据能从教区的教堂中得到，例如巴黎与都柏林．此外，荷兰通过生命年金来融资．这个生命年金是一次性购买，其所有者(有时可以是其继承者)终生可以获得固定收益的一种保单．所以在荷兰除了保存出生与死亡的记录，还可以得到一些其他信息的数据．继格朗特之后，人们开始关心出生与死亡的数据．在格朗特去世后19 年，在其《观察》一书出版 31 年后，1693 年一篇在风险管理，尤其是在保险精算历史上有更为重要意义的关于死亡年龄分析的论文问世了．它的作者是著名英国天文学家，同时也是人口统计学家哈雷(Edmond Halley,

1656—1742）．哈雷非常了解格朗特的工作，并有能力将其进一步发展．如果没有格朗特的《观察》一书，哈雷或许不会产生作这样研究的观念．哈雷意识到格朗特的工作中有一些缺陷，事实上格朗特自己也清楚有这些缺陷．格朗特有死亡人口及其死因的数据，但他缺少死亡年龄的完整记录．由于缺少关于伦敦总人口的可靠数据，他只能凭借部分信息对其进行估计．伦敦是英国的首都，其人口迁移与流动非常频繁．由此可见格朗特关于死亡率与人口总数的估计，其准确性就值得怀疑了．天文学家哈雷此时正在四处寻找一些不寻常的东西以供研究，他发现继续格朗特的工作很有意义，为此他暂时改变了自己的工作方向，从天文观测转向社会分析．

　　1673 年，当 17 岁的哈雷进入牛津大学皇家学院就读时，随身带去了他的 24 英寸（1 英寸＝2.54 cm）长的望远镜．1676 年他离校到南大西洋上孤悬海中的圣赫勒拿岛（Saint Helena）研究南半球的天空．这项研究成果使得他 22 岁时就当选为英国皇家学会会员．哈雷最广为人知的是他对一颗彗星的准确预言．哈雷整理彗星观察记录，运用牛顿万有引力反复推算，认为 1682 年出现的那颗彗星，与 1607 年和 1531 年观察到的那两颗彗星，并不是三颗不同的彗星，而是同一颗彗星的三次出现，出现的间隔分别是 76 年与 75 年．哈雷经过计算，预言这颗彗星将于 1759 年再次出现．1759 年 3 月 13 日，哈雷预言的这颗彗星，明亮地拖着长长的尾巴，在全世界天文台的等待之中，如期而至出现在星空中．彗星的神秘性随之被哈雷打破．遗憾的是，

哈雷已于 17 年前去世，并未亲眼看到他预期的彗星的准时出现．这颗彗星被命名为如今几乎人人皆知的"哈雷彗星"，见图 5.3．似乎是这一颗彗星的光芒笼罩了他往后的岁月．其实，人类历史上第一张完整的生命表也是哈雷编制的，然而这并不广为人知．哈雷的生命表发表在他的 1693 年那篇关于死亡年龄分析的论文中．

图 5.3　英国发行的纪念哈雷的邮票

5.13 哈雷生命表

哈雷是英国人，但他编制的生命表，其数据取自当时属于德国的，西里西亚（Silesia）的布雷斯劳（Breslau）城．它坐落在德国的东部．第二次世界大战后，它成了波兰的领土．现在这个城市的名字为弗罗茨瓦夫（Wroclaw）．布雷斯劳的牧师长久以来一直遵循着，保留每年出生与死亡的详细记录的惯例．哈雷拿到的数据是布雷斯劳的自 1687 年到 1691 年的月数据．这些出生与死亡的数据包括一月之内死亡人员的年龄与性别，以及出生人数．哈雷认为这些数据"是认真记录的，尽可能正确的"．他指出布雷斯劳是内陆城市，远离大海，所以"外来人口的影响很小"，与伦敦相比，其人口的各个方面的情况较为稳定．现在所缺的是人口的总量．哈雷确信死亡人口的年龄与出生人口的数字是足够准确的，他可以据此对总人口数给出准确的估计．哈雷拿到的关于布雷斯劳居民 1687 年至 1691 年出生与死亡的完整记录来自一位当地的学者兼牧师卡斯帕·瑙曼（Caspar Naumann，生卒年不详）．当时有不少人认为月亮圆缺的周期对健康有影响．瑙曼为驳斥这个荒谬的迷信观点，查阅了布雷斯劳的记录．瑙曼将他的研究结果呈交给莱布尼茨，莱布尼茨又将它送到了伦敦的皇家学会．就这样，哈雷拿到了瑙曼的数据．

1693 年哈雷那篇关于死亡年龄分析的论文，依据的数据就是布雷斯劳 1687 年至 1691 年的有关出生与死亡的数据．论文发表在英国皇家学会的《哲学学报》（*Philosophical Transactions*）上．论文的标题是《人类死亡率的估计；来自布雷斯劳的出生与死亡明细表；试图确定终身年金的价格》．根据布雷斯劳自 1687 年到 1691 年的人口出生与死亡记录，哈雷算得在这 5 年期间，总的出生人数与死亡人数分别为 6 193 与 5 869．所以平均每年约出生 1 239 人，死亡 1 174 人．每年平均多出 65 人．而格朗特依据伦敦的记录，发现出生人数通常少于死亡人数，与布雷斯劳的截然相反，其缘由很可能是人们向往伦敦，人口迁入的比迁出的多，不少人没有在伦敦出生，但却在伦敦举行葬礼．哈雷推测，"可能因战争中征兵，平衡了布雷斯劳的出生与死亡人数的差额"．哈雷假设每年出生 1 239 人，也就是说布雷斯劳的人口在每年出生的 1 239 个婴儿的基础上逐渐增加．哈雷发现 348 个婴儿不满 1 岁便死亡，存活的只有 891 人．5 年之后，这 891 个存活的婴儿中有 198 人死亡，只有 693 人能存活到 6 岁以上．也就是 693/1 239 = 56% 的出生人口能活到 6 岁以上．这比格朗特的出生人口中有 64% 能活到 6 岁以上的估计要小得多．根据布雷斯劳死亡年龄的数据，哈雷估计各个年龄的死亡率，然后在出生 1 239 个婴儿的基础上，依次计算各个年龄的死亡人口数．他发现其中有一些问题，为此微微作了些调整，特别是对 14 岁到 17 岁各个年龄死亡人口数的调整，他还参考了伦敦基督教会医院拥有的经验数据．

为计算方便，他将布雷斯劳满 1 岁的婴儿人数调整为 1 000．据此哈雷编制了布雷斯劳居民从 1 岁到 84 岁的分年龄生命表，简称布雷斯劳生命表，即哈雷生命表，见表 5.4．哈雷生命表的年龄间隔为 1 岁，起点（即 1 岁的存活人数的基数）为 1 000 人．表 5.4 的第 2，第 4，…，第 12 列的人数，即各个年龄的存活人数，其实就是布雷斯劳各个年龄的居民人数的估计．第 14 列的人数是 1 岁至 7 岁，8 岁至 14 岁，…，78 岁至 84 岁这些年龄段居民人数的估计，以及哈雷对 85 岁及以上年龄的居民人数的估计．它们的总和 34 000 就是哈雷关于布雷斯劳总人口数的估计．其实，哈雷并没有统计过 85 岁及以上年龄的居民人数，他把它估计为 107 人，很可能就是为了凑够布雷斯劳人口数为 34 000 这个总数．哈雷生命表为研究解决很多问题提供了科学依据．例如，根据哈雷生命表，计算得到布雷斯劳的 18 岁至 56 岁的居民有 18 053 人．哈雷估计，至少一半，即有 9 027 人为男性．这些人就是布雷斯劳的兵源与男劳动力．

哈雷的分析体现了概率的概念．他说由生命表可以知道，某个给定年龄的人在 1 年或若干年之内死亡的概率有多大．例如 25 岁有 567 人，他们不会在 1 年之内全部死亡．26 岁有 560 人．这两个年龄的存活人数之差为 7．所以 25 岁的人在 1 年内死亡的概率为 7/567，或者说 25 岁的人活到 26 岁的几率为 560 : 7 = 80 : 1．又如 40 岁与 47 岁的存活人数分别为 445 与 377，它们之差为 68．所以 40 岁的人在 7 年内死亡的概率为 68/445，或者说 40 岁的人活到 47 岁的几率为 377 : 68，约为 5.5 : 1．哈雷继续分析道，生命表还可以告诉我们，某个指定年龄的人能再活多少年．例如由生命表知，30 岁的 531 人的一半，约 266 人，相当于年龄在 57 岁与 58 岁之间的人数．所以我们甚至可以打赌地说，30 岁的人很可能再活 27 年或 28 年．至此，大家可能会说这些问题很浅显，但在哈雷所处的年代，采用抽样与数据分析的归纳推理方法来求解，那是前所未有的空前创举.

表5.4 哈雷生命表

年龄	人数	年龄	人数	年龄	人数	年龄	人数	年龄	人数	年龄	人数	年龄	人数
1	1 000	8	680	15	628	22	586	29	539	36	481	1—7	5 547
2	855	9	670	16	622	23	579	30	531	37	472	8—14	4 584
3	798	10	661	17	616	24	573	31	523	38	463	15—21	4 270
4	760	11	653	18	610	25	567	32	515	39	454	22—28	3 964
5	732	12	646	19	604	26	560	33	507	40	445	29—35	3 604
6	710	13	640	20	598	27	553	34	499	41	436	36—42	3 178
7	692	14	634	21	592	28	546	35	490	42	427	43—49	2 709
年龄	人数	年龄	人数	年龄	人数	年龄	人数	年龄	人数	年龄	人数	50—56	2 194
43	417	50	346	57	272	64	202	71	131	78	58	57—63	1 694
44	407	51	335	58	262	65	192	72	120	79	49	64—70	1 204
45	397	52	324	59	252	66	182	73	109	80	41	71—77	692
46	387	53	313	60	242	67	172	74	98	81	34	78—84	253
47	377	54	302	61	232	68	162	75	88	82	28	85—	107
48	367	55	292	62	222	69	152	76	78	83	23	总和	34 000
49	357	56	282	63	212	70	142	77	68	84	20		

5.14 后记

哈雷生命表最重要的贡献是，为人寿保险与年金的计算奠定了数理基础. 哈雷认为应规范终身年金的价格. 不同年龄例如年龄分别为 20 岁与 50 岁的两个人，一年之内他们生存与死亡的几率分别为 100：1 与 30：1. 几率相差如此之大的两个人，怎么可以对他们以相同的价格销售年金. 哈雷经过详尽的计算，在年利率为 6% 的假设条件下，依据他的生命表，分别给出了一个人、两个人与三个人的终身年金，对于不同年龄的人的销售价格. 遗憾的是，哈雷生命表并没有立即引起政府与保险公司的重视．即使是在他的祖国，英国政府也没有注意到他的生命表．1540 年英国政府就通过销售年金来募集资金，那时销售的年金不考虑认购者的年龄，不顾及人的预期寿命，都是 7 年返回认购价格．之后，英国政府还发行过一种年金，考虑到人的平均预期寿命为 14 岁，所以这项年金规定 14 年后把最初的认购价格返回给认购者．但是这项年金不论年龄有多大，关于每个人的合同都完全相同．这项以相同价格销售的年金，可想而知，越是年轻的人越愿意购买．其结果是英国政府的融资成本相当昂贵．在英国，这种对所有人都以相同价格销售年金的政策一直持续到 1789 年．在哈雷于 1693 年发表他的生命表过去一个世纪之后，英国政府与保险公司才开始认真考虑哈雷生命表．犹如哈雷彗星，哈雷生命表绝不是昙花一现的东西．哈雷对于死亡与出生的琐细数据的处理与应用，以及他对于生命表的编制，奠定了当今人寿保险费计算的数理基础．

本章参考文献

这一章除了参考书末文献[1]、[2]与[3]，还参考了下列文献：

[1] HOAGLIN D C, MOSTELLER F, TUKEY J W, 1998. 探索性数据分析. 陈忠琏，郭德媛，译．杨振海，校．北京：中国统计出版社．

[2] HUBER P J, 1998. Speculations on the Path of Statistics//BRILLINGER D R, FERNHOLZ L T, MORGENTHALER S. The Practice of Data Analysis：Essays in Honor of John W. Tukey. Princeton：Princeton University Press：175−192.

[3] PFLAUMER P. A Demometric Analysis of Ulpian's Table. JSM 2014−Social Statistics Section：405−419.

[4] HALLEY E, 1693. An estimate of the degrees of the mortality of mankind, drawn from curious tables of the births and funerals at the city of Breslaw; with an attempt to ascertain the price of annuities upon lives. Philosophical Transactions of the Royal Society of London, 17(196)：596−610.

[5] 李伟民，2002. 金融大辞典. 哈尔滨：黑龙江人民出版社．

第六章
棣莫弗和拉普拉斯及他们的极限定理

　　第四章中雅各布与尼古拉斯 I 都根据真实比值 60% 与 40%，计算而得到了取多少个鹅卵石，就能使得"事后"算得的比值与真实比值，它们之间的误差在 2% 之内的概率达到 99.90%. 实际问题中真实比值往往并不知道. 在真实比值未知时，计算概率就需要运用棣莫弗—拉普拉斯极限定理. 运用此极限定理，可实质性地减少所需要摸取的鹅卵石个数，以至于达到几乎再没有改进余地的地步. 在第五章我们说格朗特并没有对统计推断中的误差进行分析，而后人解决了如何计算误差的问题. 后人关于这个问题的研究成果，最初的就是棣莫弗—拉普拉斯极限定理. 棣莫弗（Abraham de Moivre，1667—1754）是法国裔英国籍数学家，拉普拉斯（Pierre–Simon Laplace，1749—1827）是法国著名天文学家、数学家、物理学家，见图 6.1.

棣莫弗　　　　　　　　拉普拉斯

图 6.1　棣莫弗（左）和拉普拉斯（右）

6.1 法国裔英国籍数学家棣莫弗

棣莫弗 1667 年出生在法国东北部的维特里勒弗朗索瓦(Vitry-le-François)，1688 年移居英国伦敦. 从此之后，他一直生活在英国，靠做家庭教师谋生. 他给许多家庭的孩子上课，来回奔波，时间很紧. 棣莫弗教完一家的孩子后，在去另一家的路上赶紧学习. 他如饥似渴地学习，在有了扎实的学术基础之后开始进行学术研究. 1697 年，棣莫弗移居伦敦满 9 年，刚三十而立之年时，棣莫弗当选为英国皇家学会会员. 1735 年棣莫弗当选为德国柏林科学院院士. 1754 年棣莫弗又被他的祖国——法国的巴黎科学院接纳为会员. 尽管有众多荣誉，但棣莫弗怀才不遇，在英国过着抑郁、充满挫折的生活，他从未在学术界获得过一个适当的职位. 他靠做数学家庭教师和充当赌徒及保险经纪人的概率理论应用方面的咨询顾问谋生. 棣莫弗抱怨说，他周而复始地从一家到另一家给孩子们讲课，单调乏味地奔波于雇主之间，纯粹是浪费时间. 他曾做了许多努力，试图改变自己的处境，但无济于事. 他是个痛苦、内向、孤僻的人. 棣莫弗终生未婚，晚年双目失明，1754 年患嗜睡症，在贫寒中离开了人世，终年 87 岁. 尽管生活如此艰辛，棣莫弗凭着他对数学的兴趣爱好，潜心学习研究，在数学，尤其是在概率的理论与应用方面做出了卓越的贡献，实属不易，可敬可佩.

用三角函数形式表示的复数，其积的计算有个定理. 这个定理是棣莫弗 1707 年创立的. 它就是人们熟知的棣莫弗定理. 此外，棣莫弗还用复数证明：求解方程 $x^n-1=0$，相当于把圆周 n 等分. 棣莫弗的主要贡献在概率论. 1711 年他在英国皇家学会的刊物《哲学学报》上发表论文《风险的度量》. 棣莫弗在此论文的基础上，增补了很多内容，把它扩充成一本书，其英文版于 1718 年出版，书名为《机遇论》(*The Doctrine of Chance*). 这本书获得了极大的成功. 棣莫弗把它献给了牛顿. 牛顿不时地对他的学生说："你们若有概率问题，去问棣莫弗先生，他在这方面知道得比我多." 1738 年与 1756 年这本书经修订补充又再版了两次. 人们常说，较早期的概率论历史上有三部里程碑式的著作，除了第四章所述雅各布的《推测的艺术》，另外两部就是棣莫弗的《机遇论》和本章下面将要介绍的拉普拉斯在 1812 年出版的

《概率的分析理论》.

棣莫弗的《机遇论》

棣莫弗的《机遇论》首次定义了独立事件的乘法定理，对二项分布 $B(N, p)$ 概率的计算进行了研究，讨论了掷骰子和其他的赌博问题. 在 1738 年《机遇论》的第二版中，棣莫弗讨论了一个名叫亚历山大·喀明的人在 1721 年向他提出的一个有关赌博的问题. 赌徒 A 与 B 在庄家甲的家中赌博. 每局 A 获胜的概率为 p，B 获胜的概率为 $q=1-p$. 赌 N 局，记 A 获胜的局数为 X，则 $N-X$ 就是 B 获胜的局数. 约定：若 A 获胜的局数 $X \geqslant Np$，则 A 给庄家甲 $X-Np$ 元；而若 $X<Np$，这时 B 获胜的局数 $N-X>Nq$，则 B 给庄家甲 $(N-X)-Nq=Np-X$ 元. 问庄家甲得到的期望值是多少？根据定义，其期望值等于

$$D_N = \sum_{k=0}^{N} |k-Np| \cdot b(N; \ p, \ k)$$

其中 $b(N; \ p, \ k) = C_N^k p^k (1-p)^{N-k}$ 是二项分布 $B(N, p)$ 的概率值. 棣莫弗在 Np 为整数时，指出 $D_N = 2Np(1-p)b(N; \ p, \ Np)$，并当 $p=1/2$ 时给出了它的证明. 虽然棣莫弗回答了喀明的问题，但他仍感到不满意，当 N 比较大时，二项分布概率值 $C_N^k p^k (1-p)^{N-k}$ 的计算比较复杂. 棣莫弗试图寻找一个便于计算的近似公式.

棣莫弗首先考虑 $p=1/2$，$N=2m$ 为偶数的情况. 记

$$b(k) = b(N; \ 1/2, \ k), \ k=0, \ 1, \ 2, \ \cdots, \ N$$

1721 年，棣莫弗得到下述结果：当 $N \to \infty$ 时，

$$b(m) \approx 2.168 \frac{\left(1-\dfrac{1}{N}\right)^N}{\sqrt{N-1}} \approx 2.168 \frac{\mathrm{e}^{-1}}{\sqrt{N}} \tag{6.1}$$

当 $N \to \infty$ 时，式(6.1)的左端不是以 $1/N$，而是以 $1/\sqrt{N}$ 的速度趋于 0 的. 众所周知，$\sqrt{N}$ 这个量在统计学极限定理中有着其特殊的地位. 棣莫弗给出的式(6.1)中，$\sqrt{N}$ 的特殊地位初现端倪. 1725 年，苏格兰数学家斯特林（James

Stirling，1692—1770）知道棣莫弗这一结果后，立即产生了极大的兴趣.

6.3 斯特林与斯特林公式

随即斯特林证明了下面的重要结果：

$$b(m) \approx \sqrt{\frac{2}{\pi N}} \tag{6.2}$$

经计算，棣莫弗的式（6.1）与斯特林的式（6.2）分别为

$$b(m) \approx 2.168 \frac{e^{-1}}{\sqrt{N}} = \frac{0.797\,562\,628}{\sqrt{N}}, \quad b(m) \approx \sqrt{\frac{2}{\pi N}} = \frac{0.797\,884\,561}{\sqrt{N}}$$

虽然数值计算显示两者相差不大，但它们有着实质性的差别. 其差别之一在于，棣莫弗的式（6.1），只是说当 $N \to \infty$ 时，两边近似相等. 而对于斯特林的式（6.2），当 $N \to \infty$ 时，两边的比值趋于 1. 差别之二在于，斯特林的式（6.2）似乎仅是把式（6.1）中的 2.168 改写为 $e \cdot \sqrt{2/\pi}$. 事实上，这样的改写对于正态分布的发现有着极其重要的意义.

以斯特林的名字命名的有计算阶乘的斯特林公式. 二项分布概率值的计算牵涉到阶乘 $n!$ 的计算. n 越大，$n!$ 的计算就越复杂. 1730 年斯特林给出了阶乘的一个公式. 随后，棣莫弗改进了斯特林的公式，得到了下述比较简便的形式：

$$n! = \sqrt{2\pi}\, n^{n+\frac{1}{2}} \exp\left(-n + \frac{1}{12n} - \frac{1}{360n^3} + \cdots\right)$$

略去随 $n \to \infty$ 而趋于 0 的部分，就得到斯特林公式的常见形式

$$n! \approx \sqrt{2\pi}\, n^{n+\frac{1}{2}} e^{-n} = \sqrt{2\pi n} \left(\frac{n}{e}\right)^n$$

除了斯特林公式，在组合数学中还有斯特林数. 1730 年，斯特林首次发现了这些数，并说明了它们的重要性. 斯特林数自 18 世纪以来一直引起许多数学家的兴趣.

1733 年棣莫弗得到了一个具有决定性意义的成果，取 $p = 1/2$，$N = 2m$ 为偶数，对于二项分布概率值 $b(m+d) = b(N;\ 1/2,\ m+d)$，他证明了当 $N \to \infty$ 时，

$$\frac{b(m+d)}{b(m)} \approx e^{-\frac{2d^2}{N}}，且两边的比值趋于 1$$

棣莫弗将这个结果与斯特林的式(6.2)相结合，得到当 $N \to \infty$ 时，

$$b(m+d) \approx \sqrt{\frac{2}{\pi N}} \cdot e^{-\frac{2d^2}{N}}，且两边的比值趋于 1 \tag{6.3}$$

至此，正态分布初露雏形. 遗憾的是，棣莫弗仅把式(6.3)看成是一个二项分布概率的近似计算公式，未曾想到概率分布. 紧接着，棣莫弗根据"和用定积分近似计算"的方法，得到

$$\sum_{d;\ \sqrt{N}c_1 \leqslant d \leqslant \sqrt{N}c_2} b(m+d) \approx \int_{\sqrt{N}c_1}^{\sqrt{N}c_2} \sqrt{\frac{2}{\pi N}} \cdot e^{-\frac{2x^2}{N}} dx$$

$$= \int_{c_1}^{c_2} \sqrt{\frac{2}{\pi}} \cdot e^{-2x^2} dx = \int_{2c_1}^{2c_2} \frac{1}{\sqrt{2\pi}} \cdot e^{-\frac{x^2}{2}} dx \tag{6.4}$$

至此，我们看到了棣莫弗-拉普拉斯极限定理的起始状态. 棣莫弗之所以将求和的界限取为从 $\sqrt{N}c_1$ 到 $\sqrt{N}c_2$，是因为他看到了 $\sqrt{N}$ 这个量的特殊地位. 棣莫弗将 $e^{-\frac{x^2}{2}}$ 作幂级数展开，近似计算 $\int_0^a e^{-\frac{x^2}{2}} dx$ 的数值积分. 由此可得下列三个积分数值：

$$\int_{-1}^{1} \frac{1}{\sqrt{2\pi}} \cdot e^{-\frac{x^2}{2}} dx \approx 0.682\ 69 \tag{6.5}$$

$$\int_{-2}^{2} \frac{1}{\sqrt{2\pi}} \cdot e^{-\frac{x^2}{2}} dx \approx 0.954\ 28 \tag{6.6}$$

$$\int_{-3}^{3} \frac{1}{\sqrt{2\pi}} \cdot e^{-\frac{x^2}{2}} dx \approx 0.998\ 74 \tag{6.7}$$

上述三个积分的精确值分别等于 0.682 689 4…，0.954 499 7…与 0.997 300 2…. 棣莫弗的近似算法所得到的积分数值与精确值相差甚微.

下面应用式(6.4)对伯努利罐子中有同样个数的白与黑两种鹅卵石, 即白鹅卵石的真实比值为 $p=1/2$ 的情况进行讨论. 若从罐子里不间断有放回重复地摸取 $N=2m$ 个鹅卵石, 设其中有 $m+d$ 个白鹅卵石, $d=-m$, $-m+1$, $\cdots$, 0, $\cdots$, $m-1$, m. 欲使得 "事后" 算得的比值 $(m+d)/N$ 与真实比值 $p=1/2$ 的误差在预先设定的很小的范围 c(例如, 按第四章中雅各布所言, $c=2\%$)之内, 也就是使得

$$\left| \frac{m+d}{N} - \frac{1}{2} \right| \le c, \text{ 则有 } |d| \le Nc, \ -Nc \le d \le Nc$$

由此及式(6.4)知, "事后" 算得的比值与真实比值的误差在给定的 c 之内的概率为

$$\sum_{d: -Nc \le d \le Nc} b(m+d) \approx \int_{-2\sqrt{N}c}^{2\sqrt{N}c} \frac{1}{\sqrt{2\pi}} \cdot \mathrm{e}^{-\frac{x^2}{2}} \mathrm{d}x$$

欲使得误差在预先设定的范围 c 之内的概率不小于 γ(例如按第四章中雅各布所言, $\gamma=99.90\%$), 则有

$$\int_{-2\sqrt{N}c}^{2\sqrt{N}c} \frac{1}{\sqrt{2\pi}} \cdot \mathrm{e}^{-\frac{x^2}{2}} \mathrm{d}x \ge \gamma \tag{6.8}$$

显然, 对于给定的概率 γ, 越来越多地摸取鹅卵石, 误差 c 将越来越小, "事后" 算得的比值与真实比值就越来越接近, "事后" 算得的比值作为真实比值的估计, 其精度就越来越高. 人们很自然地认为, 误差 c 和摸取的鹅卵石个数 N 成反比例关系. 其实不然, 由式(6.8)知, 在概率 γ 给定的条件下, 误差 c 与 N 的平方根 $\sqrt{N}$ 成反比例关系. 这也就是说, 摸取的鹅卵石的个数增加一倍, 即从 N 增加到 $2N$, 误差 c 并不是从 c 减少到 $c/2$, 而是减少到 $c/\sqrt{2}$. 样本容量 N 的平方根 $\sqrt{N}$ 这个量在统计中有其特殊地位, 越来越为人们所认识到, 这是统计学的一个重大进展.

接下来根据式(6.8)讨论, 给定误差 c 之后, 概率 γ 与摸取的鹅卵石的个数 N 的关系. 显然, 随着摸取的鹅卵石的个数 N 越来越大, 概率 γ 将越来越大, "事后" 算得的比值作为真实比值的估计, 其精度就将越来越高. 与雅各布相同, 给定误差 $c=2\%$. 根据棣莫弗近似计算得到的(6.5), (6.6)与(6.7)三个公式, 可以得到下列三个结果:

结果一, 由式(6.5)知, 当 $2\sqrt{N}c = 2\sqrt{N} \cdot 2\% = 1$, $N=625$ 时, $\gamma =$

68.27%. 这说明，从罐子里不间断有放回重复地摸取 $N = 626$ 个鹅卵石，就可使得"事后"算得的比值与真实比值 $p = 1/2$ 的误差在给定的 2% 范围内的概率达到 68.27%. 考虑到 $p = 1/2$ 是"非确实可靠"不易识别的，所以对于雅各布设定的真实比值 $p = 60\%$，摸取 $N = 626$ 个鹅卵石，同样可使得"事后"算得的比值与真实比值 $p = 60\%$ 的误差在给定的 2% 范围内的概率达到 68.27%.

结果二，由式（6.6）知，当 $2\sqrt{N}c = 2\sqrt{N} \cdot 2\% = 2$，$N = 2\,500$ 时，$\gamma = 95.43\%$. 这说明，从罐子里摸取 $N = 2\,500$ 个鹅卵石，就可使得"事后"算得的比值与真实比值 $p = 1/2$ 的误差在给定的 2% 范围内的概率达到 95.43%. 与结果一相类似地，摸取 $N = 2\,500$ 个鹅卵石，同样可使得"事后"算得的比值与真实比值 $p = 60\%$ 的误差在给定的 2% 范围内的概率达到 95.43%.

结果三，由式（6.7）知，当 $2\sqrt{N}c = 2\sqrt{N} \cdot 2\% = 3$，$N = 5\,625$ 时，$\gamma = 99.87\%$. 这说明，从罐子里摸取 $N = 5\,626$ 个鹅卵石，就可使得"事后"算得的比值与真实比值 $p = 1/2$，从而同结果一相类似地，也与真实比值 $p = 60\%$ 的误差在给定的 2% 范围内的概率达到 99.87%. 雅各布经计算说摸取 25\,550 个鹅卵石，将有 $1\,000/1\,001 = 99.90\%$ 的可能性，使得"事后"算得的比值与真实比值 $p = 60\%$ 的误差在 2% 之内. 雅各布对 99.90% 这个接近 100% 的比率感到非常满意，但他并不满意需要摸取 25\,550 这么多个鹅卵石. 尼古拉斯 I 改进了雅各布的算法，但要摸取 17\,350 个鹅卵石，仍然很多. 按棣莫弗的计算公式，仅需摸取 5\,626 个鹅卵石，就可达到 99.87%，仅比 99.90% 小 0.000\,3 的概率. 如果在棣莫弗所考虑的数值积分 $\int_0^a e^{-\frac{x^2}{2}} \mathrm{d}x$ 中，取 $a = 3.291$，则有

$$\int_{-3.291}^{3.291} \frac{1}{\sqrt{2\pi}} \cdot e^{-\frac{x^2}{2}} \mathrm{d}x = 99.90\%$$

从而由 $2\sqrt{N}c = 2\sqrt{N} \cdot 2\% = 3.291$，得 $N = 6\,770$. 摸取 6\,770 个鹅卵石，就可使得与真实比值 $p = 1/2$，从而也与真实比值 $p = 60\%$ 的误差在给定的 2% 范围内的概率达到 99.90%. 棣莫弗的计算公式实质性地减少了所需要摸取的鹅卵石的个数，以至于事实上达到了几乎无可改进的地步.

棣莫弗还进一步考虑了 $p \neq 1/2$ 的情况. 对任意的 p，当 $Np = m$ 是整数

时，他将 $p = 1/2$ 时的式（6.3）推广为下述结果：

$$b(N;\ p,\ m+d) \approx \frac{1}{\sqrt{2\pi Npq}} \cdot e^{-\frac{d^2}{2Npq}} \qquad (6.9)$$

式（6.9）两边的比值趋于 1，其中 $q = 1-p$. 注意：二项分布的方差 $\sigma^2 = Npq$. 至此，正态分布已崭露头角，快脱颖而出了. 可惜，棣莫弗没有更进一步深入地研究下去，甚至没有如式（6.4）那样，对任意的 p 给出相应的积分形式. 饮水思源，棣莫弗的这些工作毕竟是正态分布，以及棣莫弗-拉普拉斯极限定理等统计学的基础性的重要发展的源头.

6.5　棣莫弗的《论终身年金》

1725 年棣莫弗出版《论终身年金》一书，将概率论应用于保险事业. 这本书包括对本书第五章布雷斯劳城的哈雷生命表的分析. 哈雷生命表说，在布雷斯劳城，346 个 50 岁的居民中，只有 142 个，即 41.0% 的人活到了 70 岁. 根据这个不大的样本，我们能在多大的程度上估计出 50 岁居民的预期寿命呢？棣莫弗说："根据这些数字，我无法判定一个 50 岁居民活到 70 岁的概率不到 50% 的概率，但我能回答这样的问题：倘若真正的比率是 1/2，那么观察到的比率不大于 142/346 = 41.04% 的概率有多大？"令 θ 表示 50 岁居民活到 70 岁的概率，棣莫弗那个年代的人们往往从随机（机遇）的角度，看待自己不确实了解的事物，他把这个 θ 值看成是随机的. 棣莫弗所说的无法判定一个 50 岁居民活到 70 岁的概率不到 50% 的概率，意思是，他无法判定 θ 小于 50% 的概率，也就是 $P(0 < \theta < 50\%)$ 有多大. 对这个问题最有效的解决方法是由英国牧师贝叶斯（Thomas Bayes，1702—1761）提出来的. 他是贝叶斯统计学派的创立者. 本书第七章将详细阐述贝叶斯是如何创立贝叶斯统计学派的. 下面叙述棣莫弗怎样来回答他自己提出的问题：倘若真正的比率是 1/2，那么观察到的比率不大于 142/346 的概率有多大？由 $N = 2m = 346$，得 $m = 173$. 观察到的比率不大于 142/346，意思是说，如果观察到活到 70 岁的有 $m+d = 173+d$ 个居民，则 $(173+d)/346 \leqslant 142/346$，$d \leqslant -31$. 据式（6.4），则有

$$\sum_{d: d \leq -31} b(m+d) = \sum_{d: d \leq \sqrt{346} \times (-1.666\ 6)} b(m+d) \approx \int_{-\infty}^{-3.333\ 2} \frac{1}{\sqrt{2\pi}} \cdot e^{-\frac{x^2}{2}} dx = 0.000\ 43$$

由此看来，倘若真正的比率是 1/2，那么观察到的比率不大于 142/346 的概率仅为 0.000 43. 棣莫弗算出这个概率，就不再讨论下去了. 对于如此小的概率，已经学了假设检验的我们就会作如下的推理. 正如雅各布所说，如此小的概率是"道义确定"，几乎不会发生，也就是"观察到的比率不大于142/346"是一件几乎不会发生的事. 既然在"真正的比率是 1/2"的假设条件下，有这样一件几乎不会发生的事发生了，所以这个假设"真正的比率是1/2"几乎不会是真的. 由于观察到的比率 142/346 = 41.04%，小于 50%，由此判断"真正的比率小于 1/2". 当然，这是已经学了假设检验的我们，在回顾棣莫弗的工作时，很自然地这样想的. 很可能是因为棣莫弗不是统计学家，没有从统计学的观点去思考自己工作的意义，故而在快要发现假设检验时，他还无所领悟. 科学研究中提出开创性的观点与方法确实不容易. 有的时候万事俱备只欠东风，所需要的材料都已经准备好了，但碍于某些原因没有往深处思考，坐失机宜，十分可惜.

6.6　棣莫弗的钟形对称曲线

棣莫弗还有一项很重要的成就，他展示了在雅各布的鹅卵石罐子试验中，一组随机抽取得到的样本观测值是如何分布在它们的均值周围的. 例如，假设你从雅各布的罐子中连续有放回重复地取 100 个鹅卵石，同时注意取出的是哪种颜色的鹅卵石，取出 100 个鹅卵石之后，记录下白鹅卵石的比例. 假设你进行了一系列，例如 100 次这样的连续抽取，每次都抽取 100 个鹅卵石. 据此棣莫弗说，他能事先告诉我们，这 100 个观察得到的白鹅卵石的比例，一个个是如何分布在其均值周围的. 雅各布的罐子中白与黑鹅卵石的真实比例分别为 $p = 60\%$ 与 $q = 1-p = 40\%$. 每次试验都抽取 $N = 100$ 个鹅卵石，则 $m = Np = 60$. 据式 (6.9)，抽取到 $m+d = 60+d$ 个白鹅卵石，也就是白鹅卵石的比例为 $(m+d)/N = 0.6 + e\ (e = d/N = d/100)$ 的概率为

$$b(100;\ 0.6,\ 60+d) \approx \frac{1}{\sqrt{48\pi}} \cdot e^{-\frac{d^2}{48}}$$

100 次这样的试验有 100 个白鹅卵石比例的观测值. 棣莫弗事先能猜测（估计），其中白鹅卵石的比例为 0.6+e 的大概有 g 个，

$$g = 100 \cdot b(100;\ 0.6,\ 60+d) \approx \frac{25}{\sqrt{3\pi}} \cdot e^{-\frac{d^2}{48}}$$

据此，棣莫弗说他事先就能告诉我们，这 100 个白鹅卵石比例的观测值如何分布在它们的均值周围. 棣莫弗所研究的这个分布，就是如今人们众所周知的正态分布. 它的曲线形态像个钟，呈钟形对称. 钟形对称曲线显示，大多数的观测值聚集在中间，接近观测值的均值. 以均值为中心，钟形对称曲线的两边对称地向下倾斜，每边大致有相同数量的观测值. 开始时曲线下斜的速度较为陡峭，一点点地越来越趋向平缓. 这也就是说，与远离均值的观测值相比，接近均值的观测值更有可能出现. 棣莫弗对于自己发现的这个规律很感兴趣. 他认为，偶然性产生了无规律性，随着随机的不相关的观测值数量的增加，钟形对称曲线随之产生. 随着时间的推移，在适当的条件下，那些不确定性可以被克服，而规律性的事物将是自然的原始设计（original design）. 棣莫弗由这钟形对称曲线图形，引进了"模（module）". 它是观测值在其均值周围分散程度的一个统计度量. 他引进的"模"这个概念，相当于现在人们常用的"标准差"这个概念.

棣莫弗的上述种种研究工作对后世有很大的影响，但在当时并没有得到应有的重视. 例如 1733 年棣莫弗得到的一系列成果：式(6.3)，(6.9)与钟形对称曲线，及式(6.4)的棣莫弗-拉普拉斯极限定理的起始状态等，险些被人们遗忘. 棣莫弗的发现之后约 80 年，拉普拉斯在 1812 年出版了《概率的分析理论》一书，书中拓展了棣莫弗所取得的这些成果.

6.7　棣莫弗-拉普拉斯极限定理

拉普拉斯在《概率的分析理论》中证明了二项分布 $B(N,\ p)$ 可逼近于正态分布 $N(Np,\ Npq)$，其中 $q = 1-p$，棣莫弗-拉普拉斯极限定理才最后完

整地建立. 关于棣莫弗-拉普拉斯极限定理, 读者可参阅本章参考文献[4].
《概率的分析理论》中的棣莫弗-拉普拉斯极限定理在当时也并未引起很大
反响. 直到 19 世纪末才又被世人研究, 将棣莫弗-拉普拉斯极限定理一般
化, 建立了独立随机变量和的分布函数向正态分布收敛的中心极限定理. 极
限分布为正态分布的中心极限定理是概率统计最重要的定理之一, 它为统计
应用铺平了一条道路, 也是正态分布为什么是常见分布的一种解释. 之后,
人们发现一系列重要统计量的分布函数也都向正态分布收敛, 这为统计大样
本方法奠定了基础. 饮水知源, 棣莫弗-拉普拉斯极限定理是统计学这个重
要发展的泉源.

6.8 法国著名天文学家、数学家、物理学家拉普拉斯

拉普拉斯 1749 年出生于法国西北部诺曼底 (Normandy) 区卡尔瓦多斯
(Calvados) 省, 北临英吉利海峡的博蒙昂诺日 (Beaumont-en-Auge) 村庄. 他
的父亲是农场主, 一个叔叔是医生, 另有一个叔叔是牧师. 遵照家族的愿
望, 拉普拉斯跟随叔叔学习做牧师. 为培养他成为神职人员, 父亲送他到博
蒙昂诺日的班尼狄克汀 (Benedictine) 修道院上学. 那个天主教学校的一个老
师唤起了拉普拉斯对数学的兴趣. 他 16 岁时入卡昂 (Caen) 大学. 虽然他学
的是神学, 但显露的是数学才华, 他写了一篇关于有限差分的论文, 发表在
由法国著名数学家、物理学家拉格朗日 (Joseph-Louis Lagrange, 1736—
1813) 主编的学术杂志上. 18 岁时拉普拉斯决心放弃做牧师, 立志从事数学
工作, 怀揣着他的卡昂大学老师的推荐信, 离家到巴黎, 去求见法国著名数
学家、力学家、当时巴黎科学院负责人达朗贝尔 (D'Alembert, 1717—
1783). 可能是找达朗贝尔的人太多了, 或者他见多了推荐信热情洋溢而年
轻人自身才疏学浅的情况, 当然也可能是他有事忙不过来, 此时他没有理睬
拉普拉斯, 拒绝接见. 拉普拉斯当然不会气馁, 他寄了一篇有关力学的论文
给达朗贝尔. 论文水平出众, 以至于达朗贝尔立刻派人请他过来, 并对他
说: "年轻人, 你看, 我没有很好地注意到你的那封推荐信. 其实, 你不需
要什么推荐, 你的自我介绍极其出色. 对我而言这就足够了. 你理应得到我

的支持."不久，拉普拉斯就被达朗贝尔推荐到巴黎军事学院教书. 拉普拉斯踌躇满志，迅速崛起. 据一本回忆录记载，在他向科学院递交了用他那创造和发展了的新数学方法求解行星理论的一些未解问题的论文之后，科学院的一位发言人面向通常严肃正经的学者们激动地说："我们从未见过，如此年轻的他，在如此短的时间内，就这些各式各样且困难的问题，给我们留下如此深刻印象."

拉普拉斯是天体演化论的创立者之一，天体力学的主要奠基人之一.《宇宙体系论》与《天体力学》是他留给后人的两部巨作. 出版于 1796 年的《宇宙体系论》探讨太阳系的起源. 1755 年德国哲学家康德（Kant，1724—1804）发表《自然通史和天体论》一书，首先提出太阳系起源星云说. 他从哲学的角度阐述这个假设. 康德星云假设发表后，并没有引起人们的注意. 直到拉普拉斯在《宇宙体系论》中，独立于康德，提出了太阳系起源星云说，并从数学与力学的角度加以论证之后，人们这才想起了康德星云说. 后人称这个假设为康德-拉普拉斯星云假设. 1687 年牛顿发表万有引力定律，天体力学随之诞生. 主要奠基者为欧拉、克莱罗（法国数学家和力学家，1713—1765）、达朗贝尔、拉格朗日和拉普拉斯. 最后由拉普拉斯集大成而正式建立经典天体力学. 1799 年，拉普拉斯出版了《天体力学》这本科学巨著的前两卷. 1802 年与 1805 年分别出版第三与第四卷. 1825 年出版了第五卷. 历时 26 年，共 5 卷 16 册的巨著方才出齐. 这本巨著第一次提出了"天体力学"这一科学名词. 巨著集各家的大成，是经典天体力学的代表作. 拉普拉斯被誉为"法国的牛顿""天体力学之父". 虽然他认为数学只是解决问题的一种工具，但是他在运用数学时创造与发展了许多新的数学方法. 在《天体力学》一书中，他引入了一个偏微分方程，即著名的拉普拉斯方程. 因此，他还可以说是应用数学的先驱.

6.9　拉普拉斯的《概率的分析理论》

1812 年拉普拉斯的巨著《概率的分析理论》出版. 他把自己与前人的研究成果统归一处，运用分析工具处理概率论的基本内容，使得以往零散的结果系统化，实现了概率论由组合技巧向分析方法的过渡，开创了概率论发展的新阶段.拉普拉斯被誉为分析概率论的创始人.1814 年《概率的分析理论》第二版出版.拉普拉斯在第二版中增加了一个长达 150 页的绪论.同年，该绪论以题为《关于概率的哲学随笔》(简称《随笔》) 单独出版.《随笔》是基于他 1795 年发表的一次演讲而写的.《随笔》对于《概率的分析理论》第一版中所隐含的思想作了总体概述.《随笔》讲述了概率定义与发展历史、概率的一般原理与应用、概率的重要概念：数学期望及其计算方法.拉普拉斯愿意用通俗的语言讲述概率论，将概率论以随笔这一非数学的面貌呈现给大众，让即使没有较深的数学知识的读者也能学习理解与应用概率论.1820 年，拉普拉斯又整理补充出了第三版.这本洋洋七百万字的巨著《概率的分析理论》收录在拉普拉斯全集第七卷中.巨著中有我们耳熟能详的、诸如随机变量、数字特征、特征函数与中心极限定理等概率论名词.概率论的这些重要概念都可以说是拉普拉斯引入并经他改进的.书中有概率论在观察误差、气象、人口统计、保险、选举和议会决定、法庭审判裁决和证词、调查等科学与社会问题中的广泛应用.在这本巨著中，拉普拉斯还引进了被人们广泛应用的拉普拉斯变换.不能不说，之后人们引进的种种变换，其基本思想均来自拉普拉斯变换.拉普拉斯一生创造和发展了许多的数学方法，以他名字命名的，除了棣莫弗-拉普拉斯中心极限定理、拉普拉斯方程与拉普拉斯变换，还有展开行列式的拉普拉斯定理、拉普拉斯分布等.他不愧是应用数学的先驱.

6.10　后记

除了天文学家、数学家和物理学家，拉普拉斯还是个化学家.在巴黎军事学院教书期间，他同法国著名化学家拉瓦锡 (Lavoisier, 1743—1794) 一起工作，测定了许多物质的比热容.1780 年他们两人的一项研究成果可以看作是热化学的开端，而且也是继苏格兰化学家布莱克 (Joseph Black, 1728—1799) 所取得的关于潜热的研究成果之后，向自然界普遍的基本定律之一——能量守恒定律又迈进了一大步.60 年后，水到渠成，这个基本定律终于诞生了. 这位被后世尊称为现代化学之父的拉瓦锡，在法国大革命最激烈时期被捕入狱，判处死刑. 虽经人们尽力挽救，请求赦免，但他还是在 1794 年 5 月 8 日被送上了断头台. 为此，拉格朗日痛心地说，他们可以一眨眼就把他的头砍下来，但他那样的头脑一百年也再长不出一个来.

拉普拉斯 1827 年病逝于巴黎. 临终前，他留下遗言："我们知道的是很微小的，不知道的无限地广." 世人铭记拉普拉斯与他的成就. 1955 年，法国发行首日封(见图 6.2)纪念拉普拉斯. 对于拉普拉斯的临终遗言，有人说，这看上去是在仿拟牛顿的临终遗言："我好像是一个在海边玩耍的孩子，不时为拾到比通常更光滑的石子或更美丽的贝壳而欢欣鼓舞，而展现在我面前的是完全未探明的真理之海."

图 6.2 法国 1955 年发行的纪念拉普拉斯的首日封

说到拉普拉斯就不得不说，他在引用别人的研究成果时，往往不加注释，没有表示感谢. 他的书《天体力学》，其中不少定理及其证明都是采用其他数学家，特别是拉格朗日的成果. 拉格朗日心灵纯洁，一向好脾气，他从不把此事放在心上，一笑了之. 他们两人相互合作，始终如一. 事实上，拉普拉斯也不是故意的. 那个年代的人们不知道版权是何物. 拉普拉斯的人生多姿多彩. 他除了学术研究，还从政. 拉普拉斯一生跨越法国大革命时期、拿破仑时期和君主复辟时期. 1784 年法国国王任命拉普拉斯为皇家火炮部队检察官，薪水很高. 1789 年 7 月 14 日法国大革命爆发，废除君主专制制度. 共和国时期到来时，拉普拉斯声称，他极其憎恶皇家体制. 在拿破仑当政后，拉普拉斯立即宣布，他热烈拥护这位新领袖. 拿破仑任命他为内政部长，并授予他伯爵头衔. 拿破仑此举是为了，内阁中有这一位法国最受尊敬的科学家，可提高自己当政的声誉．但后来，拿破仑将这个职位交给他弟弟，因而仅仅 6 周之后，拉普拉斯就被解职．拿破仑说，拉普拉斯还不如一个只着眼于小事的平庸行政官员，他处理政务也秉持在细枝末节上费心的科学精神，过于吹毛求疵．看来，拉普拉斯过多关注行政工作中的"无穷小量"．拉普拉斯曾将 1812 年出版的《概率的分析理论》第一版献给"伟大的拿破仑"，但在 1814 年出版的第二版中删去了这段献词，并写道，梦想统治世界的帝国的失败，是可以被精通概率积分的人以非常高的概率预测出来的．拿破仑下台后，君主复辟时期，国王将拉普拉斯封为侯爵．在科学研究上，拉普拉斯无疑是一个大师．在政治上，不免有人评价他，随波逐流，见风使舵．席卷法国的政治变动，没有过多地打断他的研究工作．这一方面是由于他的威望以及他将数学应用于军事问题的才能，另一方面也归功于他抓住机遇把握方向的能力．

拉普拉斯雄心勃勃，但和蔼可亲，慷慨大方．1807 年，当法国军队逼近德国伟大的数学家高斯（Gauss，1777—1855）的家乡时，拿破仑命令他的军队不要毁坏这座城市，因为"史上最伟大的数学家居住在该城市中"．当法国人胜利后，他们决定向德国人征收罚金．高斯名望高，被征收的罚金也高，达到 2 000 法郎．这是一个大学教授难以忍受的罚金．高斯拒绝了一位富有朋友的帮助．但就在此时，拉普拉斯伸出了援手，替比他小 28 岁的高斯支付了这笔罚金．这是因为拉普拉斯认为，"高斯是世界上最伟大的数学家"．后来，高斯的一位钦佩者匿名送给高斯 1 000 法郎，用于他对拉普拉斯的部分还款．拉普拉斯对于年轻人总是乐于慷慨帮助与鼓励关照．得到拉普拉斯时时帮助、举荐提拔的年轻人中有不少在学术上很有建树，例如法国天文学家、物理学家和测地学家阿拉戈（Arago，1786—1853）、法国物理学家毕奥（Biot，1774—1862）、法国化学家和物理学家盖吕萨克（Gay‐Lussac，1778—1850）、第四章提及的法国数学家和物理学家泊松与法国数学家、物理学家和天文学家柯西（Cauchy，1789—1857）等．德国生态学家和探险家洪堡（Humboldt，1769—1859）到法国考察沉积岩的分布情况时，拉普拉斯也慷慨资助了他．

拉普拉斯以及和他同时代的拉格朗日与勒让德（Legendre，1752—1833）并称为法国的 3L，他们不愧是 19 世纪初数学界的巨擘泰斗．

本章参考文献

这一章除了参考书末文献[1]与[2]，还参考了下列文献：

[1] 拉普拉斯，2013. 关于概率的哲学随笔. 龚光鲁，钱敏平，译. 北京：高等教育出版社.

[2] 王幼军，2007. 拉普拉斯概率理论的历史研究. 上海：上海交通大学出版社.

[3] NEWMAN J R，2003. The World of Mathematics：A Four-Volume Set. Dover Publications.

本章参考此书的 Volume II Part VII The Laws of Chance.

[4] 李贤平，2010. 概率论基础. 3 版. 北京：高等教育出版社.

第七章

英国牧师贝叶斯

第三章介绍了神童帕斯卡和律师费马. 除了数学, 费马的全职工作是律师. 而对帕斯卡来说, 他沉迷于宗教和伦理, 远远超过了他对数学和物理学的研究. 关于赌金分配问题, 帕斯卡与费马来往的 7 封信件的最后日期是 1654 年 10 月 27 日. 在这之后不到一个月, 帕斯卡自言他经历了某个神秘的事件. 他在自己的外套上缝了一段描述这件事的纸条, 以使他可以随时贴心带着它. 他自称 "放弃, 所有的和甜美的". 他摒弃了数学和物理学, 舍弃了舒适的生活, 遗弃了旧日的朋友, 变卖了除宗教书籍以外的所有财物, 住进了巴黎郊区的皇家港(Port-Royal)修道院, 直到 1662 年去世. 帕斯卡父亲老帕斯卡建造了巴黎的第一条商用公交线, 这条线路的所有盈利都归皇家港修道院所有, 用于支持其发展.

7.1 《波尔 - 罗亚尔逻辑》

放弃了数理同时也是被数理抛弃了的帕斯卡, 在皇家港修道院的 8 年时间内, 将自己的生命与宗教思想结合在一起, 写下了他的散文杰作《致外省人信札》和《沉思录》. 这两篇散文思路清晰, 文采飞扬, 行文直白易懂, 既诙谐生动, 又庄重严谨, 是现代法国典雅语体散文的杰作.

1662 年，帕斯卡去世的那一年，皇家港修道院的一群修道士出版了一本重要的著作《逻辑或思维的艺术》. 这本书早在 1644 年就以手抄本的形式流传，1662 年用法文出版，1666 年被译为拉丁文出版，1685 年英译本出版. 这本书曾多次再版，之后流传下来的书名为《波尔－罗亚尔（Port-Royal）逻辑》. 若按英文字面的意思，应汉译为《皇家港逻辑》.《波尔－罗亚尔逻辑》是流传甚广，影响深远的一本逻辑学著作，直到 19 世纪它仍然作为一本逻辑学教科书而广泛使用. 虽然这本书并没有写明作者，但人们都知道主要的作者是修道士安托万·阿尔诺（Antoine Arnauld，1612—1694），另一位作者是修道士皮埃尔·尼古拉（Pierre Nicole，1625—1695）.《波尔－罗亚尔逻辑》，其作者的生活经历决定了此书带有教士般的风格，但是其研究方法并不古板. 作者在导言中指出，逻辑是理性认识事物的艺术. 这本书分为四个部分：概念篇、命题篇、推理篇与方法篇. 概念篇第一次明确和讨论了概念的内涵和外延问题. 命题篇对命题进行了详细的分类. 推理篇占据整本书最多的篇幅，详细讨论了三段论推理的规则. 方法篇中指出有分析与综合两类方法，分析法用于发明，而综合法用于论述，并提出了方法的 8 条规则. 这本书专注于演绎法，但在书的最后部分讲述概率统计知识. 作者说归纳是一种由特殊经验推出一般命题的方法. 它涉及从有限的事实中发展出某种假设的过程. 书中所说的这个过程，就是现在人们熟知的统计推断.《波尔－罗亚尔逻辑》的最后一章讲述了一个游戏. 这个游戏中有 10 名参与者，每人下注 1 枚硬币. 每名参与者都希望用自己手中的这枚硬币赢得其他参与者的 9 枚硬币. 书的作者指出：每名参与者仅有一成的概率赢得其余的 9 枚硬币，而有九成的概率输掉自己手中的那一枚硬币. 这个游戏本身并不足为奇，但作者说的这句话——"所谓的概率是被度量的"，却有着很重要的意义. 这样的话是第一次明确地出现在出版的文献中. 作者还说到一种自然现象，人被闪电击中的可能性微乎其微，但是"有许多人……听到雷声时却惊慌失措". 因此作者得出一个极为重要的结论：受到伤害的恐惧不仅与受到伤害的可能性成比例，还与伤害的程度成比例. 与《波尔－罗亚尔逻辑》这一段话相呼应的是，第五章提到的格朗特在其《观察》一书中说的一段话. 为了疏导人们患某种闻之色变的可怕疾病的恐惧心理，格朗特说："尽管人们极其忧虑，但我还是要去统计每种可怕疾病……的死亡人数. 将各种可怕疾病的死亡人数和……总的死亡人数相比较，这些人就会对他们所面临的危险有更好的了解."《波尔-罗亚尔逻辑》和《观察》都出版于 1662 年，作者们互不知晓，但他们有着相同的观点，既要注意伤害（或损失）的程度有多大，还要注意伤害（或损失）发生的可能性有多大.

7.2　贝叶斯

如同皇家港修道院，欧洲修道院的修道士和教堂里的教士们，不乏文学艺术家与科学家. 就统计学而言，尤以英国牧师贝叶斯最为著名，见图 7.1. 他死后留下的遗作《论机会学说问题的求解》（*An essay towards solving a problem in the doctrine of chances*），是贝叶斯统计的奠基石. 此文于 1764 年发表在英国皇家学会的《哲学学报》上. 但遗憾的是，在之后很长的一个时期内，这篇文章并没有在学术界引起众人很大的反响. 随着科技发展，人们越来越感受到贝叶斯的这篇文章的超前意识，1958 年国际权威统计学学术刊物《生物计量》（*Biometrika*）全文重新刊载，发表了贝叶斯的这篇文章. 在这前后，统计学形成了一个新的贝叶斯学派. 之后，贝叶斯的思

图 7.1　贝叶斯

想在自然科学及国民经济的众多领域都有了广泛的应用. 计算机与计算技术日新月异的迅速发展，使得贝叶斯统计中的计算变得容易实现. 在信息流通，人们之间交流密切的大数据，及人工智能的浪潮已经来袭的时代，贝叶斯的思想在数据分析、智能推理与机器学习的各个应用领域，如图像识别、机器学习、语言处理和推荐系统等都大有作为. 除了贝叶斯统计和贝叶斯学派，以贝叶斯的名字命名的还有很多，例如贝叶斯估计、贝叶斯分类、贝叶斯风险、贝叶斯决策、贝叶斯逻辑、贝叶斯推理、贝叶斯分析、贝叶斯学习与贝叶斯网络等. 贝叶斯在统计学家、在自然与社会学家中流芳百世，其名气如日中天.

贝叶斯生前在欧洲学术界并不是一个知名、活跃的人物. 人们对他学术交往的情况, 对他发表了哪些论著都知道得并不多. 贝叶斯作为一个神学家和哲学家, 于 1731 年与 1736 年发表了两篇有关玄学的短文. 可能因为这两篇短文, 他于 1742 年当选为英国皇家学会会员. 关于贝叶斯笔下的数学、概率与统计的论著, 人们知道的仅有两篇在他去世后发表的论文. 第一篇是短文, 未注明日期, 讨论第六章所叙述的斯特林序列 $\ln(z!)$ 的发散性. 第二篇就是那篇著名的论文《论机会学说问题的求解》. 此文提出的问题是: 给定一个未知事件发生和失败的次数, 求其在一次试验中发生的概率位于两个任意指定的概率值之间的概率. 对于贝叶斯提出的这个问题, 棣莫弗于 1725 年也曾考虑过(见第六章). 哈雷生命表说, 在布雷斯劳城, 346 个 50 岁的居民中, 只有 142 个, 即 41.04% 的人活到了 70 岁. 另有 204 人没到 70 岁就过世了. 棣莫弗说, 根据这些数字, 他无法判定一个 50 岁的居民活到 70 岁概率的不到 50% 的概率. 令 θ 表示 50 岁的居民活到 70 岁的概率. 棣莫弗所言的意思是, θ 是随机的, 他无法判定 θ 小于 50% 的概率, 也就是 θ 位于 0 与 50% 之间的概率 $P(0<\theta<50\%)$ 有多大. 而这正是贝叶斯在那篇论文中提出的问题. 贝叶斯试图求解棣莫弗没有解决的问题. 但棣莫弗紧接着表示, 他能回答这样的问题: 倘若真正的比值是 1/2, 那么观察到的比值不大于 142/346＝41.04% 的概率有多大? 棣莫弗的意思是, 倘若知道 $\theta=1/2$, 则他就能计算, 观察到的比率不大于 142/346＝41.04%, 也就是 346 个 50 岁的居民中, 至多只有 142 人活到了 70 岁的概率. 经计算这个概率等于 0.000 43(见本书第六章). 在那个年代, 已知事件发生的概率 θ, 依据二项分布概率值的计算公式, 以及第六章给出的棣莫弗-拉普拉斯极限定理, 人们就能计算某个观察结果, 例如: n 次试验中事件发生 r 次和失败 $n-r$ 次的概率; n 次试验中事件至多或至少发生 r 次, 以及事件发生次数介于 r_1 与 r_2 之间的概率. 反之, 正如贝叶斯所问的, 仅知道这件事出现过的确切次数和失败过的确切次数, 我们如何知道这件事发生的概率 θ 呢? 由此可见, 贝叶斯试图求解的问题可看成是那个年代已能解决的问题的逆问题.

　　贝叶斯试图求解的问题, 其早期应用的一个方面的工作, 就是工厂产品不合格率的判断. 例如, 一个大头针工厂的 100 个大头针随机样品中有 2 个不合格品, 则很自然地把产品的不合格率 θ 估计为 0.02. 但人们更多时候还想知道，不合格率 θ 在例如 0.01 与 0.03 之间的概率是多少. 显然，这个概率是 "100 个大头针随机样品中有 2 个不合格品和 98 个合格品" 的条件给定之后，不合格率 θ 在 0.01 与 0.03 之间的条件概率. 在贝叶斯统计中，这个条件概率称为样本给定下的后验概率. 同理，在 "100 个大头针随机样品中有 2 个不合格品和 98 个合格品" 的条件给定之后，不合格率 θ 的条件分布称为样本给定下的后验分布. 与之相对应的，θ 还有个先验分布. 它是尚没有给定样本，试验之前 θ 的无条件分布. 先验分布是人们根据经验与历史资料，往往是根据一些非样本的先验信息，合理地确定的. 贝叶斯的思想的精髓就是，对 θ 作判断，除了依据样本信息，还要依据先验信息. 这也就是说，应将先验分布与样本观测值综合在一起，得到后验分布. 相对于仅依据先验分布，与相对于仅依据样本观测值作判断，依据后验分布作的判断比这两者，在贝叶斯看来显然都要更接近实际情况. 贝叶斯的思想使得归纳推理的统计推断上了一个新的台阶. 将样本信息与先验信息综合在一起的思想，雅各布在《推测的艺术》一书中也曾考虑过. 在此书中，雅各布在有了今天天气的观察资料，以及关于明天天气的信息后，考察明天的天气状况. 而这正是贝叶斯所考虑的一类问题，有了今天天气的观察资料与关于明天天气的先验信息来推断明天天气的状况. 雅各布考虑了这一类问题，但并没有如贝叶斯那样，给出问题的数学模型. 事实上，人们在实践中的思维方式在不知不觉中与贝叶斯的思维相类似. 例如，在网球、乒乓球和其他运动中，如何接应对手的攻球是非常重要的. 在比赛之前，仔细回顾对手以往的赛事以获得先验信息. 然后，根据现场对手的位置和姿势等观察信息，把先验与观察信息综合在一起，预测对手攻球的方向、速度和旋转等. 人们习惯了在实践中这样思维，而没有深入思考. 贝叶斯是第一个建立模型并对此进行深入研究的人.

7.3　先验分布与贝叶斯假设

计算后验分布，就必须知道先验分布. 而在很多场合，确定先验分布是相当困难的一件事，时有争论. 贝叶斯为突出讲述其思想的精髓，讲述其综合样本信息与先验信息归纳推理的思想，他避繁就简，巧妙地构思了一个"台球模型"．这个模型的先验分布毋庸置疑地是唯一确定的．设有一张水平放置、边长为1的正方形台球桌 $OABC$，见图7.2．你的朋友将球随机地掷向桌面，但他没有告诉你，球落在桌面上的位置．桌面非常平滑，以至于球落在桌面上的任何一个位置都有相同的机会．这也就是说，球落入桌面的停留位置服从桌面上的均匀分布．建立直角坐标系，以 OA 为 x 轴，以 OC 为 y 轴，见图7.2．记球的停留位置 W 的横坐标为 θ．因为 $OABC$ 是边长为1的正方形，所以 θ 在0与1之间，且 θ 服从线段 OA，也就是区间 $(0,1)$ 上的均匀（uniform）分布：$U(0,1)$．这就是你欲猜测的 θ 的取值范围大小的先验信息，也就是先验分布．对于这样一个台球模型而言，理所当然取 $U(0,1)$ 为 θ 的先验分布．

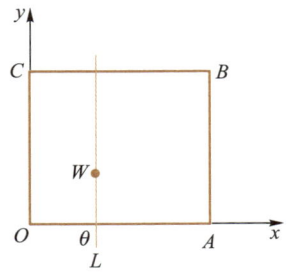

图 7.2 台球模型

贝叶斯构思的台球模型取 θ 的先验分布为均匀分布 $U(0,1)$，是基于假设：球落在桌面任何一个位置都有相同的机会．贝叶斯对他提出的这条原则的适用性，作了说明："当我们在任何有关某个事件发生概率的试验实施之前，对此概率还一无所知时，应用这条原则是合适的．"即当我们对某个事件不了解的时候，贝叶斯建议用区间 $(0,1)$ 上的均匀分布 $U(0,1)$ 作为事件出现概率 θ 的先验分布．后人称这个建议为贝叶斯假设．

7.4 计算后验概率

过 W 画一条平行于 OC 的直线 L，然后你的朋友将球连续地掷向桌面 n 次，其中球落在直线 L 的左边，即在 OC 与直线 L 之间，停留位置的横坐标小于 θ 的情形有 r 次；球落在直线 L 的右边，即在直线 L 与 AB 之间，停留位置的横坐标大于 θ 的情形有 $n-r$ 次．我们并不知道 W 的横坐标 θ 的大小，仅知道将球连续地掷向桌面 n 次，其停留位置的横坐标小于 θ 和大于 θ 的情形分别有 r 和 $n-r$ 次．如何推断 θ 的大小？这就是贝叶斯意欲讨论的问题．显然，小于 θ 的次数越多（r 越大），则越认为 θ 比较大．由于正方形 $OABC$ 的边长等于 1，故球单次落在直线 L 左边的概率等于点 W 的横坐标 θ. 当 θ 已知时，根据二项分布概率值的计算公式，"n 次掷球，球有 r 次在直线 L 左边"，这样一个观察结果发生的条件概率等于

$$b(n;\ \theta,\ r)=\mathrm{C}_n^r\theta^r(1-\theta)^{n-r}=\frac{n!}{r!(n-r)!}\theta^r(1-\theta)^{n-r},\ r=0,\ 1,\ \cdots,\ n$$

知道了 θ 的先验分布是 $U(0,\ 1)$，且得到了 θ 已知时样本观察结果发生的条件概率，可能大家会说，由此不难计算样本观察结果给定的条件下 θ 的后验分布，从而计算 θ 位于两个任意指定的概率值 p_1 与 p_2 之间的（后验）概率. 事实上，在贝叶斯生活的年代，微积分的发展还没有完全成熟. 在贝叶斯生前，拉普拉斯的巨著《概率的分析理论》尚未问世. 经过一番细心的论证推理，贝叶斯方求得这个后验概率.

在贝叶斯所处的年代，人们知道事件互不相容和独立的概念，知道互不相容的有限多个事件中总有一个事件发生（事件的并）的概率，以及两个事件均发生（事件的交）的概率是如何计算的. 人们也知道事件 2 发生的条件下事件 1 发生的条件概率是如何计算的，它等于事件 1 与 2 同时发生的概率除以事件 2 发生的概率. 贝叶斯根据这些计算公式，给出了他所提出的问题的解. 在贝叶斯求解的问题中，事件 1 是"球掷向桌面，其停留位置的横坐标 θ 在 p_1 与 p_2 之间"；事件 2 是"球连续 n 次掷向桌面，停留位置的横坐标小于 θ 的情形有 r 次". 贝叶斯所处的年代，起源于求曲线形的面积的积分学已经相当成熟. 他模仿积分法，将线段 OA 等分为 n 段，则 θ 在每一小段的先验概率为 $1/n$. 他将每一小段上的 θ 视为常数，等于小段上的某个值. 贝叶斯就这样把无限多个 $\theta\in(0,\ 1)$ 转化为有限多个 θ. 对于这有限多个 θ，他应用互不相容的有限多个事件中总有一个事件发生（事件的并）的概率的计算公式，计算事件 2 发生的概率. 最后让 $n\to\infty$，将线段 OA 无限等分，贝叶斯就计算出 $\theta\in(0,\ 1)$ 时事件 2 发生的概率. 他说事件 2 发生的概率是图 7.3 所示的以 OA 为底边的曲边三角形 ODA 的面积，其中 O 是坐标原点，A 在 x 轴上，A 的坐标为 $(1,\ 0)$，而 ODA 的曲线方程 $f(x)$ 等于二项分布概率值：

$$f(x)=\frac{n!}{r!(n-r)!}x^r(1-x)^{n-r},\ 0\leqslant x\leqslant 1$$

这就是说，事件 2 "n 次掷球，停留位置的横坐标小于 θ 的情形有 r 次"发

生的概率等于

$$\int_0^1 f(x)\,\mathrm{d}x = \int_0^1 \frac{n!}{r!\,(n-r)!} x^r (1-x)^{n-r}\mathrm{d}x$$

同理，贝叶斯说事件 1 "θ 在 p_1 与 p_2 之间" 与事件 2 均发生的概率是图 7.3 所示的曲边梯形 p_1EDFp_2 的面积，它等于

$$\int_{p_1}^{p_2} f(x)\,\mathrm{d}x = \int_{p_1}^{p_2} \frac{n!}{r!\,(n-r)!} x^r (1-x)^{n-r}\mathrm{d}x$$

由此贝叶斯推得，他所提出的问题的解，即事件 2 发生的条件下事件 1 发生的条件概率，也就是如果 n 次掷球，停留位置的横坐标小于 θ 的情形有 r 次，那么 θ 在 p_1 与 p_2 之间的后验概率等于 "曲边梯形 p_1EDFp_2 的面积" 除以 "曲边三角形 ODA 的面积"，它等于

$$\frac{\displaystyle\int_{p_1}^{p_2} \frac{n!}{r!\,(n-r)!} x^r (1-x)^{n-r}\mathrm{d}x}{\displaystyle\int_0^1 \frac{n!}{r!\,(n-r)!} x^r (1-x)^{n-r}\mathrm{d}x} = \frac{\displaystyle\int_{p_1}^{p_2} x^r (1-x)^{n-r}\mathrm{d}x}{\displaystyle\int_0^1 x^r (1-x)^{n-r}\mathrm{d}x} \tag{7.1}$$

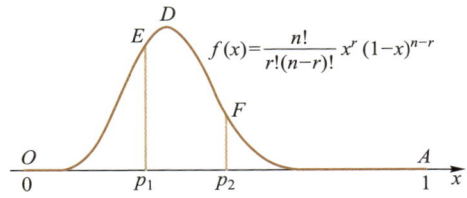

图 7.3　贝叶斯问题的解

在贝叶斯所处的年代，人们知道幂函数 x^q 的积分的计算：

$$\int_0^a x^q \mathrm{d}x = \frac{a^{q+1}}{q+1}$$

据此，贝叶斯将 $x^r (1-x)^{n-r}$ 展开：

$$x^r (1-x)^{n-r} = x^r \Big(\sum_{k=0}^{n-r} (-1)^{n-r-k} \mathrm{C}_{n-r}^k x^{n-r-k} \Big)$$

$$= \sum_{k=0}^{n-r} (-1)^{n-r-k} \mathrm{C}_{n-r}^k x^{n-k}$$

然后经过一番细心的论证，最后得到下面的一个实用准则.

　　准则　θ 在 p_1 与 p_2 之间的后验概率等于下面两个级数：

$$\frac{p_2^{r+1}}{r+1} - \frac{(n-r)p_2^{r+2}}{r+2} + \frac{(n-r)(n-r-1)p_2^{r+3}}{2(r+3)} - \cdots$$

与

$$\frac{p_1^{r+1}}{r+1} - \frac{(n-r)p_1^{r+2}}{r+2} + \frac{(n-r)(n-r-1)p_1^{r+3}}{2(r+3)} - \cdots$$

之差与 $(n+1)E$ 的乘积，其中 E 为 $(a+b)^n$ 展开式中 $a^r b^{n-r}$ 的系数 $\dfrac{n!}{r!(n-r)!}$.

当 $r=n$, $n-1$, $\cdots$ 很大的时候，由于 $n-r$ 很小，级数只含有前面的有限几项，贝叶斯给出的这个准则是不难适用的. 看下面的例子.

例 1　已知 $n=r=10$，估计 θ 在 2/3 与 16/17 之间的概率. 当 $n=r=10$ 时，级数只有一项，则因为

$$(n+1)E = 11, \quad (16/17)^{11} - (2/3)^{11} = 0.5018$$

所以 θ 在 2/3 与 16/17 之间有非常接近 50% 的机会.

若 $r=0$, 1, $\cdots$ 很小，则只需把上述公式中的 r 与 $n-r$ 分别替换成 $n-r$ 与 r，把 p_1 与 p_2 分别替换成 $1-p_2$ 与 $1-p_1$，然后按贝叶斯给出的准则进行计算. 这实际上是把图 7.3 中的坐标原点从 O 移至 A，其实质是积分变换，把积分变量 x 变换为 $1-x$.

例 2　在前面所述的大头针工厂产品不合格率的判断问题中，假设在 $n=100$ 个大头针随机样品中，经检验有 $r=2$ 个不合格品，则很自然地将不合格率 θ 估计为 0.02. 倘若在检验之前，我们没有任何有关大头针合格与否的任何信息，则按贝叶斯假设，认为产品不合格率 θ 的先验分布为 $(0, 1)$ 区间上的均匀分布 $U(0, 1)$. 由此我们就能计算，也就是估计不合格率 θ 在例如 0.02 ± 0.01，即在 0.01 与 0.03 之间的概率. 由于 $r=2$ 比较小，我们就把 $r=2$ 与 $n-r=98$ 分别替换成 $r=98$ 与 $n-r=2$，把不合格率 θ 的下界 0.01 与上界 0.03 分别替换成 0.97 与 0.99，然后按贝叶斯给出的准则进行计算. 因为 $n=100$，$r=98$，所以准则的级数只有 3 项. 这两个级数分别是

$$\frac{0.99^{99}}{99} - \frac{2 \times 0.99^{100}}{100} + \frac{2 \times 1 \times 0.99^{101}}{2 \times 101} = 1.83774 \times 10^{-6}$$

$$\frac{0.97^{99}}{99} - \frac{2 \times 0.97^{100}}{100} + \frac{2 \times 1 \times 0.97^{101}}{2 \times 101} = 8.26124 \times 10^{-7}$$

由于 $(n+1)E = 101\,C_{100}^2 = 499\,950$，故不合格率 θ 在 0.01 与 0.03 之间的概率

等于

$$499\ 950\times(1.837\ 74\times10^{-6}-8.261\ 24\times10^{-7})=0.505\ 8$$

当 r 与 $n-r$ 都比较大的时候, 由于级数包含太多项, 贝叶斯给出的这个准则难以适用. 在给出并证明这个准则之后, 贝叶斯的文章就到此为止了. 著名论文《论机会学说问题的求解》在这之后的内容, 其实是普赖斯 (Richard Price, 1723—1791) 根据贝叶斯留下的一份研究报告, 以及他自己的学习研究而写的后续.

7.5 普赖斯

　　贝叶斯于 1761 年逝世, 在他逝世之前 4 个月, 他将这篇文章连同 100 英镑托付给普赖斯. 事实上, 贝叶斯当时并不清楚普赖斯的居住地址. 贝叶斯只是 "猜想他是纽因顿-格林 (Newington Green) 街区的传教士". 贝叶斯早年与普赖斯相识, 他根据自己对普赖斯的了解 (先验信息), 坚信普赖斯的道德高尚, 定会妥善处理他的遗作, 不会置之不理、束之高阁, 更加不会将他的成果据为己有. 事实的确正如贝叶斯所意料的. 由此看来, 先验信息非常重要. 他的论文经普赖斯两年时间精心的补充完善. 1763 年 10 月 10 日普赖斯写信, 并连同贝叶斯的论文, 给英国皇家学会会员、著名物理学家约翰·坎顿 (John Canton, 1718—1772). 普赖斯写信给坎顿很可能是由于, 贝叶斯与人来往的很少的学术信件中, 有他一封 1755 年致坎顿的讨论误差理论的信. 同年, 1763 年 12 月 23 日, 普赖斯在英国皇家学会会议上宣读贝叶斯的论文. 次年, 1764 年贝叶斯的论文, 连同普赖斯写的前言, 以及普赖斯根据贝叶斯留下的一份研究报告, 补充完善后写的后续, 发表在英国皇家学会的《哲学学报》上. 倘若没有普赖斯的无私奉献, 难以设想贝叶斯的遗作将会如何. 普赖斯于 1791 年去世, 安葬于伦敦北面的本希尔墓园 (Bunhill Fields). 贝叶斯也安葬于这个墓园. 他们两人的坟墓相距只有几米, 几乎挨在一起.

　　与贝叶斯不同的是, 普赖斯生前在欧洲学术界, 乃至政治界是一个很知名、活跃的人物. 普赖斯是个在人类的普遍自由尤其是宗教信仰自由方面有狂热信仰的人. 他坚信自由是神授予的. 普赖斯所处的年代正值美国独立战争(1775—1783)时期. 他写了一本关于美国革命的书:《关于美国革命重要性的观察和使世界从中受益的方法》. 他冒着风险，照顾了押解到英国集中营的美国战俘. 美国开国元勋之一的本杰明·富兰克林(Benjamin Franklin, 1706—1790)是他的挚友,《国富论》的作者亚当·斯密(Adam Smith, 1723—1790)是他的旧识. 当斯密在写《国富论》时，普赖斯和富兰克林都曾阅读与评论过此书. 但是普赖斯不仅仅是一个传教士和人类自由的坚定捍卫者，他也是一位数学家. 由于在概率领域的杰出成就，1765 年他赢得了英国皇家学会会员的资格. 普赖斯关于英国人口的论文直接影响托马斯·罗伯特·马尔萨斯(Thomas Robert Malthus, 1766—1834)提出他的人口几何级数增长的理论.

7.6 公平人寿保险社

1762 年在伦敦成立的公平人寿保险社(Equitable Life Assurance Society)是真正根据保险数理技术基础而设立的人身保险公司. 公司根据生命表，按年龄及身体健康状况计算保险费. 世界上第一位精算师就诞生在这家公司. 从这家公司起，保险公司逐渐形成了精算师职业制度. 英国伦敦的公平人寿保险社的成功在全世界起着巨大的示范效应. 1765 年这家公司的三名职员拜访普赖斯，向他求助关于设计死亡率表的问题. 公司意欲把这个表格作为基础，用来计算人寿保险和年金的保费. 在研究了哈雷 1693 年那篇关于死亡年龄分析的论文与棣莫弗 1725 年出版的著作《论终身年金》，以及其他学者的论著后，普赖斯在英国皇家学会的《哲学学报》上发表了两篇文章. 普赖斯一开始从伦敦保存的死亡记录着手开始研究. 但根据这些数据得出的预期寿命似乎比从实际死亡率算出的要低很多. 于是他转而研究北安普敦(Northampton)郡的记录. 那里记录的要比伦敦记录的更认真仔细. 这些研究成果发表在他于 1771 年出版的《关于复归支付的观察》(*Observations on Reversionary Payments*)一书中. 19 世纪之前，这本书被视为 "人寿保险和年金的保费计算" 领域的一本 "圣经". 这项工作还为普赖斯赢得了 "保险精算科学之父"的称号. 时至今日，这本书仍被保险公司视为计算保险费的基础. 直至 2019 年，普赖斯的这本书仍在出版发行. 然而，因为该书所依据的数据不够充足，存在瑕疵，所以书中有些地方还含有要付出很高代价的严重错误. 他所依据的北安普敦郡的数据遗漏了大量未注册的出生数字，而且在迁出与迁入北安普敦郡的流动人口的估计方面也有缺陷. 这导致普赖斯高估了年轻人的死亡率. 更严重的是他似乎低估了预期寿命. 这就导致使用普赖斯设计的死亡率表所计算的人身保险（以被保险人死亡为保险事故）的保费比实际需要的高很多，公平人寿保险社也正因为这个错误有了很多的盈余. 与之相反，英国政府因为使用同样的死亡率表计算退休者的年金，结果损失惨重. 由此可见，下面这样一种说法并不过分：收集到质量高（能说明问题）的数据，有的时候比数据分析的工作更为重要.

7.7 后验 β 分布

贝叶斯所处的年代，没有计算机，没有统计软件，根据他给出的公式 (7.1) 计算后验概率，需要烦琐的笔算. 如今，可操作统计软件，迅速精确地计算. 精确计算这个概率需使用如今人们熟知的 β 分布.

根据 β 分布很容易算得，图 7.3 中曲边三角形 ODA 的面积，即积分

$$\int_0^1 f(x)\,\mathrm{d}x = \int_0^1 \frac{n!}{r!(n-r)!} x^r (1-x)^{n-r}\,\mathrm{d}x = \frac{1}{n+1}$$

则由式 (7.1) 知，θ 在 p_1 与 p_2 之间的条件概率等于

$$\frac{\displaystyle\int_{p_1}^{p_2} \frac{n!}{r!(n-r)!} x^r (1-x)^{n-r}\,\mathrm{d}x}{\displaystyle\int_0^1 \frac{n!}{r!(n-r)!} x^r (1-x)^{n-r}\,\mathrm{d}x} = \int_{p_1}^{p_2} \frac{(n+1)!}{r!(n-r)!} x^r (1-x)^{n-r}\,\mathrm{d}x$$

令 Y 是服从 $\beta(r+1,\ n-r+1)$ 分布的随机变量，则所求的条件概率其实就是 $P(p_1 \leqslant Y \leqslant p_2)$. 对于 7.5 节根据准则计算的例 1 而言，因为 $n=r=10$，所以 Y 服从 $\beta(11,\ 1)$ 分布. 使用统计软件，算得 $P(2/3 \leqslant Y \leqslant 16/17) = 0.501\ 8$，而这就是 θ 在 2/3 与 16/17 之间的概率. 它与用贝叶斯给出的准则计算得到的概率值完全相同. 对于 7.5 节根据准则计算的例 2，即大头针工厂产品不合

格率的问题而言，由 $n = 100$，$r = 2$ 知，Y 服从 $\beta(3, 99)$ 分布. 由此算得不合格率 θ 在 0.01 与 0.03 之间的概率等于 $P(0.01 \leqslant Y \leqslant 0.03) = 0.505\ 8$. 这与用准则计算得到的概率值也完全相同.

如上所述，事件 2 发生的条件下，也就是如果 n 次掷球，停留位置的横坐标小于 θ 的情形有 r 次，则 θ 在 p_1 与 p_2 之间的条件概率等于 $P(p_1 \leqslant Y \leqslant p_2)$，其中 Y 服从 $\beta(r+1, n-r+1)$ 分布. 由此可见，这个分布就是 θ 的条件分布，即 θ 的后验分布. 试验之前，尚没有样本，θ 的（先验）分布是区间 $(0, 1)$ 上的均匀分布 $U(0, 1)$，也就是 $\beta(1, 1)$ 分布，其密度函数始终等于 1. 而这正如贝叶斯所言，它处在任意两个点之间的概率，仅与这两点的间距有关，而与这两点所处的位置没有关系. 试验之后取得样本，停留位置的横坐标小于 θ 的情形有 r 次，大于 θ 的情形有 $n-r$ 次，则 θ 的先验均匀分布 $U(0, 1)$ 就调整为区间 $(0, 1)$ 上的（后验）$\beta(r+1, n-r+1)$ 分布，它处在任意两个点之间的概率，不仅与这两点的间距有关，还与这两点所处的位置有关. $\beta(r+1, n-r+1)$ 总是在点 r/n 处达到峰顶. 由此看来，在试验之后通常取 r/n 作为 θ 的估计，实际上就是取后验分布的众数 r/n 作为 θ 的估计. 由于 $\beta(r+1, n-r+1)$ 分布的均值为 $(r+1)/(n+2)$，显然也可取后验分布的均值 $(r+1)/(n+2)$ 作为 θ 的估计.

7.8 后验分布的众数与均值

上面所述的大头针工厂产品不合格率的判断问题，由于检验之前，没有大头针合格与否的任何信息，则按贝叶斯假设，认为 θ 的先验分布是区间 $(0, 1)$ 上的均匀分布 $U(0, 1)$，即 $\beta(1, 1)$ 分布. 假设检验 $n = 100$ 个大头针随机样品，发现有 $r = 2$ 个不合格品，从而得 θ 的后验分布为 $\beta(3, 99)$ 分布. $r/n = 0.02$ 作为不合格率 θ 的常用估计，实际上是用后验分布的众数 $r/n = 0.02$ 去估计 θ. 当然，也可取后验分布的均值 $(r+1)/(n+2) = 0.029\ 41$ 作为它的估计. 通常取后验分布的众数 r/n 作为不合格率 θ 的估计，其很重要的一个原因是，它等同于我们不考虑先验分布信息时 θ 的很自然的那个估计值. 但在有些场合，取后验分布的均值 $(r+1)/(n+2)$ 作为 θ 的估计比较合适. 我国前辈统计学家张尧庭教授曾与我们说, 1976 年唐山大地震时北京有震感. 倒掉烟囱的占比, 可用来估计地震的影响烈度. 设某地区有 n 个烟囱, 地震时倒掉了 r 个, 则把地震对该地区的影响烈度估计为 r/n. 但当 $r=0$ 以及 $r=n$ 时, 这样的估计方法就又不尽然了. 当 $r=0$ 时, 难道认为地震没有丝毫影响? 而当 $r=n$ 时, 难道认为地震影响如此之大, 以至于没有什么不被震掉? 基于贝叶斯思想, 张尧庭教授提出, 用后验分布的均值 $(r+1)/(n+2)$ 作为地震对该地区的影响烈度的估计. 当 $r=0$ 时, 其估计 $1/(n+2)$ 很小, 但它说明地震还是有些影响的. 而当 $r=n$ 时, 其估计 $(n+1)/(n+2)$ 很大, 但它说明并不是都被震掉. 用 $(r+1)/(n+2)$ 作为地震影响烈度的估计比较恰当, 尤其是在 $r=0$ 与 $r=n$ 这两个极端情况.

由此看来, 同一个统计问题可以有不同的解法. 哪一个更好, 这依赖于决策者的经验与悟性, 依赖于决策时的环境. 统计问题的解不求完美, 但求实在, 没有最好, 只有更好. 张尧庭教授对于这个 $(r+1)/(n+2)$ 的估计作了一个形象化的解释. 假设人们对地震究竟有多大的影响烈度一无所知, 则可简单地认为, "这个地区有 2 个烟囱, 发生地震时倒掉了 1 个" 是人们所具有的先验信息. 该地区有 n 个烟囱, 地震时倒掉了 r 个, 这是样本信息. 把先验信息与样本信息结合在一起, 这个地区共有 $n+2$ 个烟囱, 地震时共倒掉了 $r+1$ 个. 因而取 $(r+1)/(n+2)$ 作为地震对该地区的影响烈度的估计.

贝叶斯那篇论文经普赖斯补充完善的后续部分中, 有一个例子. 设想某人刚刚出生, 太阳很可能是第一个引起他注意的物体. 他第一天看到黎明太阳升起, 傍晚太阳落山消失, 他就在想不知道明天能否再见到太阳. 那个小孩刚出生时, 对太阳升起与否显然毫无知觉, "两天中, 有一天太阳升起来了, 而另一天太阳没有升起来" 是他的先验信息. 按贝叶斯思想, 当他第一天看到太阳升起之后, 他就把太阳明天升起的概率的估计, 从先验的 $1/2$ 提高至 $2/3$. 第二天他又看到太阳升起来了, 那么他就把第三天再一次看到太阳升起概率的估计提高至 $3/4$. 以此类推, 随着他看到太阳升起的日子越来越多, 他心目中太阳升起的概率就越来越大, 越来越接近 1. 60 岁时, 按一年是 365 天计算, 他连续有 21 900 天看到太阳升起, 对他而言, 明天再见到太阳的可能性就估计为

7.8 后验分布的众数与均值

$$\frac{21\ 900+1}{21\ 900+2}=99.995\ 4\%$$

人们已经连续看到太阳上升约 1.6 万亿天了. 看来太阳一定会天天照常升起的. 难怪人们常说, 习惯成自然. 若一个人长期坚持某个习惯, 坚持的日子越长, 则继续这个习惯的可能性就越大. 慢慢地, 这个习惯就很难以改变, 也就成了很自然的事了.

7.9 拉普拉斯的"不充分推理原则"

贝叶斯的遗作《论机会学说问题的求解》, 1764 年发表十年之后, 1774 年拉普拉斯发表了题为 "关于事件原因的概率" 的论文. 在此论文中他提出了一条原则: 如果一个事件来源于 n 个 (相互排斥) 原因, 假设该事件来源于第 k 个原因的概率为 p_k, $k=1$, 2, $\cdots$, n. 那么在该事件发生的条件下, 是第 k 个原因促使该事件发生的概率等于

$$\frac{p_k}{p_1+p_2+\cdots+p_n} \tag{7.2}$$

拉普拉斯称自己提出的这个关于事件发生后推测每个可能原因的可能性的原则为 "不充分推理原则 (principle of insufficient reason)". 式 (7.2) 隐含着 "同等无知" 的假定, 认为促使该事件发生的 n 个原因 "互相平等", 任何一个原因都没有特别的优势. 这也就是说, 对促使该事件发生的 n 个原因, 每一个的先验概率都是 $1/n$. 拉普拉斯的不充分推理的先验信息原则与贝叶斯的想法如出一辙. 由式 (7.2) 知, 在该事件发生的条件下, m 个原因 p_{k_1}, p_{k_2}, $\cdots$, p_{k_m} 促使该事件发生的概率等于

$$\frac{p_{k_1}+p_{k2}+\cdots+p_{k_m}}{p_1+p_2+\cdots+p_n} \tag{7.3}$$

如果我们把有限的 n 与 m 个原因推广至区间 $[0, 1]$ 与其子区间 $[p_1, p_2]$ 上无限多个且连续的原因, 那么 "求和" 就演变成 "积分", 式 (7.3) 就变化为贝叶斯推得的式 (7.1) 了. 由此看来拉普拉斯的不充分推理其实与贝叶斯的想法, 基本上是一回事. 拉普拉斯 1774 年的这篇论文没有提到贝叶斯. 普遍

认为拉普拉斯很可能从没看见过贝叶斯的论文，在法国独立地进行着他的研究. 由于拉普拉斯的论文是在贝叶斯之后发表的，况且他的思想并未超出贝叶斯的范畴，因而在统计历史上并不把拉普拉斯看成贝叶斯统计的奠基者. 贝叶斯在英国几乎是默默无闻地开展他的研究工作，在学术界并不知名. 他的那篇论文较为晦涩难懂，发表之后很少有反响，在英国默默无闻长达 200 年之久. 大科学家拉普拉斯的论文通俗、深入且全面地阐述贝叶斯的思想，促使贝叶斯思想进入学术界的视野.

在贝叶斯和拉普拉斯所处的年代，人们对太阳会不会不升起感到好奇. 贝叶斯论文的后续部分虽有太阳升起的例子，但论文着重讲述的是台球模型，难怪人们读他的文章兴致不高. 而拉普拉斯在引入他的不充分推理原则之后，绘声绘色地讲述当时人们普遍感到好奇的太阳升起问题. 显然，人们会饶有兴致地听他讲述. 设太阳升起的概率为 p, $p \in [0, 1]$ 的意思是说引起太阳升起有无限多个且连续的原因. 根据"同等无知"的假定，取 p 的先验分布是区间 $[0, 1]$ 上的均匀分布 $U[0, 1]$. 设太阳已升起 N 天，则根据不充分推理原则，原因"p"促使太阳升起的概率为

$$\frac{p^N}{\int_0^1 p^N \mathrm{d}p} = (N+1)p^N$$

由此拉普拉斯得到明天太阳升起的概率为

$$\int_0^1 (N+1)p^N \cdot p \mathrm{d}p = \frac{N+1}{N+2}$$

其实 $(N+1)p^N$ 是太阳连续升起 N 天后，太阳升起概率 p 的后验 $\beta(N+1, 1)$ 分布. 拉普拉斯计算的是后验 $\beta(N+1, 1)$ 分布的均值. 好奇让人产生兴趣. 产生了兴趣去探索，才是真正的好奇. 拉普拉斯基于探索提出了他的不充分推理原则. 好奇往往是发现真理的第一步.

7.10　后记

贝叶斯的思想其实是一个继续深入学习的过程. 我们仍以上面所述的大头针工厂产品不合格率的判断问题为例，说明这个学习过程. 倘若过了一段

时间，我们又对大头针进行检验. 在 200 个大头针随机样品中，发现有 3 个不合格品. 因为在这之前已有过一次检验，在 100 个大头针随机样品中发现了 2 个不合格品，这说明我们已有了大头针合格与否的一些信息，就不能认为 θ 的先验分布是区间 $(0，1)$ 上的均匀分布 $U(0，1)$. 对于后一次检验而言，可取前一次检验得到的后验 $\beta(3，99)$ 分布为它的先验分布. 经过简单的计算，基于这两次检验的后验分布为 $\beta(6，296)$. 倘若过了一段时间，又作了一次检验. 前两次检验得到的后验 $\beta(6，296)$ 分布就可取为第三次检验的先验分布，以此类推. 这就是一个概率统计推理继续深入学习的过程. 继续学习的过程使我们的认识不断地得到修正，越来越接近真实. 当然，其他问题，尤其是实际问题的继续学习的过程，远比"大头针不合格率"的复杂，需要很强的计算能力. 使用这个过程所需要的计算能力直到在 20 世纪下半叶才发展成熟可用. 使用计算机计算的学习过程，统称为机器学习. 贝叶斯方法是许多现代机器学习算法的基石. 世界是动态的，在不确定的条件下，难有唯一的答案. 这就需要我们不断地学习，当有新的信息出现之后，对原有的信息进行修正，减小不确定性带来的风险. 贝叶斯的贡献富有哲理.

贝叶斯的思想已经有两个多世纪的历史了，但它在今天仍然有用，且非常有用，应用领域越来越广泛. 完全可以预料，它将持久广泛地使用下去. 贝叶斯生前，谅必未曾预料到，他的那篇论文的思想会影响这么大. 好多过去的都已过去，成了历史，而留下的，越来越重要，越发有用.

本章参考文献

这一章除了参考书末文献 [1] 与 [2]，还参考了下列文献：

[1] BAYES T. **An essay towards solving a problem in the doctrine of Chances.** **Philosophical Transactions, 1763, 53: 370−418; Biometrika, 1958, 45 (3/4): 296−315.**

[2] PRESS S J, 1992. 贝叶斯统计学：原理、模型及应用. 廖文，等，译. 北京：中国统计出版社.

顾名思义，常数指的是固定不变的数值，例如圆周率 π．它是圆的周长与直径的比值．

8.1　圆周率 π

约公元前 2 世纪，中国古算书《周髀算经》记载径一而周三．它的意思是说，取 $\pi = 3$．这就是"古率"．之后人们发现古率的误差太大，圆周率应是"径一而周三有余"．中国东汉时期天文学家张衡(78—139)研究球的外切立方体体积和内接立方体体积，以及球的体积，他定圆周率 π 值为 10 的开方(约为 3.162)．这个值较为粗略．之后于 263 年，中国数学家刘徽(约225—约 295)用"割圆术"计算圆周率．他从圆内接正六边形开始，逐次加倍分割，依次得到圆内接正 12 边形、正 24 边形等，直到圆内接正 192 边形止．这些多边形的周长和面积分别逐渐逼近圆的周长和面积，由此他算得 $\pi = 3.141\ 024$．这个值较张衡所得的 $\pi = 3.162$ 精确多了．刘徽的"割圆术"正如他所说的：割之弥细，所失弥少，割之又割，以至不可割，则与圆合体而无所失矣．这些话是朴素的、也是很典型的极限概念．他的割圆术方法与他对周长与面积的深刻认识，正是积分思想的具体体现．2002 年我国发行的纪念刘徽的邮票见图 8.1.

约 5 世纪下半叶, 中国数学家祖冲之 (429—500) 首创圆周率的上、下限的提法, 首次得到精确到小数点后 7 位的 π 值. 他说 3.141 592 6 和 3.141 592 7 分别是 π 的不足和过剩近似值. 他还得出 π 的两个近似值, 密率 355/113 和约率 22/7. 其中"密率"精确到小数第 7 位. 祖冲之对圆周率数值的精确推算, 在当时世界遥遥领先. 在这之后的 800 年里, 祖冲之算出的 π 值一直是世界上最准确的. 1955 年我国发行的纪念祖冲之的邮票见图 8.1.

图 8.1 我国发行的纪念刘徽(左)和祖冲之(右)的邮票

在计算 π 的算法中, 高斯–勒让德算法是最著名的. 本书第六章曾提及高斯和勒让德这两位杰出学者. 最小二乘法是勒让德发明的(见本章). 误差正态分布是高斯导出的(见本书下一章). 高斯–勒让德算法以迅速收敛著称. 它具有二阶收敛性, 算法每执行一步正确位数就会加倍. 它只需要 25 次迭代即可产生 π 的 4 500 万位正确数字. 日本筑波大学于 2009 年 8 月 17 日宣布利用此算法计算出 π 小数点后 2 576 980 370 000 (2.58 万亿) 位数字. 高斯–勒让德算法的迭代计算步骤如下所述:

设置初始值: $a_0 = 1$, $b_0 = \dfrac{1}{\sqrt{2}}$, $t_0 = \dfrac{1}{4}$, $p_0 = 1$;

反复迭代: $a_{n+1} = \dfrac{a_n + b_n}{2}$, $b_{n+1} = \sqrt{a_n b_n}$,

$$t_{n+1} = t_n - p_n \cdot (a_n - b_n)^2/4, \quad p_{n+1} = 2p_n;$$

π 的近似值为 $\pi \approx \dfrac{(a_{n+1} + b_{n+1})^2}{4t_{n+1}}$.

高斯−勒让德算法的前三个迭代所得到的，π 的精确到第一个错误的位数之前的近似值如下所示：

3.141⋯

3.141 592 65⋯

3.141 592 653 589 793 238 2⋯

8.2 引力常量与卡文迪什实验

数学常数大多是指一个不依附于测量单位且数值不变的常量，例如圆周率 π. 而其他学科例如物理学，因为物理学定律用来描述某些物理量之间的数量关系，所以它其中的物理常数就往往不独立于这些物理量的测量单位. 最著名的物理常数当属万有引力定律中的引力常数. 引力常数又被称为万有引力常量（简称引力常量）或重力常数，记作 G. 万有引力定律首次出现在牛顿的著作《自然哲学的数学原理》一书中. 事实上，是哈雷（见第五章）帮助牛顿于 1687 年出版了这部划时代的伟大著作. 1685 年哈雷登门拜访牛顿时，牛顿已经发现了万有引力. 在哈雷的敦促下，1686 年底，牛顿写成了这本著作. 此时，由于英国皇家学会经费不足，无法资助这本书的出版. 哈雷用他微薄的积蓄支付了这本书的出版费用，并放下了自己的研究工作，对该书进行了校对. 如果没有哈雷的努力，这部科学史上最伟大的著作之一难以在 1687 年问世. 牛顿曾言"如果说我（比笛卡儿）看得远一点，那是因为我站在巨人的肩上"，表示他不忘前人的贡献. 事实上，万有引力定律的观念早在牛顿之前已经有萌芽，例如惠更斯（见第三章）于 1659 年就提出了万有引力的概念. 牛顿是在前人的研究成果的基础上，以及在他本人天文学、变量数学（微积分）等多个方面的研究基础上，做出了这样一个伟大的发现，发现了万有引力定律.

万有引力 $F = G\dfrac{m_1 m_2}{r^2}$，其中 m_1 和 m_2 是两物体的质量，r 为这两物体之间的距离. 牛顿发现了万有引力定律，但他本人并不知道引力常量 G 这个数值有多大. 按说，只要测量出两个物体的质量，测量出这两个物体间的距离，再测量出它们之间的引力，则根据万有引力定律，就能够计算出这个常量 G 了. 但由于一般物体的质量不够大，以至于它们之间的引力太弱，难以测出. 再则天体的质量很大，虽然天体间的引力比较大，但由于天体的质量太大了，况且星空浩瀚无比，其质量无法测出. 所以，万有引力定律发现后，引力常量 G 一直没有准确数值. 直到 100 多年后，英国著名物理学家、化学家卡文迪什（Henry Cavendish，1731—1810）于 1798 年利用扭秤，巧妙地测出两物体间的微小引力，从而测出引力常量 G. 卡文迪什测得的引力常量 G 是 $(6.754\pm0.041)\times10^{-11}$ N·m^2/kg^2，其中 N（牛顿）是力的单位，1 N 是使质量是 1 kg 的物体的加速度为 1 m/s^2 时，所需要的力，1 N = 1 kg·m/s^2. 卡文迪什测得的引力常量 G 的数值与现在公认的数值 $(6.673\,2\pm0.003\,1)\times10^{-11}$ N·m^2/kg^2 相差无几. 由此他推算出地球的质量约为 5.965×10^{24} kg（现大家公认的地球质量为 5.972×10^{24} kg）. 他还推算出地球的平均密度是水密度的 5.481 倍，这与现在的数值 5.507 倍相差不大. 卡文迪什被誉为第一个称量地球的人. 卡文迪什以扭秤为工具，验证万有引力定律，测出引力常量 G 的著名实验，后人称誉为"卡文迪什实验".

卡文迪什实验来之极不容易. 在牛顿与卡文迪什所生活的年代，人们经过测量与计算已经知道地球的半径大约是 6 400 km，地球的表面积约为 5.1×10^{14} m^2，地球的体积约为 1.08×10^{21} m^3. 当时大家都非常想知道地球的质量究竟是多少. 那个年代的很多科学家都试图求解这个难题，用各种方法"称地球"，但都无果而终. 之后，牛顿发现的万有引力定律给解决这个难题带来了希望. 牛顿想利用这个万有引力定律的公式，求出地球的质量. 为此，他精心设计了几个实验，试图得到引力常量 G 的数值，可惜都失败了. 失望之余，牛顿当众宣称：在地面测量引力，利用万有引力定律计算地球质量，将徒劳无益!"称地球"这一科学难题，吸引着卡文迪什. 1750 年，年仅 19 岁的他，就开始着手研究这一科学难题. 他冥思苦想，一次又一次地设计实验，改进实验. 最终他利用扭秤，以及光的反射把微小引力放大，测出了引

力常量 G 的数值，称出了地球的质量．那时卡文迪什已经白发苍苍，67 岁高龄了．他毕生从事物理、化学实验，是他第一个发现了氢元素，通过氢和氧的火化放电得到水．他还通过氧和氮的火化放电得到硝酸．卡文迪什是一位活到老、干到老的学者．79 岁高龄时，逝世前夜还在做实验．为表彰他勤于学习、善于思考、勇于探索的精神，1874 年剑桥大学建成了卡文迪什实验室．著名物理学家麦克斯韦（James Clerk Maxwell，1831—1879）获聘为第一任卡文迪什物理教授（即实验室主任）．此荣誉头衔现已传至第九代．实验室孕育了大量重要的科研成果，例如发现电子、中子，发现原子核的结构，发现 DNA 的双螺旋结构和 X 射线的散射等．实验室为人类的科学发展做出的贡献，举足轻重．

8.3　两组或更多组实验数据的处理分析

　　按理，为得到引力常量，做一次实验就行了．考虑到做实验需要对物体的质量、物体间的距离与引力进行测量，测量难免有误差而不很精准，为得到可靠有效的实验成果，人们通常要多次测量，重复做实验．各次实验的观察结果往往不尽相同，如何处理分析众多互不相同的实验观察数据，是当时人们非常关心的问题．卡文迪什为得到引力常量做实验．对于这一个引力常量，他要处理分析的实验观察数据较为简单，仅仅是由各次实验计算得到的不尽相同的一组引力常量的观测值．对于一组数据，那就取算术平均．取平均是人所共知、使用最为广泛，历经千百年考验的方法．当然，取平均消除的是随机误差，但难以消除例如测量工具瞬间失效所产生的系统误差．卡文迪什严格控制实验，他得到的一组引力常量的观察数据，可以认为是没有系统误差的．即使有系统误差，那也已经被他排除掉了．一组实验数据的处理分析较为简单．在牛顿和卡文迪什所生活的年代，难的是两组或更多组实验数据的处理分析．现今，初学统计的人都知道，可以用最小二乘法处理分析两组及多组实验数据．但当时人们并不知道有这个方法．最小二乘法最早是由勒让德发明的．

　　当时的人们热衷于天文和大地测量，其中的数据往往归结为两组或更多组实验数据的处理分析．地球并不是标准球体，而是略为椭球体．可以证

明：经线（又称子午线）上 1° 对应的弧长，近似地有

$$L(\theta) = \alpha_1 + \alpha_2 \cdot \sin^2(\theta) \tag{8.1}$$

其中 θ 为这 1° 弧长的中点的纬度. 式(8.1)的证明见书末参考文献[1]. 赤道纬度是 0°，极点纬度是 90°，因而以赤道上一点为中心的经线上 1° 弧长为 α_1，而以极点为中心的经线上 1° 弧长为 $\alpha_1 + \alpha_2$. 看来，只需要在赤道与极点测量 1° 经线的弧长就可以求得 α_1 与 α_2 的数值了. 实际上，事情远没这么简单. 在赤道或极点处，以它为中心精确地测量经线上正好 1° 的弧长谈何容易.

当时人们如此热衷于子午线的测量，是有实际需要的. 由于各个地区和民族的历史及文化的不同，他们使用着互不相同的长度及质量的计量单位. 法国科学家提议所有的国家都应当使用统一的计量单位. 他们建议将通过巴黎的地球子午线的两千万分之一作为长度单位，规定为 1 m. 由式(8.1)知，子午线的二分之一，也就是从赤道到极点的子午线长约等于

$$\frac{L(0°) + L(90°)}{2} + \sum_{d=1}^{89} L(d°) = \frac{2\alpha_1 + \alpha_2}{2} + \sum_{d=1}^{89} (\alpha_1 + \alpha_2 \cdot \sin^2(d°))$$

因为 $\sin^2(\alpha) = \dfrac{1 - \cos(2\alpha)}{2}$，且 $\cos(\alpha) + \cos(180° - \alpha) = 0$，所以子午线的二分之一约等于 $90\left(\alpha_1 + \dfrac{\alpha_2}{2}\right)$. 由此可见，地球子午线的计算，关键在于求解 α_1 与 α_2 的数值. 法国在通过巴黎的经线上，也就是经度为 2°E 的经线上挑选了 5 个测量地点 d_1，d_2，$\cdots$，d_5. 这 5 个地点以及与它们相应的经度与纬度（φ_1，φ_2，$\cdots$，φ_5）的数值分别见表 8.1. 自 1792 年至 1799 年历时 7 年，法国从北向南依次测量了相邻两个地点 d_i 与 d_{i+1} 间的经线弧长 $C(i)$ 的数值. $C(i)$ 的测量值见表 8.2 的第 1 列，$i = 1$，2，3，4. 大数学家勒让德参加了这项实地的测量工作.

表 8.1　测量地点与其经、纬度

地点	经度	纬度
d_1：Dunkerque（敦刻尔克，法国）	2°23′E	$\varphi_1 = 51°20′10.50″$N
d_2：Pantheon（法国巴黎先贤祠）	2°12′E	$\varphi_2 = 48°50′49.75″$N
d_3：Évaux-les-Bains（法国埃沃莱班）	2°29′E	$\varphi_3 = 46°10′42.50″$N

地点	经度	纬度
d_4：Carcassonne（法国卡尔卡松）	2°21′E	$\varphi_4 = 43°12′54.40″$N
d_5：Mont-Jouy（西班牙巴塞罗那附近）	2°06′E	$\varphi_5 = 41°21′44.80″$N

表 8.2 以纬度 θ_i 为中心的经线上 1°弧长 $L(i)$

$C(i)$	$L(i)$	θ_i	$\sin^2(\theta_i)$
62 472.59	28 538.06	49.941 70	0.585 822
76 145.74	28 533.10	47.512 81	0.543 801
84 424.55	28 489.46	44.696 79	0.494 708
52 749.48	28 472.19	42.288 78	0.452 751

令 $L(i) = C(i)/(\varphi_{i+1} - \varphi_i)$. 则 $L(i)$ 可视为以纬度 $\theta_i = (\varphi_{i+1} + \varphi_i)/2$ 为中心的经线上的 1°弧长. $L(i)$, θ_i 与 $\sin^2(\theta_i)$ 的数值分别见表 8.2 的第 2、3 与 4 列, $i=1$, 2, 3, 4. 表中 $C(i)$ 和 $L(i)$ 的长度单位是 "模". 1 模等于 12.78 呎, 而 1 呎等于 0.304 8m, 故 1 模等于 3.895 344 m. 由（8.1）式, 得方程组

$$\begin{cases} 28\ 538.06 = \alpha_1 + \alpha_2 \cdot 0.585\ 822 \\ 28\ 533.10 = \alpha_1 + \alpha_2 \cdot 0.543\ 801 \\ 28\ 489.46 = \alpha_1 + \alpha_2 \cdot 0.494\ 708 \\ 28\ 472.19 = \alpha_1 + \alpha_2 \cdot 0.452\ 751 \end{cases} \tag{8.2}$$

倘若这 4 个方程式都没有误差, 并且严格正确, 则只要从这 4 个之中任意挑出 2 个去计算 α_1 与 α_2 的数值就行了. 因为（8.1）式近似成立, 况且测量有误差, 所以这 4 个方程式并非严格正确. 从这 4 个之中挑选不同的 2 个方程式, 很可能解出不同的 α_1 与 α_2 的数值. 当时的天文和大地测量就面临着这样的数据分析问题, 方程式的个数超过了未知数的个数, 而且方程式有误差, 并不严格正确. 例如, 18 世纪中叶, 通过恒星确定的船的纬度已相当精确, 而经度的确定问题更为困难, 未完美解决. 德国哥廷根天文台负责人、天文学家梅耶发明了一种方法, 可用来确定经度. 该方法需对月球上某些定点的位置进行观察. 他得到了含有 3 个未知数的 27 个等式的方程组. 梅耶以其中的一个系数为准, 将关于这个系数最大的 9 个方程、最小的 9 个方程,

以及剩下的 9 个方程分别相加. 相加之后得到含有 3 个未知数的 3 个等式的方程组. 解这个方程组, 求得 3 个未知数. 梅耶认为方程组的解是有误差的. 他认为他的这个方法可以减少误差. 梅耶意识到方程组的解有误差, 并想办法减少误差, 试图估计解的误差界限. 他的这种想法与努力在当时实属难得. 在最小二乘法尚未发明之前, 梅耶的这个方法比较流行, 并被冠以他的名字, 称为 "梅耶平均方法". 大数学家欧拉曾由观察数据得到一个含有 8 个未知数、75 个方程式的方程组. 他的解法奇特且烦冗, 只适用于他的这个问题, 难以用它去求解其他问题. 大数学家拉普拉斯也曾由观察数据得到一个含有 4 个未知数、24 个方程式的方程组. 他的解法与梅耶的方法相似, 也是从这 24 个方程式中, 用组合的方法化出 4 个方程式, 例如将这 24 个方程式相加, 以及前 12 个方程式之和减去后 12 个之和, 等等. 同欧拉的方法一样, 拉普拉斯的方法也没有给出如何求解类似问题的一般途径.

8.4　勒让德的最小二乘法

勒让德发明的最小二乘法最早出现在他于 1805 年出版的《计算彗星轨道的新方法》一书的附录中. 关于最小二乘法, 勒让德指出算术平均是其一特例. 例如关于某个未知的物理常数 α, 假设有一组观察数据 x_1, x_2, $\cdots$, x_n. 所谓取算术平均, 就是将这个未知的物理常数 α 估值为 $\bar{x} = \sum\limits_{i=1}^{n} x_i / n$. 而 $\bar{x}$ 使得误差平方和 $\sum\limits_{i=1}^{n} (x_i - \alpha)^2$, 在把 α 估值为 $\bar{x}$ 时达到最小. 正是由于对一组观察数据, $\bar{x}$ 使得误差平方和达到最小, 故对多组观察数据, 关于方程组

$$x_{0i} + x_{1i}\alpha_1 + \cdots + x_{ki}\alpha_k = 0, \quad i = 1, 2, \cdots, n$$

勒让德就类比推理, 用使得平方和

$$\sum_{i=1}^{n} (x_{0i} + x_{1i}\alpha_1 + \cdots + x_{ki}\alpha_k)^2$$

达到最小的原则去估计 α_1, α_2, $\cdots$, α_k 的值. 例如对于方程组 (8.2) 而言, 采用使得平方和

$$L(\alpha_1, \alpha_2) = [28\,538.06 - (\alpha_1 + \alpha_2 \cdot 0.585\,822)]^2 +$$

$$\left[\,28\ 533.10-(\alpha_1+\alpha_2\cdot0.543\ 801\,)\,\right]^2+$$

$$\left[\,28\ 489.46-(\alpha_1+\alpha_2\cdot0.494\ 708\,)\,\right]^2+$$

$$\left[\,28\ 472.19-(\alpha_1+\alpha_2\cdot0.452\ 751\,)\,\right]^2 \tag{8.3}$$

达到最小的原则去估计 α_1，α_2 的值. 勒让德将一组观察数据时取平均使误差平方和达到最小的方法成功地引入到多组观察数据. 经他点破, 事情便让人感到理所当然. 但在最小二乘法没有发明之前, 人们虽经几十年的努力, 却徒劳无功. 科学研究的革新和突破来之不易.

这个平方和的最小值问题不难求解. 它最后归结为解一个线性方程组的问题. 例如, 就平方和(8.3)而言, 分别计算 $L(\alpha_1,\ \alpha_2)$ 关于 α_1 与 α_2 的偏导数, 得方程组

$$\begin{cases} 28\ 508.13-(\alpha_1+\alpha_2\cdot0.519\ 271)=0 \\ 14\ 804.79-(\alpha_1\cdot0.519\ 271+\alpha_2\cdot0.272\ 157)=0 \end{cases}$$

从而把 α_1 和 α_2 分别估值为 28 226.214 和 542.904. 按前所述, 子午线的二分之一约等于 $90\left(\alpha_1+\dfrac{\alpha_2}{2}\right)=2\ 564\ 789.89$, 其单位是模. 由于把子午线长度 5 129 579.79 模的二千万分之一作为长度单位, 规定为 1 m, 由此得 1 m 等于 0.256 48 模, 1 模等于 3.898 955 m. 现通过对子午线长度的精确测量, 1 模等于 3.895 344 m. 在勒让德时代, 长度单位模与米的换算与现代相差无几. 勒让德和他的最小二乘法见图 8.2.

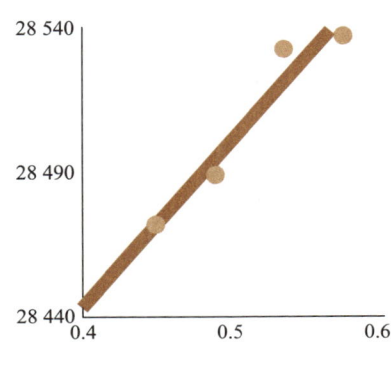

图 8.2　勒让德和他的二乘法

使用类比推理, 勒让德将一组观察数据时取平均的方法成功地引入到多组观察数据. 同样地, 使用类比推理, 我们可以由平方和最小的原则, 联想到绝对值的和

$$\sum_{i=1}^{n} \left| x_{0i} + x_{1i}\alpha_1 + \cdots + x_{ki}\alpha_k \right|$$

最小的原则. 这就是所谓的最小一乘法. 事实上, 最小一乘法的历史渊源比最小二乘法还早. 1760 年, 它就由意大利天文学家和数学家博什科维奇 (Boscovich, 1711—1787) 提出来了. 博什科维奇的最大贡献是在大地测量学领域. 他被尊称为 "大地测量学的鼻祖". 他由天文观测数据得到了一个含有 2 个未知数、5 个方程式的方程组. 博什科维奇起初从 5 个方程式中逐次取 2 个. 一对一对分别地解, 然后将所得到的 10 个解取平均. 他发现最后这样得到的解并不令人满意. 即使舍弃他认为不大合理的一两个解, 结果仍不能令人满意. 最后他提出了一个方法: 对于他所要求解的方程组

$$x_{0i} + x_{1i}\alpha_1 + x_{2i}\alpha_2 = 0, \quad i = 1, \ 2, \ \cdots, \ 5$$

在约束条件

$$\sum_{i=1}^{5} \left(x_{0i} + x_{1i}\alpha_1 + x_{2i}\alpha_2 \right) = 0$$

下, 计算 α_1 和 α_2 的数值, 使得绝对值的和

$$\sum_{i=1}^{5} \left| x_{0i} + x_{1i}\alpha_1 + x_{2i}\alpha_2 \right|$$

达到最小. 博什科维奇很奇妙地给出了这个带有约束条件的极小值问题的解. 遗憾的是, 他并没有给出代数解. 直到 1789 年, 拉普拉斯给出了它的代数解. 他首先由约束条件得到 $\alpha_2 = \bar{y}_0 + \bar{y}_1\alpha_1$, 其中 $\bar{y}_0 = -\sum x_{0i}/\sum x_{2i}$, $\bar{y}_1 = -\sum x_{1i}/\sum x_{2i}$. 然后将 $\alpha_2 = \bar{y}_0 + \bar{y}_1\alpha_1$ 代入绝对值的和, 从而有

$$\sum_{i=1}^{n} \left| x_{0i} + x_{1i}\alpha_1 + x_{2i}\alpha_2 \right| = \sum_{i=1}^{n} w_i \left| z_i - \alpha_1 \right|$$

其中 $n = 5$,

$$z_i = -(x_{0i} + x_{2i}\bar{y}_0)/(x_{1i} + x_{2i}\bar{y}_1), \quad w_i = \left| x_{1i} + x_{2i}\bar{y}_1 \right|, \quad i = 1, \ 2, \ \cdots, \ n$$

引进一个离散型随机变量 U，$P(U=z_i)=w_i/W$，$W=\sum_{i=1}^{n}w_i$．那么当 α_1 等于 U 的均值 $E(U)$ 时，平方和 $\sum_{i=1}^{n}w_i(z_i-\alpha_1)^2$ 达到最小，还有当 α_1 等于 U 的中位数 m 时，绝对值的和 $\sum_{i=1}^{n}w_i|z_i-\alpha_1|$ 达到最小．不难计算 U 的中位数 m．不妨假设 z_1，z_2，$\cdots$，z_n 互不相等，且 $z_1<z_2<\cdots<z_n$．寻找 j，使得

$$j=\inf(i:(w_1+w_2+\cdots+w_j)/W\geqslant 1/2)$$

如果这样求得的 j，使得 $(w_1+w_2+\cdots+w_j)/W>1/2$，那么 U 的中位数 m 唯一存在，$m=z_j$．这时 z_j 就是 α_1 的唯一解．如果这样求得的 j，使得 $(w_1+w_2+\cdots+w_j)/W=1/2$，那么当 $j<n$ 时，闭区间 $[z_j,z_j+1]$ 上任意的一个数都是 α_1 的解；而在 $j=n$ 时，z_n 就是 α_1 的唯一解．拉普拉斯就这样解出了博什科维奇所欲求解方程组中的 α_1．然后由约束条件得到的等式 $\alpha_2=\bar{y}_0+\bar{y}_1\alpha_1$，解出 α_2．

　　拉普拉斯这个方法的关键在于，由约束条件消去了一个未知数．所以这个方法仅适用于有 2 个未知数的情形，若有 3 个或更多未知数，拉普拉斯的方法就无能为力了．然而，为什么要有约束条件？加什么样的约束条件？对于这些问题，众说纷纭，各有各的议论．通常所说的最小一乘法，是没有约束条件的．由于受到计算能力的限制，长期以来两组或多组数据的最小一乘法一直未受到重视．此外，因为最小二乘法的求解归结为解一个线性方程组的问题，所以它有显式解．但最小一乘法无显式解．人们通常想要一个显式解．能得到显式解，固然完美．当难以获得显式解时，使用计算软件求解不失为一个好方法．事实上，最小二乘法虽有显式解，但若手算求解，工作量大，且易出错，故人们也常使用计算软件求解．与最小二乘法相比较，最小一乘法有其优良的一面．一旦数据有异常值，用最小二乘法得到的估计，其波动比较大，而用最小一乘法得到的估计，其波动就比较小．对于受异常值的影响比较小的方法，称其为有稳健性．稳健性好的最小一乘法自然受到重视．其实，稳健性仅仅是评价统计方法的一个方面．稳健性与效率，稳健性与敏感性往往是一对矛盾．稳健性好的方法，则相对来说，效率与敏感性就可能差一些．统计方法，常常是没有最好，只有更好．由最小二乘法与最小一乘法，后来人们还发明了 M 估计、岭估计与主成分估计等．各种方法都有其自身的长处和短板，应互通有无，相得益彰．

8.6 后记

　　勒让德参加的这项子午线长的实地测量工作历时 7 年，1799 年结束. 他所发明的最小二乘法最早出现在他于 1805 年出版的《计算彗星轨道的新方法》一书的附录中. 全书 80 页，附录占据了书尾的最后 9 页. 事实上，书的前面几十页关于彗星轨道计算的讨论，勒让德并没有使用最小二乘法. 看来，是在 1805 年前不久，书写到快结束时，最小二乘法才在他头脑中逐渐成形的. 在勒让德用书面形式公开发表最小二乘法的 4 年之后，1809 年高斯在他出版的关于天体在太空中运动的专著《天体运动理论》中，测算天体的运行轨迹时，简化了天体轨道预测的烦琐数学运算，发明了最小二乘法. 在勒让德及与他同时代的物理学家和化学家看来，最小二乘法只是代数计算的一种方法，它合乎情理且计算简便，至于它在误差这个根本问题上的表现，人们并没有对它从概率统计数据分析方面着手进行深入研究. 那个时候，勒让德发明的最小二乘法并没有为人们所熟知，几乎默默无闻. 高斯对于最小二乘法的贡献就在于他导出了正态分布，建立了正态误差理论，把最小二乘法看成是统计数据分析的一种算法，由此最小二乘法广为人知，一步一步地渗入到数据分析的各个领域. 高斯如何导出正态分布，以及他的正态误差理论留待下章讲述.

本章参考文献

这一章参考了书末文献 [1] 与 [2].

　　无论从实际应用，还是从理论研究，毋庸置疑正态分布都极其重要，说 19 世纪的统计学由正态分布所主导并不为过. 尽管棣莫弗于 1733 年就已经得到了正态密度函数的形式，见第六章式 (6.3)，但他仅把这些公式看成是一个二项概率的近似计算公式. 惟有高斯在他 1809 年出版的《天体运动理论》一书中，分析测量误差时，关于最小二乘法建立了正态误差理论，至此棣莫弗所得到的"正态密度函数的形式"才被引入到概率分布领域.

9.1　测量有误差

　　在发现正态分布的那个年代，人们热衷于天文与大地测量. 天文测量的目标物巨大而遥远. 大地测量易受到各种干扰，例如风向、温度与湿度等，还有测量者的心理状态与测量仪器等诸如此类的干扰. 天文与大地测量有误差在所难免. 勒让德从他历时 7 年参加子午线长的实地测量工作中，发明了最小二乘法，但他仅仅把它看成代数计算的一种方法. 高斯从对天体运动观察数据的研究中，也发明了最小二乘法，大约比勒让德晚 4 到 5 年. 重要的是高斯还建立了这个计算方法的正态误差理论. 追本溯源，正态分布来源于高斯的天文与大地测量实践的误差理论.

现在人们都知道测量是有误差的. 但在二三百年前, 人们对此并没有达成共识, 有人认为测量怎么会有误差, 有误差就说明工作不够认真仔细, 没有做到一丝不苟. 英国著名天文学家内维尔·马斯基林(Nevil Maskelyne, 1732—1811)研究经由观测月球来测定经度的方法, 编制了月球表和《航海历书》. 在他去世后一个多世纪内, 《航海历书》依然是航海的得力助手. 1765 年, 马斯基林任格林尼治天文台台长, 在他担任这一职务的 46 年里, 他以勤奋和准确的工作赢得了普遍的尊重. 他最先使时间测量精确到 0.1 s, 是世上第一个将时间标记为 0.1 s 的人. 可能是由于马斯基林工作过于勤奋和准确, 故在他看来只要认真仔细、一丝不苟, 测量是不会有误差的. 1796 年马斯基林就因助手几天来的测量结果不一样而把他解雇. 事实上, 测量, 即使非常精细的测量也会产生误差. 而且越是精细的测量越有可能产生误差. 其实, 早于马斯基林一二百年前, 人们就已认识到数据有误差, 数据并不完美.

9.2 第谷与开普勒

望远镜是 1608 年发明的. 第一部投入科学应用的望远镜是 1609 年由伽利略发明的. 通过伽利略自制的望远镜, 人类第一次看到了月球上的环形山. 在丹麦著名天文学家第谷·布拉赫(Tycho Brahe, 1546—1601)所处的年代, 天文学家借助一些天文仪器, 用肉眼观测天体. 第谷从小迷恋天文观测, 终身致力于天文仪器制造和天文观察研究. 第谷被尊称为 "近代天文学始祖". 第谷之前两千多年, 人们对宇宙的认识一直受亚里士多德的 "天体不变" 理论的影响. 1572 年 11 月 11 日第谷看到仙后座中, 有一颗极远、能以肉眼看见的明亮的新星. 奇怪的是, 这颗新星的运动并没有与其他, 我们知道的星体相关. 第谷惊喜地感到, 这是一颗新的星, 它的位置远在亚里士多德所认识的空间之外. 自这之后, 第谷紧紧地盯住这颗 "陌生的星", 紧追不舍地对它做了长达 1 年零 4 个月的观测, 直至它 1574 年 3 月变暗, 肉眼看不见为止. 在这期间, 他详尽地记录了新星的颜色、光度、所处的方位等情况. 第谷于 1573 年发表题为《新星》的重要论文. 第谷的这一发现彻底动摇了亚里士多德的 "天体不变" 理论对天文学界的统治, 开辟了天文学发展的新领域，当时的科学界为此大受震动．第谷发现的这一颗新星其实是颗恒星．人们为了纪念他的功绩，将这颗恒星命名为"第谷超新星"，又名"SN 1572"．此外，月球表面最为著名的环形山之一也以他的名字命名，称为"第谷环形山"，在地球上用肉眼就可看到第谷环形山，它是许多天文爱好者的观察目标．第谷知道天文测量不可能精准无误，他让其助手对同一个天体目标物重复地进行观察，从而比较这些观察数据，观察分析测量误差的大小．第谷也考虑到，由于大气折射使得观察到的天体位置会有所变化，因而他还注意校正仪器的误差．第谷毕生观察，积累了大量天体方位的测量资料．而且这些资料的精确程度大大超过他所处年代及前人的观测水平．第谷先后观测了 777 颗恒星的位置，其编制的一部恒星表相当准确，至今仍然有使用价值．在世界天文学史上，天文学家们还一致认为，在天文学方面做出了巨大贡献的德国天文学家约翰·开普勒（Johannes Kepler，1571—1630）是第谷发现的．第谷于 1599 年收开普勒为弟子和助手．两年之后，第谷去世．弥留之际，第谷把自己毕生长达 35 年的天文观测数据交给开普勒，反复地念叨着："不要让我徒劳无功……不要让我徒劳无功……"在第谷所处的年代，科学界最大的争论在于究竟是地球绕着太阳转（哥白尼的日心说），还是太阳绕着地球转（托勒玫的地心说）．站在地球上看，好像是太阳绕着地球转．但观测行星的运行轨迹，好像地球在绕着太阳运行．第谷为了解决这个争论，每天晚上都风雨无阻地观测行星运动的轨迹，精确记录每个行星每天晚上的位置．虽然他通过 35 年的观察，拥有了大量的精确数据，但他始终没有解决这个争论．看来有了大数据还是不能立刻解决问题．第谷临终前叮嘱"不要让我徒劳无功"，意思是要开普勒分析这批大数据，继续努力解决这个争论．大数据的特点在于数据量大，因而其中无用的数据（噪声）也非常多．想要挖掘大数据中的有用信息，那就得排除其中大量噪声的干扰，这需要智慧．开普勒凭借其出色的数学才能和富有创见性的思维，没有辜负第谷的嘱托．经过长期的分析、归纳与推算，他在 1609 年出版的《新天文学》一书中，表述了所发现的行星运动的第一与第二定律．接着开普勒发现的第三定律表述在他 1619 年出版的《宇宙和谐论》一书中．开普勒关于行星运动的这三个定律彻底地否定了千百年来统治天文界的托勒玫的地心说，证实并发展了哥白尼的日心说．开普勒提出的行星运动三定律，是天文学方面的突破性成就. 后世的科学史家称他为"天上的立法者". 开普勒是用数学公式表达物理定律且最早获得成功的人之一. 从他的时代开始, 数学方程成了表达物理定律的基本方式. 第谷和开普勒没有联名发表过论著, 但这二人却有着可以说是最为成功的互补与合作. 第谷擅长于天文观察, 毕生持之以恒地观察, 他是天文学史上第一个真正地收集大数据的天文学家. 开普勒则是伟大的理论家, 他的强项是数学, 善于理论思维, 苦思冥想、去伪存真. 行星运动三定律是德国天文学家开普勒发现的. 但我们不能忘了, 开普勒的研究资料来自丹麦天文学家第谷. 科学研究须如第谷那样, 尽可能地拥有丰富而真实的感性资料, 还必须如开普勒那样, 运用科学的抽象方法, 对感性资料进行分析和综合.

9.3　伽利略关于随机误差的三点设想

伟大的天文学家伽利略很可能是世上第一个提出随机误差这个概念的学者, 但他仅定性描述了这个概念, 并未进行深入的定量研究. 关于误差, 伽利略在 1632 年出版的《关于两种世界体系的对话》一书中定性地提出了以下几点设想. 这为日后学者研究误差问题指出了方向.

1. 所有的观测值都可以有误差. 误差由仪器工具、观察条件和观察者等引起.

2. 误差有正有负, 对称地分布在 0 的两侧.

3. 小误差的出现比大误差频繁.

伽利略还指出误差可以传递. 例如天体的一个未知量 y 是某个观测值 x 的函数: $y=f(x)$. 所谓传递的意思是, 即使对 x 的观测, 误差甚小, 它也可能引起 y 的大变动.

辛普森(Thomas Simpson, 1710—1761)是英国自学成才的数学家. 他最为人熟悉的贡献是在数值积分方面的工作. 常用来计算定积分的数值积分方法, 除了梯形法则, 还有抛物线法则. 抛物线法则是辛普森提出的, 称为辛普森公式. 此外, 立体几何中拟柱体(顶点都在两个平行平面的多面体)体积的计算公式也属于辛普森. 辛普森在概率方面也做了一定的工作, 他在 1740

年出版了《机会的特性和法则》(*The Nature and Laws of Chance*)一书. 他研究误差理论, 试图证明: 观测值的平均数比单一观测值好. 那个年代, 有不少人怀疑取平均的做法. 他们认为若有多个观测值, 平均值将会受到"坏"的观测值的干扰, 故应择优选取那个"谨慎地观察"所得到的"最好"观测值. 这种"择优"方法有它可取之处, 并非绝对不可用. 但在众多的观测值之中, 有足够充分的根据鉴别出"最好"观测值, 谈何容易. 当然, 取平均会受到"坏"的观测值的干扰. 所以我们应尽可能地去掉"坏"的、异常的观测值. 而剩下来的一些观测值, 按现在的术语, 它们是独立同分布的. 对于这些独立同分布的观测值, 免不了取平均, 因为我们难以有足够充分的根据鉴定其"优"和"劣". 不知道辛普森是否知道伽利略关于误差提出的三点设想, 而辛普森给出的那个特定的误差分布却符合伽利略的设想. 辛普森假定误差 e 仅取 0, ± 1, $\cdots$, ± 5 这 11 个值, 误差 e 取 0 的概率最大, 等于 $6/36 = 1/6$, 然后在 0 的两边依比例下降, 从 $5/36$, $4/36$ 下降到 $1/36$, 直至 ± 6 处概率为 0, 见图 9.1. 辛普森假设对同一个未知量作了 5 次观察, 其误差分别记为 e_1, e_2, $\cdots$, e_5. 则对于这 5 个观测值的平均, 其误差为 $\bar{e} = (e_1 + e_2 + \cdots + e_5)/5$. 辛普森证明了,

$$P(|\bar{e}| \leqslant k) \geqslant P(|e_1| \leqslant k), \quad k > 0$$

这说明, 对于这个特定的误差分布而言, 相对于 e_1, $\bar{e}$ 更接近 0.

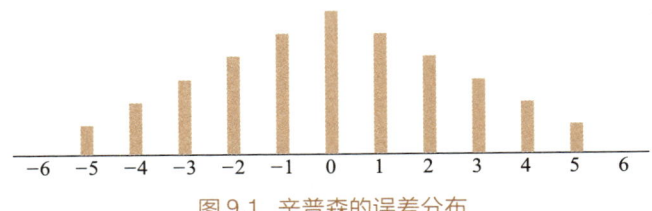

图 9.1　辛普森的误差分布

辛普森然后将图 9.1 中横轴上的分点无限加密, 其极限分布如图 9.2 所示. 使用图 9.1 所示的那种离散型分布的计算方法, 并无限加密令分点数趋于无穷, 辛普森同样证明了, 相比 e_1, $\bar{e}$ 的绝对值取小值的概率更大. 辛普森选择这样一个特例, 显然纯粹是

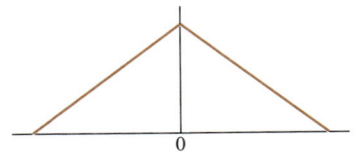

图 9.2　辛普森关于误差的极限分布

出于可以计算的缘由，并没有考虑实际背景. 辛普森这项工作的意义在于，这是首次在一个特定的误差分布的情况下，定量地证明了算术平均的优良性. 此外，伽利略与辛普森排除了未知的真值，仅考虑误差，从而简化了误差问题，这有重大的意义. 同辛普森的想法一致，大数学家拉格朗日同样出于可以计算的缘由，考察了一些特定的离散与连续的误差分布，从而说明取平均方法的有效性.

9.4　拉普拉斯与拉普拉斯分布

　　辛普森与拉格朗日首先假定一种误差分布，然后去证明平均值的优良性. 大数学家拉普拉斯与他们不同，他于 1772 年直奔主题，考虑误差论的基本问题：误差应该取什么分布. 根据伽利略的关于测量误差的三点设想，拉普拉斯认为误差的密度地 $f(x)$ 应是对称的，$f(x)=f(-x)$，且当 $x\geqslant 0$ 时误差的密度 $f(x)$ 应是下降的，故 $f(x)$ 的下降率（一阶导数）$f'(x)$ 应小于 0. 拉普拉斯认为当 $x\geqslant 0$ 时，随着 x 越来越大，$f(x)$ 就越来越平缓. 这说明当 $x\geqslant 0$ 时，$-f'(x)$ 随着 x 的增大而减少. 考虑到 $f(x)$ 也随着 x 的增大而减少，因而拉普拉斯假定，在随着 x 的增大而减少的过程中，$-f'(x)$ 与 $f(x)$ 与保持着恒定的比例，

$$-f'(x)=\lambda\cdot f(x),\ x\geqslant 0$$

其中 $\lambda>0$ 是个恒定的常数. 解此微分方程，得解

$$f(x)=c\cdot \mathrm{e}^{-\lambda x},\ x\geqslant 0$$

其中 $c>0$ 是个待定的常数. 由于 $f(x)$ 是对称函数，及 $\int_{-\infty}^{\infty}f(x)\,\mathrm{d}x=1$，得 $c=\lambda/2$. 从而拉普拉斯推得误差的密度为

$$f(x)=\frac{\lambda}{2}\cdot \mathrm{e}^{-\lambda|x|},\ -\infty<x<\infty \tag{9.1}$$

其密度曲线如图 9.3 所示. 拉普拉斯经数学推导得到的这个误差分布，由于没有测量的实际背景，在之后误差的理论与应用研究中没有什么意义. 但这个分布却以拉普拉斯分

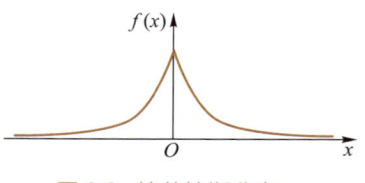

图 9.3　拉普拉斯分布

第九章　高斯及正态分布的引入历程

布的名称流传至今. 这个分布又称为二重指数分布(double exponential distribution).

1772 年拉普拉斯还考虑了如何估计未知量 θ 的问题. 测量未知量 θ, 得到的是测量值, 而不是它的误差. 误差是无法直接测量的. 由式(9.1)误差的密度 $f(x)$, 拉普拉斯取未知量 θ 的观测值 x 的密度为

$$f(x-\theta) = \frac{\lambda}{2}e^{-\lambda|x-\theta|}$$

关于由未知量 θ 的 n 个独立观测值 x_1, x_2, $\cdots$, x_n 估计 θ 的方法, 虽然现今人们熟知的有矩方法与极大似然方法, 但当时尚未问世. 拉普拉斯根据他的不充分推理原则(见第七章), 处理这个估计问题. n 个独立观测值 x_1, x_2, $\cdots$, x_n 的密度为

$$f(x_1-\theta)f(x_2-\theta)\cdots f(x_n-\theta)$$

按"同等无知"的假定, θ 随机取值, 它在 $-\infty$ 与 ∞ 之间取各种值的机会均等. 按现今的说法, 这是"广义先验均匀分布", 其密度等于 1. 按拉普拉斯的不充分推理原则, 原因"θ"使得 n 个独立观测值为 x_1, x_2, $\cdots$, x_n 的概率(即 θ 的后验分布)是

$$f(\theta|x_1, x_2, \cdots, x_n) = \frac{f(x_1-\theta)f(x_2-\theta)\cdots f(x_n-\theta)}{\int_{-\infty}^{\infty}f(x_1-\theta)f(x_2-\theta)\cdots f(x_n-\theta)\mathrm{d}\theta}$$

由这个概率去估计 θ, 拉普拉斯提出了两个原则. 拉普拉斯称第一个为"均概"原则: θ 在估计值 $\hat{\theta}$ 的左右两边的机会均等,

$$\int_{-\infty}^{\hat{\theta}}f(\theta|x_1, x_2, \cdots, x_n)\mathrm{d}\theta = \int_{\hat{\theta}}^{\infty}f(\theta|x_1, x_2, \cdots, x_n)\mathrm{d}\theta$$

另一个原则是绝对平均误差最小,

$$\int_{-\infty}^{\infty}|\hat{\theta}-\theta|f(\theta|x_1, x_2, \cdots, x_n)\mathrm{d}\theta$$

$$= \min_{-\infty<\varphi<\infty}\int_{-\infty}^{\infty}|\varphi-\theta|f(\theta|x_1, x_2, \cdots, x_n)\mathrm{d}\theta$$

拉普拉斯后来发现, 这两个原则等价, 由"均概"原则得到的估计 $\hat{\theta}$ 与由绝对平均误差最小的原则得到的完全相同. 但在由"均概"原则或由绝对平均误差最小的原则求解 $\hat{\theta}$ 时, 拉普拉斯遭遇到麻烦. 他仅考虑 $n=3$, 即仅有 3

个独立观测值 x_1，x_2，x_3 时如何估计 $\hat{\theta}$ 的问题．即使对于这样一个简单的情况，拉普拉斯得到的解的形式相当复杂，且内含一个待定常数．为确定这个待定常数，拉普拉斯最后得出一个非常复杂的方程．之后，他又给出误差的另一个密度形式，并花费大量的篇幅论证它的根据．从 1772 年到 1774 年，拉普拉斯长时间对误差分布的问题，以及与此相关联的由观测值估计未知量的问题进行了研究，极其勤奋，写了几十页的论证．但他自己也知道，所取得的研究成果并不能令人感到满意，计算过于曲折烦琐，不大可能有什么实际应用．拉普拉斯关于误差的研究，除了拉普拉斯分布，其他的都已过去，成了历史．借鉴拉普拉斯以及辛普森与伽利略等前人关于误差的研究，高斯终于在 1809 年出版的《天体运动理论》一书中，创造性地给出了这个问题的一个简洁明了的完满解决．

9.5 高斯

　　高斯是历史上最重要的数学家之一，享有"数学王子"之称．高斯一生成果极为丰硕，以"高斯"命名的成果据统计有 110 个之多．高斯是德国的骄傲，1989 年发行的 10 德国马克纸币，其正面印有高斯的肖像（见图 9.4 的右上图）．2002 年 1 月 1 日，欧元正式使用后，这种 10 德国马克纸币才停止流通．纸币上高斯头像的左边印有他导出的正态分布．二百多年来无论是理

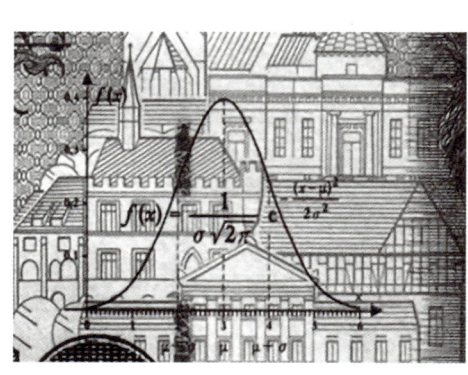

图 9.4　10 德国马克纸币

论研究还是实践应用，都充分说明了高斯的这项工作对人类文明的影响非常大．为此正态分布又称为高斯分布．图 9.4 的左图是纸币正面印有的正态分布密度函数和曲线图．

高斯，1777 年出生于德国中北部的布伦瑞克（Braunschweig）．他的父母都是普通平民．父亲因家里穷，不支持高斯读书，寄希望他将来成为园丁或泥瓦匠．高斯的母亲虽近似于文盲但性格坚强，聪明贤惠，鼎力支持高斯成才．"天才"的背后是母爱．高斯非常幸运，除了母亲，他还有一位慧眼识天才、富有幽默感的舅舅．他经常劝导姐夫让孩子继续学业，朝着学者的方向发展．舅舅常常生动活泼地开发高斯的智力．高斯上小学时，他快速求和（从 1 到 100 所有整数的和）的故事举世皆知．这一年，高斯 9 岁．出这道题的是数学老师巴特纳（Buttner）．孩子们很爱听他上课，因为他经常在课堂上讲一些非常有趣的东西．巴特纳老师极其赞赏高斯独到的计算方法，特意到汉堡买了算术书给高斯看．他还向校方推荐，使高斯得到免费教育的待遇．高斯幸有巴特纳这样的数学启蒙老师．当时巴特纳的助手，德国数学家和著名教师巴特尔斯（Bartels，1769—1836）年仅 17 岁．非欧几何的早期发现人之一，俄国著名数学家罗巴切夫斯基（Lobachevsky，1792—1856）是巴特尔斯的学生．在之后的岁月里，高斯与巴特尔斯建立了真诚的友谊，他们一起学习数学，互相帮助．在巴特尔斯等人的引荐下，14 岁的高斯受到布伦瑞克公爵费迪南德（Ferdinand，1735—1806）的召见．朴实、聪明但家境贫寒的高斯赢得了公爵的同情．自此之后，公爵便资助他的学习与生活．1792 年高斯入卡罗莱纳姆（Carolinum）学院（布伦瑞克工业大学的前身）学习．1795 年高斯入哥廷根大学学习．在他 19 岁时，竟然一夜之间解开了一道困扰了数学家两千多年、一直没有解决的世界难题，他成功地用圆规和无刻度直尺画出正十七边形．高斯将《正十七边形尺规作图之理论与方法》视为自己生平的得意之作，交代要把正十七边形刻在墓碑上．

高斯快速求和的故事，小学生懂得．而画正十七边形的故事，初中学生能理解．下面所说的，高中生能领略．德国数学家罗特（Rothe，约 1580—1617）于 1608 年首次提出代数基本定理：任何复系数一元 n（$n \geqslant 1$）次方程在复数域内至少有一根．由此可以推出，n 次复系数方程在复数域内有且只有 n 个根．代数基本定理的第一个证明是法国数学家达朗贝尔给出的，但其证明不完整. 接着欧拉也给出一个证明, 但有缺陷. 之后拉格朗日又重新证明. 经高斯分析, 他的证明仍不够严格. 1799 年, 高斯获得哥廷根大学博士学位, 他的博士论文给出了代数基本定理的第一个严格证明.

高斯的一生开辟了许多新的数学领域, 例如他于 1801 年出版的《算术研究》一书, 开辟了数论中完全崭新的 "代数数论" 领域. 1827 年他在《关于曲面的一般研究, 1827 和 1825 年》一书中, 创立了内蕴微分几何学, 开创了微分几何的新时代. 爱因斯坦曾评论说: "高斯对于近代物理学的发展, 尤其是对于相对论的数学基础所作的贡献(指曲面论), 其重要性是超越一切、无与伦比的." 高斯对于非欧几何、复变函数和矩阵理论等皆有贡献.

9.6 天文学家与物理学家高斯

高斯在天文学领域也做出了贡献, 其中广为人知的是他算出来的矮行星的故事. 1772 年德国天文学家波德(Bode, 1747—1826)预测, 在火星和木星之间还有一颗星. 但经几十年的搜索, 什么也没有发现. 直到 1801 年 1 月 1 日晚上, 意大利天文学家皮亚齐(Piazzi, 1746—1826)在此位置发现了一颗新的星. 在之后连续三个晚上的观测中这颗星不断变动着位置. 当皮亚齐想进一步观察它时, 他病倒了. 等到他恢复健康, 这颗星已不知去向. 克瑞斯(Ceres)是希腊神话中的丰收女神, 拉丁语中谷物一词来源于她. 皮亚齐以丰收女神之名对这颗星命名, 称它为谷神星. 当时天文学家对于皮亚齐的这一发现议论纷纷, 有的认为皮亚齐是正确的, 这是颗行星, 而有的认为这可能是一颗彗星. 几个月过去了, 谷神星始终没有找到, 人们的争论也未见分晓. 关于这场争论, 高斯考虑到, 既然观察发现不了, 可不可以用数学的方法找到它. 之前, 欧拉曾有一个行星轨道的计算方法. 但这个方法太麻烦了. 在前人已有的基础上, 高斯艰苦地运算着, 终于创立了崭新的行星轨道的计算方法. 根据皮亚齐三个晚上的观察资料, 高斯用 1 h 就算出了谷神星的轨道形状, 并指出它将于何时出现在哪一片天空. 1801 年 12 月 31 日晚上, 在高斯预言的时间与那片天空区域, 隐藏了整整一年的谷神星, 奇迹般地又一次出现了. 事实上, 在火星和木星之间存在着一个所谓的小行星带, 除了谷神星还有其他的小行星, 而谷神星是其中仅有的一颗矮行星. 高斯将这个算出谷神星的方法发表在他 1809 年的著作《天体运动理论》一书中.

19 世纪 30 年代高斯转向研究物理学. 他在物理学, 尤其是电磁学方面也有贡献. 高斯于 1832 年发表地磁理论的经典论文, 提出了测定地磁强度的标准. 高斯和比他年轻 27 岁的德国物理学家韦伯(Weber, 1804—1891)亦师亦友, 与他合作研究电磁学. 他和韦伯一起发明了磁强计, 并建立了磁观测站, 是当时研究地磁倾角变化的中心. 他们画出了世界第一张地球磁场图, 定出地球磁南极和磁北极的位置. 为纪念他们, 磁学中磁场强度与磁通量分别用"高斯"与"韦伯"作为单位. 1833 年, 他们在哥廷根市上空搭建了两条铜线, 通过受电磁影响的罗盘指针(世界上第一台电磁电报机), 实现了从物理研究所到天文台的距离约 1.5 km 的电报通信. 尽管线路不长, 可这是世界上第一个电话电报系统.

9.7 高斯是大地测量学家

高斯是数学家、天文学家和物理学家. 同时, 他也是大地测量学家. 高斯所处的年代很少有数学家像他那样, 既对纯数学有敏锐而深刻的洞察力, 又极其重视数学的实际应用. 1818 至 1826 年间高斯受邀主持汉诺威公国(现今德国下萨克森州及其南部各州的地区)的大地测量. 为此他走出书斋在崎岖不平的山地工作, 且迫不得已必须和市政官员沟通. 这次测量与之前已由他人完成的丹麦与德国北部的两次大地测量的结果结合在一起, 所进行的研究直到 1848 年方才结束. 结果发表时, 足足有 16 卷之多.

这项大地测量工程幸有高斯主持, 经他在理论上仔细推敲, 观察力求合理精确, 数据处理尽量周密细致, 工程得以圆满完成. 高斯通过这项工程, 写出了近 20 篇论文. 他所取得的这些研究成果, 直到现在仍对大地测量有应用价值. 以最小二乘法为基础的测量平差是高斯在这次大地测量中首次应用的, 从而显著地提高了测量的精度. 之后经不断地实践, 不断地完善, 测量平差已发展成为测绘学中很重要的基础理论和数据处理技术之一. 地球是个椭球. 通过什么方法可将地球椭球面上的图形绘制到平面上去呢? 基于此, 在这次大地测量期间, 高斯对曲面和投影理论进行了研究, 所取得的成果成了微分几何的重要理论基础. 他提出的投影过程是一种等角投影. 之后经德国大地测量学家克吕格(Krüger, 1857—1928)加以补充完善, 这种等角投影称为"高斯-克吕格投影", 简称"高斯投影". 这种投影的理论与方法至今仍有很大的应用价值.

广泛应用于大地测量、航海的六分仪, 其原理是牛顿首先提出的, 发明时间是 1730 年. 出于汉诺威公国大地测量的实际应用的需要与兴趣, 高斯发明了日光反射仪, 并不止一次地改进原先设计的六分仪, 试制成功了直到现在仍广泛应用于大地测量、航海的六分仪. 10 德国马克纸币的反面印有高斯改进了的六分仪(见图 9.4 的右下图). 20 世纪 40 年代, 虽然出现了各种无线电定位法, 但六分仪仍在广泛应用.

9.8　高斯引入正态分布

在高斯 1809 年的著作《天体运动理论》一书的末尾, 有一节讨论"数据组合(data combination)", 其实就是讨论确定误差分布的问题. 高斯对于概率统计最有价值的贡献就来自于这一节. 关于测量误差问题, 拉普拉斯首先考虑误差应该取什么分布, 然后根据这个分布考虑如何估计未知量 θ 的问题. 而高斯与之恰恰相反, 首先考虑估计未知量 θ 的问题. 设有 n 个独立观察值 x_1, x_2, $\cdots$, x_n. 高斯记它们概率(密度)为

$$L(\theta) = L(\theta; x_1, x_2, \cdots, x_n) = f(x_1 - \theta)f(x_2 - \theta)\cdots f(x_n - \theta)$$

其中 f 表示误差的密度, 待定. 同拉普拉斯一样, 高斯根据伽利略的关于测量误差的三点设想, 认为 $f(x)$ 应是对称的, $f(x) = f(-x)$, 且在 $x \geqslant 0$ 时误差密度 $f(x)$ 应是下降的. 拉普拉斯根据他的不充分推理原则去估计未知量 θ. 而高斯与之不同, 直接取使得 $L(\theta)$ 达到最大的 $\hat{\theta} = \hat{\theta}(x_1, x_2, \cdots, x_n)$ 作为 θ 的估计. 而这就是如今任意一本统计教科书都会讲授的, 似然函数 $L(\theta)$ 与 θ 的极大似然估计 $\hat{\theta}$ 的概念. 这些概念直到 1912 年才由英国著名现代统计学家费希尔明确提出. 而它的思想可追溯到一百多年前高斯的《天体运动理

论》一书. 高斯另一高妙之处就在于，他倒过来看问题，首先认为平均数 $\bar{x} = \sum_{i=1}^{n} x_i / n$ 是 θ 的估计，然后去寻找误差密度 f. 什么样的误差密度 f 可使得在 $\theta = \bar{x}$ 时 $L(\theta)$ 达到最大？高斯证明了（见参考文献[1]第五章的注 2），只有在误差密度

$$f(x) = \frac{1}{\sqrt{2\pi}\,\sigma} e^{-\frac{x^2}{2\sigma^2}}$$

即误差服从正态分布 $N(0, \sigma^2)$ 时才有可能. 由此得观测值的分布为正态分布 $N(\theta, \sigma^2)$，其密度为

$$\frac{1}{\sqrt{2\pi}\,\sigma} e^{-\frac{(x-\theta)^2}{2\sigma^2}}$$

高斯所主持汉诺威公国的大地测量是大地测量史上一项巨大工程. 尽管那个时候测量的条件并不发达，但高斯他们布设了大规模的大地控制网，精确地定出了 2 578 个三角点的大地坐标. 高斯亲自去野外测量. 他白天测量，夜晚计算. 经他计算过的大地测量数据超过 100 万个. 地球是椭球，因而地球上两点之间的距离，并不是它们的直线距离. 当这两点相距不远时，这两个距离的差异可忽略不计. 但对于相距很远的两点，必须考虑它们之间的差异. 显然，它们的差异程度与地球的弯曲程度有关. 地球曲率用来表示地球的弯曲程度. 高斯日复一日地进行着一次又一次的地质测量，积累了大量的测量数据，得到了一个又一个例如地球曲率的估计值. 这些估计值大小各异，看似杂乱无章，但随着观测值数目的增加，它们慢慢地呈现出一种趋势，越来越多的观测值群集在某个中心点的周围，而这个中心点就是所有观测值的平均. 观测值在平均值的两边对称地分布着. 估计值越多，图像就越像第六章棣莫弗于 1733 年所描述的钟形对称曲线. 高斯 1809 年在《天体运动理论》一书中导入的正态分布与建立的正态误差理论，在大地测量数据分析的实践中得到了有力的佐证.

高斯提出误差正态分布，很快就被人们接受. 拉普拉斯得知高斯发现正态分布之后感到很高兴，舍弃了自己提出的误差拉普拉斯分布的想法，并且用中心极限定理为高斯提出的正态分布给出了一个很自然合理、令人大为折服的解释. 拉普拉斯在 1810 年发表的一篇文章中特意指出，误差可看成许

多微小量的叠加，于是根据他的中心极限定理，误差理应是正态分布．高斯提出了正态分布，而拉普拉斯不仅舍弃了自己提出的分布，而且为确立正态分布在概率统计中的重要地位做出了极其重要的贡献．这是概率统计发展历史上的一段佳话．

9.9　最小二乘法的正态误差理论

基于高斯的正态误差理论，很容易给出最小二乘法的一种解释．假设根据某个理论，$k+1$ 个可观察的量 $(y, x_1, x_2, \cdots, x_k)$ 与 k 个未知量 $(\theta_1, \theta_2, \cdots, \theta_k)$ 有线性关系

$$y = x_1\theta_1 + x_2\theta_2 + \cdots + x_k\theta_k$$

假设有 n 组观察数据 $(y_i, x_{i1}, x_{i2}, \cdots, x_{ik})$, $i=1, 2, \cdots, n$．因为有观察误差，所以 $y_i = x_{i1}\theta_1 + x_{i2}\theta_2 + \cdots + x_{ik}\theta_k$ 实际上并不成立．记它们之间的误差为 $e_i = y_i - (x_{i1}\theta_1 + x_{i2}\theta_2 + \cdots + x_{ik}\theta_k)$．则由误差正态分布知，$(e_1, e_2, \cdots, e_n)$ 的概率（密度）为

$$L(\theta_1, \theta_2, \cdots, \theta_k) = \left(\frac{1}{\sqrt{2\pi}\,\sigma}\right)^n e^{-\frac{\sum_{i=1}^{n}[y_i - (x_{i1}\theta_1 + x_{i2}\theta_2 + \cdots + x_{ik}\theta_k)]^2}{2\sigma^2}}$$

显然，使得 $L(\theta_1, \theta_2, \cdots, \theta_k)$ 达到最大的 $(\hat{\theta}_1, \hat{\theta}_2, \cdots, \hat{\theta}_k)$，使得平方和 $\sum_{i=1}^{n}[y_i - (x_{i1}\theta_1 + x_{i2}\theta_2 + \cdots + x_{ik}\theta_k)]^2$ 达到最小．反之亦然．由此可见，使得 $L(\theta_1, \theta_2, \cdots, \theta_k)$ 达到最大的 $(\hat{\theta}_1, \hat{\theta}_2, \cdots, \hat{\theta}_k)$ 就是最小二乘估计．高斯的这些有关概率统计的工作意义深远．他导入的正态分布推动了人类文明的发展，他建立的最小二乘法的正态误差理论，使得勒让德于 1805 年发明的几乎默默无闻的最小二乘法广为人知，并一步步地渗入数据分析的各个领域．

9.10　高斯与非欧几何

高斯早就怀疑欧氏几何的平行公设，发现了"非欧几何"原理，但他没

有发表. 可能是因为高斯通常发表他认为基础完备、已经成熟的理论，也可能是出于他对同时代的人们不能理解这种超常理论的担忧，怕遭遇冷淡甚至蔑视. 高斯试图在这项大地测量中验证非欧几何的正确性. 他在现今德国的萨克森-安哈尔特(Sachsen-Anhalt)州、图林根(Thüringen)州与下萨克森州各选一个山头. 测量由这三个山头所构成的(球面)三角形的内角和，以证明非欧几何的存在，但未获成功. 匈牙利数学家、诗人、剧作家 F. 波尔约(Farkas Bolyai，1775—1856)是高斯的密友. F. 波尔约将他儿子——匈牙利数学家 J. 波尔约(János Bolyai，1802—1860)于 1823 年写就的《绝对空间的科学》论文给高斯看. J. 波尔约的这篇论文内容是关于一个完整的、无矛盾的非欧几何系统的. 高斯对于他证明非欧几何的存在这种勇于探索的精神大加赞赏，但也告诉他，论文中的大部分工作自己已经做了. 尽管高斯没有要求发现的优先权，但其对发表非欧几何原理的担忧，使得 J. 波尔约没有足够的勇气发表他的论文. 1832 年，该论文仅作为附录发表在他父亲 F. 波尔约的著作《将好学青年引入纯粹数学原理的尝试》一书中，也没有得到大家的重视. 继高斯和 J.波尔约之后，罗巴切夫斯基先后于 1826 与 1829 年公开宣读与发表他的非欧几何的两篇论文，但遭学术界权威们的恼怒与反对. 1840 年罗巴切夫斯基用德文写了《平行线理论的几何研究》一文. 高斯看到这篇论文后，高度称赞罗巴切夫斯基是"俄国最卓越的数学家之一"，积极推选其为哥廷根皇家科学院院士. 很遗憾，他并没有公开评论过罗巴切夫斯基的非欧几何的研究工作. 历史是公允的，在罗巴切夫斯基去世 12 年后，意大利数学家贝尔特拉米(Beltrami，1835—1899)于 1868 年发表论文《非欧几何解释的尝试》，证明非欧几何可以在欧氏空间的曲面上实现. 自此之后，非欧几何才逐渐被广泛认同. 近 100 年后，相对论证明了宇宙空间实际上是非欧几何空间，高斯、J. 波尔约和罗巴切夫斯基等开创的非欧几何的思想被物理学接受了. 人们更是赞誉罗巴切夫斯基为"几何学中的哥白尼".

9.11 凯特勒与社会性问题中的正态分布

　　高斯引入的正态分布很快就被大家接受，迅速应用于测量误差分析. 但当时人们普遍认为，这个误差的规律未必能适用于其他的数据．著名比利时统计学家凯特勒（Quetelet，1796—1874）痴迷正态分布，他倡导并身体力行地推广了误差的正态分布规律，将正态分布用于社会性问题的研究．高斯他们所研究的测量例如天文测量，其误差往往是指对同一个对象（例如天体）作重复测量时所产生的误差．而社会性问题的测量基本上是指，对同一类的一些个体中的每一个个体都作测量，这些测量值互不相同，大小各异．凯特勒研究人类的生理体征，例如胸围、体重与身高等数据有无规律．他在 1846 年出版的著作《关于应用于道德科学、政治科学的概率论的书简》中，详细介绍了他根据爱丁堡医药杂志上一组来自 5 738 名苏格兰士兵的胸围数据（见表 9.1），如何别出心裁地研究苏格兰士兵胸围的分布．为了更形象地发现苏格兰士兵胸围的规律，我们在图 9.5 中制作了这批数据的分布图．

表 9.1 苏格兰士兵的胸围数据

胸围/英寸	人数	胸围/英寸	人数	胸围/英寸	人数	胸围/英寸	人数
33	3	37	420	41	934	45	50
34	18	38	749	42	658	46	21
35	81	39	1 073	43	370	47	4
36	185	40	1 079	44	92	48	1

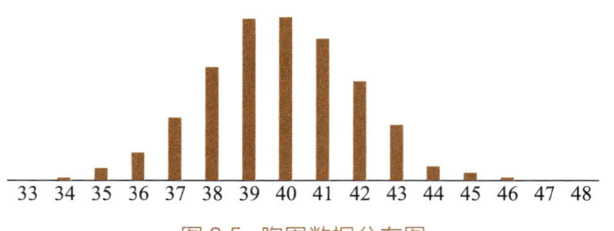

33 34 35 36 37 38 39 40 41 42 43 44 45 46 47 48

图 9.5 胸围数据分布图

由表 9.1 及图 9.5 中的数据与图示，可直观地看到苏格兰士兵的胸围与正态分布甚为拟合．凯特勒发明了一个方法，用以量化地判断数据是否拟合正态分布．凯特勒的这个方法辗转反复，过于曲折烦琐，现已无人过问，成了历史．参考文献[1]第六章 6.4 节有凯特勒方法的详细介绍．现今我们会根据 χ^2 拟合优度检验，或根据次序统计量的小样本 W 检验和大样本 D 检验，判断数据的正态性. 尽管凯特勒发明的方法已成了历史, 但将正态分布的应用拓广到社会统计学研究领域, 仍是凯特勒的功绩.

　　早期统计学称为"国势学", 主要研究"国家的形势", 记述国情, 静态地研究社会现象. 凯特勒认为统计学还要动态地研究社会现象. 他认为社会现象背后有其规律性, 这种规律性是社会内在固有的, 而不是"神定秩序". 他主张为揭示社会现象的统计规律性, 必须把统计学与概率论结合在一起. 凯特勒发现例如对于社会犯罪现象, 从个体来说, 它是偶然发生的; 从整体来说, 虽看似杂乱无章, 但实际上根据大数定律, 它也具有一定的规律性. 凯特勒根据英国、法国与俄国等的统计资料, 经统计分析发现, 倘若连续观察几年的犯罪, 如凶杀案件、行凶方法、犯罪形式和判罪比例等的数目, 就可以看出, 这些数字逐年都在某一范围内变动, 呈一定的规律性. 凯特勒于 1835 年出版的著作《论人及其才能的发展》(再版时改名为《社会物理学》) 中, 由正态分布塑造了一个"普通人 (average man)"的形象. 他的这个创新性的提法, 出乎公众的想象力, 极大地提升了凯特勒的声望. 设 A是具有某种特性的一个人群, 例如苏格兰士兵人群. 凯特勒说的普通人, 就是这个人群 A 的一个平均先生 (或平均女士). 据表 9.1 算得这 5 738 名苏格兰士兵的平均胸围为 39.83 英寸. 这是人类第一次算得的自身特征的平均值. 按凯特勒的说法, 这是苏格兰普通士兵, 也就是"苏格兰的真正战士, 乃至人类心目中的真正战士"的胸围标准尺寸. 按照这个真正战士的胸围、身高、体重和肤色等的标准尺寸所雕塑的战士, 凯特勒将其比喻为"角斗士的雕像", 也就是"平均标准人". 不过, 现实社会中各个人体特征都符合平均标准的人少之又少. 例如美国军方为设计飞机驾驶舱座椅曾测量了四千多名飞行员的十个生理体征的数据, 计算出空军飞行员的这十个生理体征的平均标准尺寸. 将那四千多名飞行员的数据和这十个平均标准尺寸进行对比, 即使差距在 30% 之内的都算作符合标准, 竟然在四千多名飞行员中没有一个人符合标准尺寸. 之后美国军方当机立断, 取消了按标准尺寸设计驾驶舱座椅的方案, 改为驾驶舱的座椅可调节. 由此看来, 针对一个人群设计的"标准模型", 可能只有统计学上的意义. 它在整体上是正确的, 但在评价一个独立的个体时, 很可能是错的. 然而凯特勒的这个"普通人"的想法给后世以深刻的影响. "60 分"是及格分的做法以及标准化考试无不与他的这个想法有关. 现今通用的衡量人体胖瘦程度的一个标准——体重指数 BMI (body mass index, 即用体重(kg)除以身高(m)的平方), 也是凯特勒首先提出的. 凯特勒的统计学家和社会学家的身份在国际科学界享有盛誉. 凯特勒去世 11 年后, 1885 年国际统计学会(International Statistical Institute, 简称 ISI)成立于英国伦敦. 但学会的筹备工作可追溯到 1851 年. 凯特勒积极筹备召开国际统计会议, 他是 1853 年在英国伦敦召开的第一届国际统计会议的主席. 凯特勒是 19 世纪最有影响的统计学家之一. 可能休伯教授认为, 他是一位社会统计学家, 所以在休伯描述统计发展历程的螺旋线(见第五章图 5.1)上没有凯特勒.

凯特勒的测量, 正如当代统计学家、统计史学家、芝加哥大学教授施蒂格勒(Stephen Stigler)所言, "他检查不同月份、城市、温度、时间的出生率和死亡率……他在监狱和医院里调查不同年龄、职业、地区和季节的死亡率. 他考察……身高、体重、成长率和力量……并发现了有关酗酒、发疯、自杀和犯罪的统计数字". 凯特勒几乎每次都能发现钟形曲线. 几乎每个例子中, 观测值与均值的误差都会呈正态曲线形式的钟形对称分布. 凯特勒过度宣扬正态分布, 难怪英国统计学家埃奇沃思(Francis Ysidro Edgeworth, 1845—1926)以凯特勒(Quetelet)的名字编了一个词 "Quetelismus", 用来描述当时的一种流行趋势, 在正态分布不存在或在并不真正满足正态分布所需要条件的地方, 竟然发现了正态分布. 显然, 这种现象不利于人们对问题的深入研究. 国际著名的英国统计学家卡尔·皮尔逊提出的皮尔逊分布族, 破除了 "社会现象都接近正态分布" 的传统观念, 是统计发展历史上的一个重大突破. 皮尔逊分布族是连续型分布族. 它很大, 有 12 种类型, 既包括正态分布和 t 分布等对称分布, 还包括 χ^2, β, F, 幂函数和指数分布等有广泛实际应用的偏态分布.

9.12　后记

纵观高斯一生, 他为探求科学真理奋斗到生命最后一刻, 为数学、天文学、物理学、大地测量学和概率统计学等科学技术开创了崭新的理论, 为人类文明建设做出了巨大的贡献. 德国慕尼黑的博物馆有一幅高斯的画像，底下几行字写道：“他的思想深入数学、空间、自然的最深秘密，他测量星星的路径、地球的形状和自然力，他推动了下个世纪的数学进展.”

本章最后引用法国数学家庞加莱（Jules Henri Poincaré，1854—1912）关于正态分布（高斯定律）说过的很有意思的一段话作为结束. 庞加莱说：物理学家认为高斯定律已经在数学中得到了证明，而数学家则认为它是在物理实验中建立起来的（Physicists believe that the Gaussian law has been proved in mathematics，while mathematicians think that it was experimentally established in physics）.

本章参考文献

这一章参考了书末文献[1]与[2].

第十章
泊松与泊松分布

法国著名数学家和物理学家泊松(见图 10.1),概率统计领域有许多名词以他的名字命名,如泊松分布、泊松大数定律、泊松回归(又称对数回归)与泊松过程(又称泊松流)等. 在数学中以泊松命名的有泊松积分公式、泊松方程、泊松级数、泊松-雅可比(Carl Gustav Jacob Jacobi, 德国数学家, 1804—1851)变换、泊松核、泊松括号、泊松稳定性、泊松求和法与泊松代数等. 在物理学中以泊松命名的有(重磁异常的对应分析的)泊松定理、(反映材料横向变形的)泊松比与(光的衍射而产生的一种光学现象)泊松斑等. 其中泊松斑也称阿拉戈(见第六章)斑,它的发现富有戏剧性.

图 10.1 泊松

10.1 泊松斑

第三章提及的科学家争辩了很久的,关于光是微粒还是波的问题,最早是笛卡儿假设光的波动性质. 然而法国科学家伽桑狄(Gassendi, 1592—

1655）提出了光粒子假设．伽桑狄的这一假设引起了牛顿的兴趣．1675 年牛顿在他的《解释光属性的假设》一文中说，光是由光源向四面八方发射的微粒组成．1678 年惠更斯在法国科学院的演讲和 1690 年在他发布的《光论》一书中论述了光的波动说，反对牛顿的光的微粒说．1704 年牛顿在他发布的《光学》一书中，驳斥了波动说．光的微粒说与波动说的论战，前后共经历了两百多年的时间．因牛顿的权威，光的粒子理论在开始的近百年时间始终占据上风，人们对光的认识几乎停滞不前．牛顿的《光学》一书发布的百年之后，英国医生、物理学家托马斯·杨（Thomas Young，1773—1829）与法国铁路工程师、物理学家菲涅耳（Fresnel，1788—1827）向光的微粒说发起挑战．1807 年托马斯·杨做了著名的"杨氏双缝干涉实验"，展现了光的波动性特征，为光的波动说奠定了基础．这个著名的实验如今已进入中学物理课，但在当时并没有受到应有的重视，甚至被权威们讥讽为"荒唐"和"不合逻辑"．这个自牛顿以来物理光学的最重要的研究成果，被守旧舆论压制了近二十年．可贵的是，托马斯·杨并不屈服，他在一篇论文中说："尽管我仰慕牛顿的大名，但是我并不因此而认为他是万无一失的．我遗憾地看到，他也会弄错，而他的权威有时甚至可能阻碍科学的进步．"托马斯·杨在物理光学领域的研究具有开拓意义．除了光的干涉实验，他还提出颜色是由光波波长不同所导致的．他最早测量了 7 种光的波长，最先建立了"三原色原理"，指出色彩可以通过红、绿、蓝这三种原色按照不同的比例合成产生．托马斯·杨对弹性力学也有重要贡献，后人为纪念他，把纵向弹性模量称为杨氏模量．

1678 年惠更斯提出了"惠更斯原理"．借助这一原理，他解释了光的直线与球面传播，推导出光的反射与折射定律．1814 年菲涅耳致力于光的衍射现象的研究．他发现惠更斯原理并不能解释光的衍射效应．于是他将惠更斯原理加以推广，从而得到了著名的"惠更斯-菲涅耳原理"．这个原理能很好地解释光波的衍射现象．1818 年菲涅耳向法国科学院提交了论文，阐述光波的衍射效应．为此，学院成立了一个评委会．评委会成员有波动说的支持者阿拉戈，有波动说的反对者泊松、拉普拉斯和毕奥（见第六章），还有一中立者盖吕萨克（Gay-Lussac，法国化学家，1778—1850）．反对光的波动说的泊松认为，倘若菲涅尔的光波衍射效应的理论为真，就违背人的常识，难道光能穿过障碍物到达光屏？泊松说，放置一块不透明的圆片在光束的传播路径上，则按光波衍射效应就应看到一个很奇怪的现象，光能穿过圆片，在离圆片一定距离的地方，圆片阴影的中央会出现一个亮点．泊松还说，反之若用圆孔做实验，则光穿过圆孔到达光屏，但应在光屏中心有一暗斑．泊松认为，亮点或暗斑绝不可能出现．据此他认为，波动理论已被他驳倒了．菲涅耳与阿拉戈接受泊松的挑战．菲涅耳经严密的数学计算发现，只有当这个圆片或圆孔很小，且在离圆片或圆孔一定距离的地方，亮点或暗斑才比较明显．菲涅耳与阿拉戈精心设计了一个实验，确认了这一亮点或暗斑的存在．这个令人难以相信、过去未曾有人见到过的现象，泊松原把它当作谬误提出来，用来驳倒波动说，但却反过来，成了支持波动说的强有力的证据．后人为纪念这一极具戏剧性的事实，就把衍射光斑中央出现的亮点(或暗斑)称为泊松斑，也称阿拉戈斑．

10.2　泊松分布

泊松晚年热衷于将概率论用到法庭审判上．1837 年他出版了专著《关于刑事案件和民事案件审判的概率之研究》．这其实是一本以司法应用为例的概率课本．这本专著德文版的书名《概率论及其重要应用》与内容更为切合．第六章的棣莫弗-拉普拉斯极限定理说，二项分布 $b(n, p)$ 可以用正态分布 $N(np, npq)$ 逼近，其中 $q=1-p$．当 $p=q=1/2$ 时，逼近的误差最小．而当 p 离 1/2 越远，即当 p 或 q 越小时，误差就越大．显然当 $p=0$，$q=1$ 与 $p=1$，$q=0$ 时定理不再适用．所以这就有了一个问题，如何寻找一个当 p 或 q 很小时适用的逼近公式？泊松发现了这个公式．泊松在他 1837 年出版的这本专著中，从二项分布的极限推导出了日后广为人知的以他为名的泊松分布 $P(\lambda)$．虽然泊松给出了这样的概率分布，但书中并没有讨论这种分布的性质．三年之后，1840 年泊松还没来得及深入研究他自己推导出的这个分布，就与世长辞了．

波兰裔学者博特克维奇（Ladislaus von Bortkiewicz, 1868—1931）出生于俄国圣彼得堡，毕业于德国哥廷根大学，先后在法国斯特拉斯堡（Strasbourg）大学与德国柏林大学（即现今的柏林洪堡大学）工作. 博特克维奇从事理论经济、概率统计和放射学的科学研究. 他是个跨学科的学者. 在概率统计领域，他最为著名的一项工作就是关于那时几乎不为人知的泊松分布研究. 当时他接受了一项任务，调查 1875 到 1894 年的 20 年间普鲁士军队士兵偶然被马踢伤致死的人数. 普鲁士军队共有 14 个军团. 博特克维奇以"军团年"为单位，20 年间共有 14×20＝280 个（军团年）. 这 280 个（军团年）的死亡记录见表 10.1.

表 10.1 1875 至 1894 年间 14 个军团每年被马踢死的士兵人数

军团		T1	T2	T3	T4	T5	T6	T7	T8	T9	T10	T11	T12	T13	T14
	1875	0	0	0	0	0	0	0	1	1	0	0	0	1	0
	1876	2	0	0	0	1	0	0	0	0	0	0	0	1	1
	1877	2	0	0	0	0	0	1	1	0	0	1	0	2	0
	1878	1	2	2	1	1	0	0	0	0	0	1	0	1	0
	1879	0	0	0	1	1	2	2	0	1	0	0	2	1	0
	1880	0	3	2	1	1	1	0	0	0	2	1	4	3	0
	1881	1	0	0	2	1	0	0	1	0	1	0	0	0	0
年份	1882	1	2	0	0	0	1	0	1	1	2	1	4	1
	1883	0	0	1	2	0	1	2	1	0	1	0	3	0	0
	1884	3	0	1	0	0	0	1	0	0	2	0	1	1
	1885	0	0	0	0	0	0	1	0	0	0	1	0	1
	1886	2	1	0	0	1	1	1	0	0	1	0	3	0
	1887	1	1	2	1	0	0	3	2	1	1	0	1	2	0
	1888	0	1	1	0	0	1	1	0	0	0	0	1	0
	1889	0	0	1	1	0	1	1	0	0	1	2	0	2	0

军团		T1	T2	T3	T4	T5	T6	T7	T8	T9	T10	T11	T12	T13	T14
年份	1890	1	2	0	2	0	1	1	2	0	2	1	1	2	2
	1891	0	0	0	1	1	1	0	1	1	0	3	3	1	0
	1892	1	3	2	0	1	1	3	0	1	1	0	1	1	0
	1893	0	1	0	0	0	1	0	2	0	0	1	3	0	0
	1894	1	0	0	0	0	0	0	0	1	0	1	1	0	0

　　依据表 10.1, 这 280 个军团年中, 每年被马踢死的人数与军团年的个数见表 10.2 的第 1 与第 2 行. 由此算得 20 年间普鲁士军队的 14 个军团共有 196 个士兵被马踢死. 所以一个军团年被马踢死的士兵的平均人数 $\lambda = 196/280 = 0.7$. 显然, 一个军团年被马踢死的士兵人数遵循二项分布 $b(n, p)$, 其中 n 是普鲁士军队一个军团的士兵人数, p 是一个士兵在一年内被马踢死的概率. 古代欧洲一个军团大约有 6 000 士兵, 由此可见, n 很大. 据上所述, 一个军团年被马踢死的士兵的平均人数 $\lambda = 0.7$. 由此算得 p 大致等于 $0.7/n$. p 是一个非常小的数字. 博特克维奇由此联想到泊松在 1837 年从二项分布的极限到泊松分布的推导, 他认为一个军团年被马踢死的士兵人数遵循泊松分布 $P(\lambda)$, 其中 $\lambda = 0.7$. 用这个泊松分布拟合, 得到的 280 个军团年有 k 个士兵被马踢死的人数估计为

$$280 \cdot P(k; 0.7) = 280 \cdot \frac{0.7^k}{k!} \cdot e^{-0.7}, \quad k = 0, \ 1, \ 2, \ \cdots$$

泊松分布拟合见表 10.2 的第三行. 它与第二行的观察数据相当吻合. 如用二项分布 $b(n, p)$ 拟合, 取 $n = 6\ 000$, $p = 0.7/n = 0.000\ 117$, 得到的 280 个军团年有 k 个士兵被马踢死的人数估计为

$$280 \cdot b(k; 6\ 000, 0.000\ 117)$$

$$= 280 \cdot C_{6\ 000}^k 0.000\ 117^k 0.999\ 883^{6\ 000-k}, \quad k = 0, \ 1, \ 2, \ \cdots$$

二项分布拟合见表 10.2 的第四行. 它等同于第三行的泊松分布拟合. 这反过来也说明了, 泊松导出的泊松分布妥帖稳当. 二项分布需要知道两个参数 n 和 p, 而泊松分布只需要知道一个参数 λ. 况且有的实际问题难以知道 n 和 p 的数值大小. 所以, 只要情况适宜, 我们就舍二项分布, 而取泊松分布拟合

数据. 在斯特拉斯堡大学时, 博特克维奇写了一本书《小数法则》. 书中他用上述这个至今仍被众人引用的普鲁士军队士兵被马踢死的例子, 说明数据拟合泊松分布的情况. 此外, 他还就有关自杀与意外伤害等实际发生的数据, 应用泊松分布去拟合的情况作了说明. 书中他不仅举例叙述泊松分布的应用, 还作了理论研究, 推导了泊松分布的许多性质. 泊松分布出自泊松, 但使它成为概率统计的一个广为人知、广泛应用的重要分布, 首推博特克维奇. 除《小数法则》, 博特克维奇还写了许多关于统计及包括放射物理等数据的数学处理的文章和书籍.

表 10.2 普鲁士军队士兵被马踢死的数据及其拟合

每年被马踢死的人数	0	1	2	3	4	≥5
军团年的个数	144	91	32	11	2	0
泊松分布拟合	139.0	97.3	34.1	8.0	1.4	0.2
二项分布拟合	139.0	97.3	34.1	8.0	1.4	0.2

10.4 阿贝与红细胞个数的计数分布

除了波兰裔学者博特克维奇, 德国光学家阿贝 (Ernst Karl Abbe, 1840—1905) 对于泊松分布的推广与应用也做出了极其重要的贡献. 说到阿贝, 那就不得不说现存最古老的光学产品制造商之一, 制造光学和工业测量仪器、医疗设备以及精密机械的一家德国企业——蔡司公司. 1846 年该公司创立于德国耶拿 (Jena) 市, 以其创立者、德国光学仪器企业家蔡司 (Carl Zeiss, 1816—1888) 的名字命名. 蔡司于 1866 年与阿贝合作. 蔡司和阿贝于 1882 年进一步与德国玻璃材料科学家肖特 (Otto Schott, 1851—1935) 合作. 他们三人相互信任, 不畏艰难, 共同开辟了蔡司公司光学产品制造的成功之路. 人们称他们是耶拿三杰. 当时的光学理论认为, 显微镜的分辨率是无限的, 减低光学镜头像差和提高放大倍数是设计优良显微镜的关键. 用小的孔径是减低光学镜头像差的一个简单办法. 于是蔡司公司生产了一批小孔径的显微镜, 但他们的光学镜头像差反而比以前生产的孔径较大的显微镜更高. 阿贝研究个中的原因，他于 1873 年提出了"阿贝显微镜衍射成像理论". 他从光的波动性以及由此而来的衍射现象，说明光学显微镜的成像过程. 此外，他还提出了光学显微镜分辨率的概念，给出"阿贝极限"：光学显微镜分辨率的极限，它大约等于光波波长的一半. 紫光是可见光中波长最短的，其波长约是 0.4 μm. 所以对于距离小于 0.2 μm 的两个点，光学显微镜是无法分辨出这是两个点的. 分辨距离等于 0.2 μm 的两个点，相当于放大 1 500 倍. 当然，之后发展的电子显微镜突破了光学显微镜的极限. 但由于电子显微镜要求样本切得非常薄，放在真空中观察，这就无法观察活的样本，限制了它的使用. 获得 2014 年诺贝尔化学奖的两位美国科学家和一位德国科学家，他们的超分辨率荧光显微技术，超越了阿贝极限，使光学显微镜步入纳米时代，让科学家能对活体细胞进行研究，对于理解生命过程和疾病发生机理有重要意义. 根据阿贝显微镜衍射成像理论，蔡司公司设计制造出高精度的显微镜. 为纪念阿贝，月球上的阿贝环形山就是以他的名字命名的. 1888 年蔡司逝世，阿贝成了公司的东主. 他有感于当时工人劳动的辛苦与待遇的苛刻，便在公司推行每天工作 8 h、有薪假期、有薪病假与退休金等制度. 阿贝是现代雇员保障制度的先导者. 阿贝用显微镜观察相同大小方格内红细胞的个数. 他用泊松分布计算红细胞数目. 自阿贝起，泊松分布被大量地用于计数的实际问题中，除了血细胞，还有细菌、闪光、交通事故及死亡、放射性物质发射出的粒子个数、单位体积空气中某种微粒的个数、某险种例如车险的索赔次数、某服务设施接待的人数、电话交换台接到的呼叫次数、在汽车站等候的乘客人数、机器出现的故障数与产品的缺陷数等，它们都可用泊松分布去拟合.

10.5 帕尔姆与电话业务问题中的泊松过程

如果考虑随着时间增长累计计数，例如电话交换台接到的累计呼叫次数，就构成一个泊松过程 $N(t)$. 一个时齐的泊松过程满足以下两个条件：第一个条件是独立增量，即在两个互斥（不重叠）的时间区间内所发生的事件的数目，是互相独立的随机变量；第二个条件是平稳性，即在时间区间

$(t, t+\tau]$ 内发生的事件的数目,仅依赖于时间的长度 τ,而与时间的起点 t 没有关系,它遵循泊松分布 $P(\lambda\tau)$,其中 λ 是个正常数. 显然,λ 等于每单位时间的平均事件数. 它通常被称为泊松过程的强度. 可以证明,对于这样的泊松过程而言,它还具有简单性,也就是在同一时间瞬间实际上不可能同时发生两个或更多个事件. 由此可知,发生至少一个事件的速率等于 λ,即

$$\lim_{\tau \to 0} \frac{1-w_0(\tau)}{\tau} = \lambda \tag{10.1}$$

其中 $w_k(\tau)$ 意为长度为 τ 的时间区间内有 k 个事件发生的概率. 故泊松过程的强度 λ 又称为抵达率. 反之,如果一计数过程,它是独立增量,具有平稳性和简单性,那它必是泊松过程 $P(\lambda\tau)$. 瑞典电气工程师和统计学家帕尔姆(Conny Palm,1907—1951)在电话业务问题的研究中运用了这一过程. 1925年他入读斯德哥尔摩皇家理工学院. 他在 1931 年完成了学业,但实际上直到 1940 年才通过电气工程的最后一门考试. 从 1931 到 1940 年的九年来,人们戏称他是永远的学生!然而,他并没有虚度这额外的九年学生岁月. 1940年之前,目前所知他写了七篇论文. 从 1934 年起,他就在电话领域工作,并于 1936 年加入全球最大的移动通信设备商、著名的瑞典爱立信(Ericsson)公司. 1937 年,他参加了瑞典数学家克拉默(Harald Cramér,1893—1985)在斯德哥尔摩大学的数理统计专题研讨会. 克拉默以他 1946 年的著作《统计学数学方法》而闻名统计界,学统计的往往是通过克拉默–劳(C. R. Rao)信息不等式而熟识他的. 在克拉默的研讨会期间,帕尔姆与威廉·费勒(见第三章)相识. 费勒是克罗地亚裔美籍数学家,20 世纪最伟大的概率学家之一. 费勒与帕尔姆的会晤是随机过程理论及其应用得到进一步发展的重要机遇. 费勒是研究概率论基础的学者,而帕尔姆是一个从事实践的电气工程师. 理论和实践相遇,找到了很多问题的解答. 克拉默说:"帕尔姆对概率论的观点提出了自己独特、成熟和清晰的看法." 费勒本人在 1950 年写道:"早在随机过程理论出现之前,人们就研究了电话交换机的等待时间和中继问题,这对随机过程理论的发展起了一个激励的作用. 尤其是帕尔姆多年来令人印象深刻的工作,业已被大家所引用." 帕尔姆之所以延迟九年才通过电气工程的最后一门考试,并不是由于课程太难,而是因为他对一些课程不感兴趣. 如上所述,他在学习阶段就专注于科学研究,显示了他的聪明才

智. 帕尔姆的老师出于对这个杰出但任达不拘的学生的关心, 而对他施加压力. 帕尔姆同意, 只有他通过了当月的一门课程考试, 爱立信公司给他的月薪才会发放给他. 帕尔姆通常在发薪日的前几天来找老师, 要求参加考试. 1943 年帕尔姆完成了他著名的博士论文《电话流量的强度波动》(*Intensity Fluctuations in Telephone Traffic*). 帕尔姆的这篇博士论文以对远程通信工程和排队理论的贡献而闻名. 论文对泊松过程及其在远程通信中的应用作了广泛而深入的研究, 对具有强度变化的业务量进行了专门的研究. 帕尔姆于1951 年去世. 在他生命的最后四年(1947—1951)中, 他负责一个项目, 这个项目制造出了瑞典第一台数字计算机, 名为 "BARK(树皮)". 在帕尔姆正忙着建造一台更大的计算机时, 疾病过早无情地夺走了他的生命, 年仅 44 岁.

帕尔姆 1943 年的博士论文认为呼叫强度 λ 并不是一成不变的, 它是时间的函数 $\lambda(t)$. 这也就是说, 电话业务量的过程实际上并不是平稳的, 长度为 τ 的时间区间 $(t, t+\tau]$ 内有 k 个事件发生的概率, 不仅与时间长度 τ 有关, 还与时间的起点 t 有关. 为此把长度为 τ 的时间区间 $(t, t+\tau]$ 内有 k 个事件发生的概率记为 $v_k(\tau, t)$. 显然, 此过程不具有平稳性, 但如果它是独立增量, 具有简单性(在同一时间瞬间不可能同时发生两个或更多个事件), 并且假设对任意的 $t \geqslant 0$, 与式(10.1)相类似, 都有

$$\lim_{\tau \to 0} \frac{1 - v_0(\tau, t)}{\tau} = \lambda(t),$$

则在 $k = 0, 1, 2, \cdots$ 时, 都有

$$v_k(\tau, t) = \frac{\left[\Lambda(\tau, t)\right]^k}{k!} e^{-\Lambda(\tau, t)}, \text{ 其中 } \Lambda(\tau, t) = \int_0^\tau \lambda(t+u) \,\mathrm{d}u$$

这说明, 当强度 λ 是时间的函数 $\lambda(t)$ 时, 在时间区间 $(t, t+\tau]$ 内发生的事件数目仍遵循泊松分布, 然而其参数 $\Lambda(\tau, t)$ 与区间长度 τ 以及时间起点 t 都有关系.

10.6　辛钦与其专著《公用事业理论的数学方法》

苏联数学家辛钦(Aleksandr Yakovlevich Khinchin, 1894—1959)于 1954

年出版了专著《公用事业理论的数学方法》，见本章参考文献[1]．辛钦在此书的服务系统的研究中进一步发展了泊松过程．辛钦是现代概率论的奠基人之一．学概率统计的都知道有个辛钦（弱）大数定律．辛钦对概率论有重要贡献，例如他于 1924 年首次提出重对数律．直到如今，重对数律仍是概率论的一个重要研究课题．此外辛钦在函数论、数论、信息论与统计力学等方面都有重要贡献．以他姓氏命名的，除了辛钦（弱）大数定律，还有辛钦不等式、辛钦积分、辛钦条件、辛钦可积函数、辛钦转换原理和辛钦单峰性准则，以及维纳（Norbert Wiener，1894—1964）-辛钦定理和博赫纳（Salomon Bochner，1899—1982）-辛钦定理等．辛钦是数学教育家，辛钦的《数学分析简明教程》与《数学分析八讲》是学习理解数学分析的两部名著．前一本书是数学系的经典教学用书，后一本书是辛钦给那些想更好地领会数学分析的工程师们写的．辛钦在《公用事业理论的数学方法》的序言中说，公用事业理论的奠基者是丹麦数学家和电气工程师埃尔朗（Agner Krarup Erlang，1878—1929），而帕尔姆是埃尔朗事业当代最卓越的继承者．埃尔朗和帕尔姆都是工程师．实践出真知，他们开创了公用事业的理论及其应用的研究领域．辛钦在序言中说，出于实际工作专家之手的这些基本文献，从数学观点来看并不令人满意的．辛钦在《公用事业理论的数学方法》一书中，以严格的数学观点，整理并发展了由埃尔朗及帕尔姆首创的理论与方法．他运用熟练的数学技巧，进行深入浅出的讲解．

10.7　埃尔朗与埃尔朗-C、埃尔朗-B 公式及埃尔朗分布

　　埃尔朗 1901 年毕业于哥本哈根大学．之后的 7 年里，他在各个学校任教．1908 年，他以科学顾问的身份去哥本哈根电话公司工作，不久即任该公司实验室主任．说是实验室，其实起初只有他一人．所有的杂事例如在设计或规定回路以外流动的电流的测量，都不得不由他在城里、野外亲自操作．埃尔朗在哥本哈根大学学习期间，主修数学，副修天文学、物理学和化学．虽然他知识渊博，讲话风格简洁，教学品质优秀，但如果他没有去哥本哈根电话公司工作，他可能不大会如此出名．正因为他在电话公司工作，将概率

论成功地应用于电话业务问题，这才使他闻名于世. 埃尔朗踏踏实实地研究分析一个社区的电话交换机的工作情况，于 1909 年发表了他的第一篇关于电话呼叫遵循泊松分布的论文. 1917 年发表了他的最为著名的论文《具有重要概率理论意义的自动电话交换机的若干问题的解》(*Solution of some Problems in the Theory of Probabilities of Significance in Automatic Telephone Exchanges*). 这篇论文被认为是电话话务理论的经典之作. 论文创立了两个公式，分别用于计算呼叫等待时长与呼叫被系统拒绝的概率. 它们在电信、金融、运输、网络与呼叫中心等领域都得到了广泛的运用. 计算呼叫等待时长与呼叫被系统拒绝的概率的公式，分别被称为 Erlang-C（埃尔朗-C）与 Erlang-B（埃尔朗-B）公式. 埃尔朗去世后，为纪念他，国际社会用 Erlang（简写为 Erl）作为电话流量的单位. 以埃尔朗的姓氏命名的还有埃尔朗分布.

众所周知，泊松过程 $P(\lambda t)$ 先后两个事件发生之间的时间间隔服从指数分布 $E(\lambda)$. 由此通常假定公用事业中顾客通过关口到达服务窗口的时间服从指数分布 $E(\lambda)$. 而若这个关口有 m 层，顾客通过每一层的时间服从指数分布 $E(\lambda)$，则顾客通过这个有 m 层的关口到达服务窗口的时间就服从埃尔朗分布 $Erl(m, \lambda)$，其密度函数为

$$p(t) = \frac{\lambda^m}{(m-1)!} t^{m-1} e^{-\lambda t}, \quad t \geqslant 0$$

显然，埃尔朗分布的随机变量可以被分解为多个同参数指数分布随机变量之和. 由此可知，指数分布 $E(\lambda)$ 是埃尔朗分布 $Erl(m, \lambda)$ 在 $m = 1$ 时的特例. 这也就是说埃尔朗分布是指数分布的推广.

指数分布和埃尔朗分布还通常用来描述寿命分布. 假设机器出现的故障数随着时间增长累计计数的过程是泊松过程 $P(\lambda t)$. 倘若一有故障机器就失效，则这台机器的寿命服从指数分布 $E(\lambda)$. 而倘若有 $m(\geqslant 1)$ 个故障机器才失效，则这台机器的寿命服从埃尔朗分布 $Erl(m, \lambda)$. 指数分布除了推广到埃尔朗分布，还可以推广到韦布尔分布. 韦布尔分布也可用来描述寿命分布.

10.8　韦布尔分布

1927 年，法国数学家弗雷歇（Maurice Fréchet, 1878—1973）给出了这一

分布的定义，其密度函数为

$$p(x) = \frac{m}{\eta}\left(\frac{x}{\eta}\right)^{m-1} \mathrm{e}^{-(x/\eta)^m}, \quad x \geqslant 0$$

显然，这个分布在 $m=1$ 时的特例是指数分布 $E(1/\eta)$. 德国两名燃烧科学家罗辛（Paul Otto Rosin，1890—1967）和拉姆勒（Erich Rammler，1901—1986）是现代煤燃烧技术的开拓者和统计粒子分布的奠基人，在他们 1933 年发表的论文《煤粉细度所遵循的规律》（*The Laws Governing the Fineness of Powdered Coal*）中，研究碎末粒径的分布时第一次使用了这个分布. 论文说关于碎末粒径 D_p 的分布，其密度函数为

$$f(D_p) = n \cdot D_e^{-n} \cdot D_p^{n-1} \cdot \exp\left[-\left(\frac{D_p}{D_e}\right)^n\right], \quad D_p \geqslant 0$$

其中 n 称为均匀性指数，n 越大，粒度分布范围越窄；n 越小，粒度分布范围越宽. D_e 称为特征粒径，即粒径超过 D_e 的累计有 36.8%. 因而 D_e 越大，粉体越粗；D_e 越小，粉体越细. 至今这仍是大学燃烧技术教学的内容. 燃烧技术学科称这个分布为罗辛–拉姆勒（Rosin–Rammler）分布，简称 R–R 分布. 在数据分析统计学科人们称这个分布为韦布尔分布，那是因为瑞典工程师、数学家韦布尔（Ernst Hjalmar Waloddi Weibull，1887—1979）详细且深入地研究了这一分布. 1939 年他发表了关于这个分布的论文. 之后他陆续发表了许多篇关于材料强度、疲劳、破裂与轴承等机电类产品的磨损失效，以及这个分布的论文. 1961 年他还出版了一本关于疲劳分析的书，书中含 27 篇由他撰写的关于这个分布的分析报告. 1951 年他发表的论文是他的代表作. 论文使用七个案例研究，分别就各种不同的情况，对在这个分布族中如何选用合适的参数，进行合理正确的失效分析问题作了研究. 鉴于韦布尔对这个分布的研究与应用所作出的卓越贡献，人们就以他的名字将这个分布命名为韦布尔分布.

10.9　后记

　　1837 年，泊松由二项分布的极限导出了泊松分布. 他还没来得及研究他

自己推导出的这个分布，就于 1840 年与世长辞了．他大概不会预料到之后，随着社会进步和经济发展，会有如此源源不断的研究源自泊松分布．而这正如泊松所说的，"人生只有两样美好的事情：发现数学和教数学".

本章参考文献

这一章除了参考书末文献[1]与[2]，还参考了下列文献：

［1］辛钦，1958. 公用事业理论的数学方法. 张里千，殷涌泉，译. 北京：科学出版社.

［2］HAUGEN R B．The life and work of Conny Palm—some personal comments and experiences.

第五章我们说，格朗特通过观察分析 3 000 多期死亡公报，得出了一系列结论和规律，特别是尽人皆知的新生儿男女性别比为 14：13. 由数据的描述性观察分析提炼出有用的结论和规律的，不乏其人.

著名意大利经济学家与社会学家维尔弗雷多·帕累托（Vilfredo Pareto，1848—1923），是历史上第一位根据不同地域与时代的实证数据研究收入与分配的经济学家，见图 11.1. 19 世纪 90 年代，他观察分析英格兰、意大利和德国多个城邦、巴黎，甚至古代秘鲁和切罗基印第安部落的收入与分配的数据. 帕累托发现不同地域与时代的收入与分配的情况惊人地相似，财富的分配都很不平均，大部分的财富流向了少数人手里，而且从数量上来看，这是一种稳定的关系. 他在双对数纸上绘制，收入高于 x 的人数与 x 的对比图，发

图 11.1 维尔弗雷多·帕累托

现它们之间有负的线性关系. 这也就是说，帕累托发现 $\ln \overline{F}(x)$ 与 $\ln x$ 有负的线性关系：$\ln \overline{F}(x) = -a \cdot \ln x + b$，其中 $a > 0$，$\overline{F}(x)$ 表示收入超过 x 的人数在总人数中的比例. 这就发现了一个不同于正态分布的新的普遍适用的规律. 由 $\ln \overline{F}(x) = -a \cdot \ln x + b$ 推得密度函数 $f(x) = cx^{-(a+1)}$. 由此可见，与正态分布的钟形曲线相比，收入的分布更为倾斜. 其密度函数 ($f(x)$ 按倒 $(a+1)$ 次幂衰减趋于 0. 这比正态分布密度函数的尾部，按指数衰减趋于 0 要慢得多. 所以收入的分布有比正态分布的钟形曲线更厚的尾部. 收入的分布的厚尾，就解释了为什么在一个千万人口的大城市，有财富超乎想象多的富翁，但根本看不到异常身高（例如超过 3 m、4 m）的人. 由收入的分布的尾部，帕累托发现了收入的巨大不平等. 1906 年他提出了一个非常著名的规律：社会 80% 的财富掌握在 20% 的人手里. 帕累托发现的这一经济领域规律影响深远广泛，它被推广为各个领域都可用的一条原则：20% 的事情常常对 80% 的结果负责. 这条原则就是尽人皆知的、所谓的帕累托原则、80-20 原则或二八定律. 除了在收入分配的研究中提出了这个著名的规律，帕累托还在经济效率的研究中提出了帕累托最优. 这个博弈论中的重要概念在经济学、工程学和社会科学中都有着广泛的应用.

　　由帕累托在双对数纸上绘制的，收入高于某一值的人数与这个值的对比图，导出了帕累托分布. 帕累托分布的密度曲线方程为

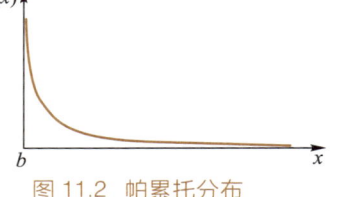

图 11.2　帕累托分布

$$f(x) = \frac{a}{b} \cdot \left(\frac{b}{x} \right)^{a+1}, \ x > b > 0, \ a > 0 \quad\quad (11.1)$$

帕累托分布的密度曲线（见图 11.2）呈 L 形、偏斜.

11.2　长尾分布

　　帕累托分布是长尾分布. 称随机变量 X 的分布为长尾分布，是指对所有 $t > 0$，都有

$$\lim_{x \to \infty} P(X > x+t \mid X > x) = 1$$

由 $\overline{F}(x) = P(X > x)$ 知，这等价于说，若 $x \to \infty$，则对所有 $t > 0$，

$$\overline{F}(x+t) \sim \overline{F}(x)$$

因为式(11.1)的帕累托分布的 $\overline{F}(x) = (b/x)^a$，所以对所有 $t > 0$，若 $x \to \infty$，则

$$\frac{\overline{F}(x+t)}{\overline{F}(x)} = \left(\frac{x}{x+t}\right)^a \to 1 \qquad (11.2)$$

因而帕累托分布是长尾分布. 对此有一个有趣的直观解释，长尾分布的随机变量 X 的尾部倘若超过了某个很高的阈值 x，那么很有可能它会超过另一个更高的阈值 $x+t$. 这也就是说，如果你发现情况很糟，它可能会比你所看到的还要糟. 反之，如果发现情况很好，它可能会更好. 所谓长尾分布，是相对于例如正态分布和泊松分布等而言的. 正态分布和泊松分布也都是有尾巴的，但尾巴下降衰减得快，很快就趋向横轴 x 轴，几乎消失了，它们的是"短尾". 而式(11.1)的帕累托分布的尾巴下降缓慢，相对于正态分布和泊松分布，它有清晰可见的长尾. 服从正态分布的数据集聚在均值附近，非常极端的数据几乎不可能出现，可以直接忽略不计. 而在帕累托分布的情形下，再极端的数据都有出现的可能. $a = 3$，$b = 2$ 的帕累托分布，其均值和方差都等于 3，$\mu = \sigma^2 = 3$. 将它与正态分布 $N(3, 3)$ 作比较，它们的尾部概率见表 11.1.

表 11.1　正态分布和帕累托分布的尾部概率

t	尾部概率 $P(X > t)$	
	$X \sim N(3, 3)$	$X \sim (a = 3, b = 2)$ 的帕累托分布
6	0.041 632	0.037 037
7	0.010 461	0.023 324
8	0.001 946	0.015 625
10	2.66×10^{-5}	0.008 000
11	1.93×10^{-6}	0.006 011
13	3.88×10^{-9}	0.003 641
15	2.13×10^{-12}	0.002 370
16	3.05×10^{-14}	0.001 953
17	0	0.001 628

一般来说，只要当 $x \to \infty$ 时，$f(x) \sim x^{-a}$，$a>1$，就称随机变量 X 是幂律型分布. 它的意思是说，存在一个阈值 $x_{\min}$，只要当 $x \geqslant x_{\min}$ 时，$f(x) \propto x^{-a}$，就说它是幂律型分布，称 a 为其幂指数. 显然，式（11.1）的帕累托分布是连续型的幂律型分布. 对于连续型的幂律型分布，当 $x \geqslant x_{\min}$ 时，由 $f(x) \propto x^{-a}$ 可推得 $\overline{F}(x) \propto x^{-a+1}$，同式（11.2），$\overline{F}(x+t)/\overline{F}(x) \to 1$. 由此可见，连续型的幂律型分布都是长尾分布.

11.3　管理学家戴克与 ABC 分类库存控制法

1951 年通用电气公司经理、管理学家戴克（H. Ford Dickie）的论文《ABC 库存分析的目标是美元，而不是美分》（*ABC Inventory Analysis Shoots for Dollars, not Pennies*），将帕累托原则应用于企业仓库仓储管理，取名 ABC 法（activity based classification，全称为 ABC 分类库存控制法）. 一家大型企业的库存存货种类繁多，有的是例如产品关键部件的重要材料，而有的是比如低值易耗品等的非重要材料. 若采取鸡毛蒜皮一把抓式的库存管理，目光很可能集中在非重要材料上，则疏忽了对重要材料的控制，进而出现混乱，造成重大损失. ABC 法根据管理对象与功能的不同，分清库存存货的主次. 例如库存管理可采用存货价值指标，客户管理可采用客户进货额或者毛利贡献额指标，投资管理可采用投资回报额指标，将库存存货按主次分为三类：最重要的 A 类、次重要的 B 类与不重要的 C 类. 结果发现，往往只有少数的对象在类 A 中，而在类 C 中有非常多的对象. ABC 法侧重于主要的，而次要的与不重要的往往会迎刃而解，做到事半功倍.

11.4　质量管理专家朱兰与二八定律

著名美国质量管理专家朱兰（Joseph M. Juran，1904—2008）博士，出生于罗马尼亚. 1951 年他出版专著《质量控制手册》（*Quality Control Hand-book*）. 此书推广了帕累托原则，将库存管理的 ABC 法引入到全面质量管理

(total quality management，简称 TQM）领域．1999 年书的第五版由朱兰担纲主编，以他为代表的一批质量管理领域的世界级顶尖专家参与撰写，更改书名为《朱兰质量手册》（*Juran's Quality Handbook*）．2008 年朱兰博士去世后，在朱兰创办的朱兰研究院以及他的后继者们的持续努力下，该书又推出了第六和第七版．《朱兰质量手册》一书堪称质量管理领域中理论和实践的集大成之作．朱兰创造性地提出了"质量管理三部曲"：质量设计、质量控制和质量改进．"质量是一种适用性（fitness for use），即产品在使用期间能满足使用者的要求"是他的至理名言．朱兰倡导的质量管理不再局限在产品质量，而是涵盖了包括服务在内的管理全流程；也不再仅仅局限在制造业，而是延伸到服务业、金融业、医疗保健业、教育行业、非营利组织、政府部门等．

帕累托提出的著名规律被朱兰和其他人，例如提出库存管理 ABC 法的戴克等所推广，其中尤以朱兰的推广最为重要．1941 年朱兰将它推广到质量管理领域．他说 80% 的问题由 20% 的原因引起．朱兰把它叫做"少数几个主要的和多个微不足道的（vital few and trivial many）"．经由好多学者，

特别是朱兰的推广，最后由帕累托在经济领域的发现得到了一条各个领域通用的原则．这条原则就是前所述的帕累托原则、80-20 原则或二八定律，简单地说就是"20% 的事情常常对80% 的结果负责（20 percent of something always are responsible for 80 percent of the results）"，见图 11.3．

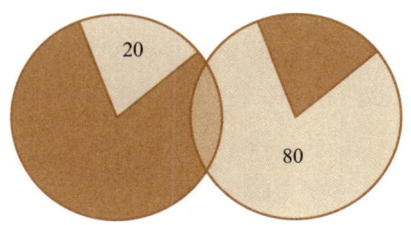

图 11.3　抓住 20% 的事情就有 80% 的成功可能性

帕累托图是 80-20 原则在质量管理领域的一个重要应用．帕累托图又称排列图或主次图．它用来便捷有效地区分"微不足道的大多数"和"至关重要的极少数"，以便明确改进质量方向．质量管理的帕累托图是将各个质量问题及其原因（即质量改进项目）按照重要程度依次排列而采用的图和表．例如一批产品中有 976 个不合格品，经观察分析不合格品产生的原因不外乎下面五个：操作、设备、工具、工艺和材料．检验结果如表 11.2 所示．

11.4　质量管理专家朱兰与二八定律

表 11.2　频数、频率分布表

原因	频数	频率/%	原因	频数	频率/%	累积频率/%
1（操作）	22	2.25	2（设备）	526	53.89	53.89
2（设备）	526	53.89	3（工具）	292	29.92	83.81
3（工具）	292	29.92	4（工艺）	89	9.12	92.93
4（工艺）	89	9.12	5（材料）	47	4.82	97.75
5（材料）	47	4.82	1（操作）	22	2.25	100
合计	976	100	合计	976	100	

注：表格右边已将左边的原因依主次排列.

　　Excel 输出的从大到小排列的直方图与排列图见图 11.4. 图下方数字是频数从大到小排列的、不合格品产生的主次原因，它们依次为 2（设备）、3（工具）、4（工艺）、5（材料）和 1（操作）. 左边的纵坐标表示频数，右边的纵坐标表示累积频率. 从图 11.4 可知，80.00% 的水平线与折线的第 1 条线段相交，由此可知造成不合格品的主要原因依次是 2（设备）与 3（工具），要减少不合格品首先应该从以上两方面着手. 质量管理领域的这个帕累托图简单、不难理解、一目了然，很有用.

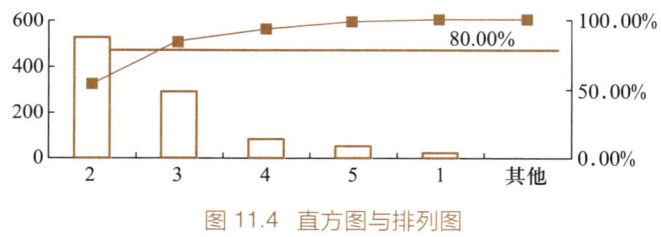

图 11.4　直方图与排列图

11.5　现代管理学之父德鲁克

　　著名美国管理学家德鲁克（Peter F. Drucker，1909—2005）博士，出生于奥地利，祖籍荷兰. 他一边教书，一边做咨询，一边写作. 1942 年他受聘为当时世界最大企业——通用汽车公司顾问.通过对公司内部管理结构的研究,他于1946年出版了《公司的概念》一书.书中"讲述拥有不同技能和知识的人在一个大型组织里怎样分工合作".德鲁克在该书中首次提出了"组织"的概念,奠定了组织学的基础.在德鲁克之前,虽然管理思想已经出现并传播,但在大学的课堂上,却从未开设过"管理学"这门课.1950年,德鲁克任纽约大学"管理学"教授,是世界上接受此头衔并教授这门课程的第一人.德鲁克被称为现代管理学之父.

1954年,德鲁克出版《管理的实践》,提出了一个划时代的概念——目标管理(management by objectives,简称MBO),从此将管理学开创成为一门学科.1963年德鲁克在研究企业经济效果和管理效果时,推广了帕累托原则,贯串着ABC法的基本思想.德鲁克认为,在所有的组织中,管理要解决的90%左右的问题是共同的,它们都要面对决策,都要处理人的问题,都要花大量的时间与上司和下属进行沟通.只有在这之外不同的10%,管理需要适应这个组织特定的使命、特定的文化和特定语言,面对各个特定的问题.德鲁克毕生在为创建管理学这门学科而著书、授课和实践,从未间断.他将帕累托原则、ABC法推广到全部社会现象,使得它们成为企业提高效益的普遍应用的管理方法.

11.6 齐普夫与齐普夫定律

由数据的观察分析提炼出有用的结论和规律的,还有文献计量学的齐普夫定律(Zipf's law).它是美国哈佛大学教授、著名语言学家和心理学家齐普夫(George K. Zipf,1902—1950)在前人研究的基础上提出的.1915年法国速记员埃斯托普(J. Estoup)发现,在一篇较长的文章中,如果对每个词出现的频率进行统计,若按高频词在前、低频词在后的递减顺序排列,并记频率最高的词的序号(秩)为1,次之的序号为2,以此类推,词的序号r与其词频f_r的乘积$r \cdot f_r$近似等于一个常数c.之后,美国贝尔电话公司物理学家康登(E. Condon)在研究电话线路通信能力时,根据自己和同事们的大量数据资料,关于词频与词的序号之间的计量规律,也有与埃斯托普同样的发现.齐普夫通过总结归纳深入地研究了埃斯托普和康登的发现. 他对英语文献中单词出现的频率作了大量统计观察. 他所统计观察的英语文献中有爱尔兰著名作家和诗人乔伊斯（James Joyce，1882—1941）的长篇小说《尤利西斯》（*Ulysses*）. 该小说的容量，即它的 $k = 260\ 432$ 个单词中，有 $d = 29\ 899$ 个不同的单词. 汉利（M. Hanley）为《尤利西斯》编写了，按其不同单词出现的频率，由高及低而编排的频率词典. 齐普夫根据这本频率词典对《尤利西斯》的 $d = 29\ 899$ 个不同单词作了统计观察分析. 他发现只有极少数的单词被经常使用，而绝大多数单词很少被使用. 1948 年他出版著作《人类行为与最省力法则：人类生态学引论》，其中他给出了词频分布的齐普夫定律. 将英语文献的不同单词，按词出现的频率由高到低排列，词的序号记为 $r = 1$，2，$\cdots$，d，并记序号为 r 的那个词在文献中出现的频率为 f_r，则有齐普夫定律：词序 r 与词频 f_r 的乘积 $r \cdot f_r$ 基本上等于一个常数 c，即 $r \cdot f_r = c$. 文献越长，这个计量关系就越明显.

词序与词频之间的计量关系：$r \cdot f_r = c$，说明词序 r 与词频 f_r 成反比例关系. 这种计量关系可写成词频的幂律倒数分布的形式：$f_r = c \cdot r^{-1}$，$r = 1$，2，$\cdots$，d，其图像是与图 11.2 类同的 L 形的偏斜曲线. 依齐普夫定律，由最高频的词起，依次递减，直到最低频的词，其出现的频率之比等于

$$f_1 : f_2 : f_3 : \cdots : f_d = 1 : \frac{1}{2} : \frac{1}{3} : \cdots : \frac{1}{d}$$

因而在一篇较长（约 5 000 字以上）的文献中，最高频的词出现的次数约是次频的词的 2 倍，约是次次频的词的 3 倍，以此类推. 位于前列的少数几个高频词在一篇较长文献中出现的次数相当多. 调和级数 $S = \sum\limits_{k=1}^{\infty} \frac{1}{k}$ 发散.

但存在欧拉常数 $\gamma = 0.577\ 215\ 664\ 9\cdots$，使得其前 n 项和 $S_n = \sum\limits_{k=1}^{n} \frac{1}{k} = \ln n + 0.577\ 215\ 664\ 9\cdots + o(1/n)$. 乔伊斯的长篇小说《尤利西斯》有 $d = 29\ 899$ 个不同的单词. 经计算 $\ln(29\ 899) + 0.577\ 215\ 664\ 9\cdots \approx 10.882\ 8$，故按齐普夫定律，它的词频分布可认为是

$$f_r = \frac{1}{10.882\ 8} \cdot \frac{1}{r} = \frac{0.091\ 9}{r}, \quad r = 1,\ 2,\ \cdots,\ 29\ 899.$$

前 1 000 个高频单词仅约占 $d = 29\ 899$ 个不同单词的 3.3%，但在该小说中它们出现的频率却高达

$$\sum_{r=1}^{1\ 000} f_r = 0.091\ 9 \cdot \sum_{r=1}^{1\ 000} \frac{1}{r} = 68.8\%$$

这也就是说，在这篇容量 k 约为 26 万个单词的小说中，约有 68.8%，即 18 万个单词使用了 $d = 29\ 899$ 个不同单词中占比 3.3% 的前 1 000 个高频词. 同样经计算，在这篇小说中，约有 85% 的单词使用了它的前 6 000 个高频词，而这前 6 000 个高频词仅约占它的不同单词总数的 20%. 由此看来如同帕累托的二八定律，词频分布的齐普夫定律也是少数几个主要的和多个微不足道的. 为什么少数几个高频词出现的次数如此高，而多个低频词出现的次数如此低？词频分布为何是那样的特殊形式，齐普夫在 1948 年他的著作中对于其成因，从心理学的角度，提出了"省力法则"的假设. 他认为，语言交流过程中，写作人希望组成句子的词要少，并希望一词多义，以节省精力. 看的人最希望一词一义，以容易理解他所看到的词的确切含义，减少他为看懂花费的工夫. 齐普夫认为，"写与看"双方这两种"省力"倾向最后平衡的结果，当然主要是以写作人的意愿为准，便是词频的这种少数高频词出现次数越来越高，而多个低频词出现次数越来越低的幂律倒数分布. 其实，写与看双方都希望多用些常用词，以使得"写起来"与"看起来"省力些. 在相当程度上，现实世界是具有惰性的. 一般而言，动态过程总能找到尽可能少地消耗能量的途径. 语言经过人类千万年的演化，也具有这样的特性，用较少的词语表达尽可能多的语义，符合语言的省力的经济法则.

　　齐普夫的研究与传统语言学的研究最大的不同之处在于，他的研究是以大量的英语文本数据作为研究的基础. 齐普夫之后，许多学者对不同国家的语言的文本进行了实测，发展了齐普夫定律，将词频分布的幂律倒数分布 $f_r = c \cdot r^{-1}$ 进一步拓广为幂律倒 γ 次方分布的形式 $f_r = c \cdot r^{-\gamma}$. 幂指数 γ 值会随着语言的不同而发生相应的变化. 齐普夫根据英语文本数据得到的幂指数 $\gamma \approx 1$. 有学者对欧洲各国及世界语等 21 种语言进行了词频统计分析，按照幂指数 γ 的不同，由小到大排列，如表 11.3 所示. 幂指数 γ 这种微小的差异可以作为语言分类的一种指标.

表 11.3　欧洲各国及世界语等 21 种语言的词频幂指数 γ 值

语言	幂指数 γ	语言	幂指数 γ	语言	幂指数 γ
芬兰语	0.76	波兰语	0.90	德语	1.01
爱沙尼亚语	0.80	斯洛文尼亚语	0.91	意大利语	1.02
匈牙利语	0.82	马耳他语	0.92	葡萄牙语	1.04
立陶宛语	0.86	世界语	0.96	西班牙语	1.04
拉脱维亚语	0.87	希腊语	0.96	法语	1.04
斯洛伐克语	0.89	丹麦语	0.99	荷兰语	1.05
捷克语	0.90	瑞典语	0.99	英语	1.11

考察数据是否可用幂律倒 γ 次方分布来拟合，通常首先画图，画词序 r 与词频 f_r 的图像. 如图像呈 L 形的偏斜曲线，则初步判断可用幂律倒 γ 次方分布拟合数据. 必须注意的是，数据文本中很可能存在频率相同的单词. 一般来说，序号高的低频单词，频率相同的多，而序号低的高频单词，频率相同的少. 文本越来越大，频率相同的单词就会越来越多. 这时，词序 r 与词频 f_r 的图像并不是如图 11.1 那样的光滑连续 L 形的偏斜曲线，图像可能有一段又一段的平行于横轴的折线，如图 11.3（a）. 数据是否可用幂律分布来拟合，深入一步的考察是与帕累托的做法相类似地，画双对数图.

由 $f_r = c \cdot r^{-\gamma}$ 可得 $\ln f_r = \ln c - \gamma \cdot \ln r$. 这说明 $\ln f_r$ 与 $\ln r$ 呈负的线性关系，其斜率为 $-\gamma$. 如双对数图像呈向下趋势的直线型，如图 11.5（b）所示，则可进一步判断，幂律分布可较好地拟合数据. 使用最小二乘法计算 $\ln f_r$ 与 $\ln r$ 之间有向下趋势直线的斜率 b，b 是个负数. 由此得幂律分布幂指数的估计值 $\hat{\gamma} = -b$. 表 11.5 的欧洲各国及世界语等 21 种语言的词频幂指数 γ 值就是这样得来的. 显然，这样得到的幂指数 γ 估计值的误差分析，难以使用高斯关于最小二乘法建立的正态误差理论. 所求得的仅仅是幂指数 γ 的一个粗略估计值.

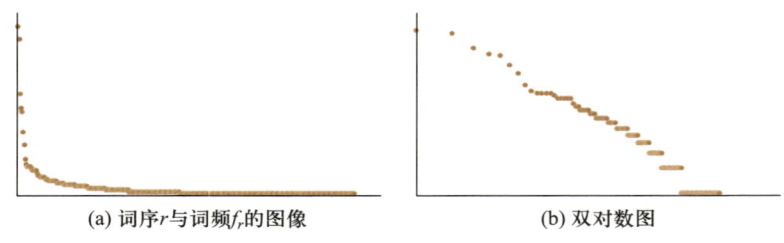

(a) 词序r与词频f,的图像　　　　(b) 双对数图

图 11.5

齐普夫定律不仅用于语言学，而且在情报学、地理学、经济学、信息学等领域都有广泛的应用，取得了不少可喜成果．例如城市人口集聚有何规律？城市经济学的研究表明，一般来说，一个国家内城市人口规模的分布遵从齐普夫定律，即一个国家第 N 大的城市的人口，约是首位城市人口数量的 $1/N$. 这一法则已被证明符合大多数国家以及不同历史时期的城市规模分布的情况．城市人口的齐普夫定律揭示了一个真相：增长同样多的城市人口，大城市所需要的成本比小城市低．规模效应补偿了边际成本的递增．由于大城市"省力"，其增长速度并不会比小城市慢．

11.7　布拉德福与布拉德福定律

描述词频分布的齐普夫定律是文献计量学的重要定律之一．此外，还有描述学科期刊分散规律的布拉德福定律（Bradford's law）．布拉德福（Samuel Clement Bradford，1878—1948）是英国著名化学家和文献学家．自 1925 年至 1937 年他任英国科学图书馆馆长长达 12 年．布拉德福定律是他由学科期刊论文分布情况的大量观察数据的分析，于 1934 年提出的．1948 年，他完成巨作《文献学》，系统叙述学科期刊的分散规律．因为每一个学科都或多或少与其他学科相关联，所以一门学科的论文有可能出现在其他学科的期刊上．布拉德福作为英国科学图书馆馆长，由科技期刊论文的收集、分类、摘录和标引，发现每一门学科的期刊论文的分布，如同帕累托的二八定律：大量论文集中在数量不多的该学科的核心期刊上，剩下的则分散在大量相关期刊上．布拉德福统计调查了两个学科．一是应用地球物理学，调查年限自

1928 年至 1931 年，历时四年．二是润滑学，调查年限自 1931 年 6 月至 1933 年，历时两年半．应用地球物理学的调查数据见表 11.4．表中的期刊按其刊载论文数由高到低排列．四年间 326 本期刊共刊载了 1 332 篇论文．期刊论文的分布很不平衡．犹如帕累托的二八定律所言，表 11.4 的前段显示出少量期刊刊载了很多论文，而后端显示出很多期刊仅刊载了少量论文．布拉德福将这 326 本期刊划分为 3 个区．

表 11.4　应用地球物理学的调查数据（1928—1931）

第 1 区			第 2 区			第 3 区		
序号	论文数	期刊数	序号	论文数	期刊数	序号	论文数	期刊数
1	93	1	10	16	4	21	4	17
2	86	1	11	15	1	22	3	23
3	56	1	12	14	5	23	2	49
4	48	1	13	12	1	24	1	169
5	46	1	14	11	2			
6	35	1	15	10	5			
7	28	1	16	9	3			
8	20	1	17	8	8			
9	17	1	18	7	7			
			19	6	11			
			20	5	12			
刊载的论文数：429 篇 期刊数：9			刊载的论文数：499 篇 期刊数：59			刊载的论文数：404 篇 期刊数：258		

第 1 区，平均每年至少刊载 4 篇以上论文的期刊．第 1 区由表 11.4 序号 1 到 9 的 9 本期刊组成．这 9 本占总数 326 的不到 3% 的期刊，却一共刊载了 429 篇比总数 1 332 的 32% 还多的论文．布拉德福命名第 1 区为核心区．核心区的每一本期刊从 1928 年至 1931 年的四年中平均共刊载 47.7 篇论文，期刊数量很少，但信息密度极高．若想知晓应用地球物理学的信息，阅读核心区

的期刊最有效率.

第 2 区, 平均每年刊载 1 篇以上到 4 篇论文的期刊. 第 2 区由表 11.4 序号 10 到 20 的 59 本期刊组成. 这 59 本期刊共刊载了 499 篇论文. 这与核心区刊载的 429 篇论文相差不多. 布拉德福称第 2 区为相关区. 相关区的每一本期刊从 1928 年至 1931 年的四年中平均共刊载 8.5 篇论文. 由此看来, 第 2 区的期刊数量较多, 但效率次之.

第 3 区, 平均每年至多刊载 1 篇论文的期刊. 第 3 区由表 11.4 序号 21 到 24 的这 258 本期刊组成. 第 3 区共刊载了 404 篇论文. 布拉德福发现, 通过这样分组, 各个区刊载的论文数大致一样多. 但第 3 区的 404 篇论文是由占总数 326 的约 80% 的 258 本期刊所刊载的. 第 3 区的每一本期刊从 1928 年至 1931 年的四年中平均仅共刊载 1.6 篇论文. 第 3 区的期刊数量最多, 但效率最低. 布拉德福称第 3 区为边缘区.

布拉德福发现, 各个区刊载的论文数 (429、499、404) 大致一样多, 但它们的期刊数 (9、59、258) 却逐区上升, 呈等比数列 $1 : a : a^2$ 的趋势, a 称为布氏系数. 关于应用地球物理学和润滑学, 布拉德福的调查数据的汇总见表 11.5. 应用地球物理学的期刊数 $9 : 59 : 258$ 接近于 $1 : 5 : 5^2$, 其布氏系数为 5. 对于润滑学, 各个区刊载的论文数 (110、120、152) 大致相等, 但它们的期刊数 $8 : 29 : 127$ 接近于 $1 : 4 : 4^2$, 其布氏系数为 4. 因为各区刊载的论文数大致相同, 且它们的期刊数呈等比数列 $1 : a : a^2$ 的趋势, 所以在核心区、相关区和边缘区的期刊, 刊载该学科论文的可能性之比为 $1 : 1/a : 1/a^2$.

表 11.5 应用地球物理学和润滑学的调查数据的汇总

区	年平均刊载论文数	应用地球物理学 (1928 年至 1931 年)		润滑学 (1931 年 6 月至 1933 年)	
		期刊数	论文数	期刊数	论文数
1	>4	9	429	8	110
2	>1 且 ≤4	59	499	29	120
3	≤1	258	404	127	152

11.8 洛特卡与洛特卡定律

除了描述词频分布的齐普夫定律与描述学科期刊分散规律的布拉德福定律，还有描述科学论文作者分布的洛特卡定律（Lotka's law）. 这三个定律并称为文献计量学的三大定律. 洛特卡（Alfred James Lotka，1880-1949）是美国大都会人寿保险公司的统计员. 他于 1926 年在《华盛顿科学院杂志》上，发表了题为"科技生产率的频率分布"的论文，旨在通过对发表论著的统计观察分析，探明科技人员的生产能力. 洛特卡的这篇论文发表后并没有引起多大反响. 直到 1948 年齐普夫的著作《人类行为与最省力法则：人类生态学引论》与布拉德福的著作《文献学》相继问世后，学术界才关注到洛特卡的这篇论文，并将论文中提出的描述科学论文作者分布的这个定律称誉为"洛特卡定律". 19 世纪末 20 世纪初，化学与物理学领域取得了划时代的进展，其科研人员与文献量骤增. 在洛特卡看来，论著的数量是科技生产率高低的一个重要指标. 为此他着手考察这两个学科科研人员与他们所撰写的论文数量之间的关系. 他所研究的化学学科数据来源于美国自 1907 至 1916年的历时十年的《化学文摘》. 洛特卡将文摘中的数据划分为 A 和 B 两个类别. A 和 B 分别有 1 543 和 5 348 位作者. 表 11.6 的第 2、3 与 4 列，及第 5、6 与 7 列分别列出了 A 和 B，以及 A 和 B 的合并（记为"A+B"）发表 1篇、2 篇，直到 346 篇论文的作者人数，及它们在作者（科研人员）总人数中的频率（单位：%）. 洛特卡所研究的物理学科数据来源于德国的《物理史表》. 它包括 1900 年与之前的、共 1 325 位物理学家及其论著. 他们之中分别发表 1 篇、2 篇，直到 48 篇论文的作者人数与它们在作者总人数中的频率分别见表 11.6 的第 8 与 9 列. 由此表知，对化学学科而言，自 1907 至 1916 年的十年间，有超过 80% 的科研人员仅至多发表 4 篇论文. 而物理学科在 1900 年及之前，仅至多发表 4 篇论文的科研人员也超过了 80%. 所以如同帕累托的二八定律所言，要了解该学科的研究动向，首先应该阅读发表 4篇以上论文的科研人员的论著，尽管他们只占该学科科研人员总数的 20%. 当然，要这样做，必须假设每一篇科学论文对学科发展有差不多一样大小的贡献.

表 11.6 化学和物理学科论文作者分布情况的经验数据

发表的论文数	化学学科（作者共 6 891 人）						物理学科（作者共 1 325 人）		频率拟合值
	作者人数			频率			作者人数	频率	
	A	B	A+B	A	B	A+B			
1	890	3 101	3 991	57.68	57.98	57.92	784	59.17	60.79
2	230	829	1 059	14.91	15.5	15.37	204	15.4	15.20
3	111	382	493	7.19	7.14	7.15	127	9.58	6.75
4	58	229	287	3.76	4.28	4.16	50	3.77	3.80
5	41	143	184	2.66	2.67	2.67	33	2.49	2.43
6	42	89	131	2.72	1.66	1.9	28	2.11	1.69
7	20	93	113	1.3	1.74	1.64	19	1.43	1.24
8	24	61	85	1.56	1.14	1.23	19	1.43	0.95
9	21	43	64	1.36	0.8	0.93	6	0.45	0.75
10	15	50	65	0.97	0.93	0.94	7	0.53	0.61
11	9	32	41	0.58	0.6	0.59	6	0.45	0.50
12	11	36	47	0.71	0.67	0.68	7	0.53	0.42
13	6	26	32	0.39	0.49	0.46	4	0.3	0.36
14	7	21	28	0.45	0.39	0.41	4	0.3	0.31
15	3	18	21	0.19	0.34	0.3	5	0.38	0.27
16	4	20	24	0.26	0.37	0.35	3	0.23	0.24
17	4	14	18	0.26	0.26	0.26	3	0.23	0.21
18	5	14	19	0.32	0.26	0.28	1	0.08	0.19
19	3	14	17	0.19	0.26	0.25	0	0	0.17
20	6	8	14	0.39	0.15	0.2	0	0	0.15
21	0	9	9	0	0.17	0.13	1	0.08	0.14
22	2	9	11	0.13	0.17	0.16	3	0.23	0.13
23	4	4	8	0.26	0.07	0.12	0	0	0.11
24	4	4	8	0.26	0.07	0.12	3	0.23	0.11

发表的论文数	化学学科（作者共 6 891 人）						物理学科（作者共 1 325 人）		频率拟合值
	作者人数			频率			作者人数	频率	
	A	B	A+B	A	B	A+B			
25	0	9	9	0	0.17	0.13	2	0.15	0.10
26	3	6	9	0.19	0.11	0.13	0	0	0.09
27	1	7	8	0.06	0.13	0.12	1	0.08	0.08
28	2	8	10	0.13	0.15	0.15	0	0	0.08
29	2	6	8	0.13	0.11	0.12	0	0	0.07
30	2	5	7	0.13	0.09	0.1	1	0.08	0.07
31	0	3	3	0	0.06	0.04	0	0	0.06
32	0	3	3	0	0.06	0.04	0	0	0.06
33	3	3	6	0.19	0.06	0.09	0	0	0.06
34	1	3	4	0.06	0.06	0.06	1	0.08	0.05
35	0	0	0	0	0	0	0	0	0.05
36	0	1	1	0	0.02	0.01	0	0	0.05
37	0	1	1	0	0.02	0.01	1	0.08	0.04
38	1	3	4	0.06	0.06	0.06	0	0	0.04
39	0	3	3	0	0.06	0.04	0	0	0.04
40	1	1	2	0.06	0.02	0.03	0	0	0.04
41	0	1	1	0	0.02	0.01	0	0	0.04
42	0	2	2	0	0.04	0.03	0	0	0.03
43	0	0	0	0	0	0	0	0	0.03
44	0	3	3	0	0.06	0.04	0	0	0.03
45	0	4	4	0	0.07	0.06	0	0	0.03
46	1	1	2	0.06	0.02	0.03	0	0	0.03
47	0	3	3	0	0.06	0.04	0	0	0.03
48	0	0	0	0	0	0	2	0.15	0.03

第十一章 帕累托与帕累托分布

发表的论文数	化学学科（作者共 6 891 人）						物理学科（作者共 1 325 人）		频率拟合值
	作者人数			频率			作者人数	频率	
	A	B	A+B	A	B	A+B			
49	0	1	1	0	0.02	0.01			0.03
50	1	1	2	0.06	0.02	0.03			0.02
51	0	1	1	0	0.02	0.01			0.02
52	0	2	2	0	0.04	0.03			0.02
53	0	2	2	0	0.04	0.03			0.02
54	0	2	2	0	0.04	0.03			0.02
55	2	1	3	0.13	0.02	0.04			0.02
56	0	0	0	0	0	0			0.02
57	0	1	1	0	0.02	0.01			0.02
58	0	1	1	0	0.02	0.01			0.02
59−60	0	0	0	0	0	0			0.02
61	0	2	2	0	0.04	0.03			0.02
62−65	0	0	0	0	0	0			0.15
66	0	1	1	0	0.02	0.01			0.01
67	0	0	0	0	0	0			0.01
68	0	2	2	0	0.04	0.03			0.01
69−72	0	0	0	0	0	0			0.01
73	0	1	1	0	0.02	0.01			0.01
74−77	0	0	0	0	0	0			0.01
78	0	1	1	0	0.02	0.01			0.01
79	0	0	0	0	0	0			0.01
80	1	0	1	0.06	0	0.01			0.01
81−83	0	0	0	0	0	0			0.01
84	0	1	1	0	0.02	0.01			0.01

11.8 洛特卡与洛特卡定律

发表的论文数	化学学科（作者共 6 891 人）						物理学科（作者共 1 325 人）		频率拟合值
	作者人数			频率			作者人数	频率	
	A	B	A+B	A	B	A+B			
85~94	0	0	0	0	0	0			0.01
95	0	1	1	0	0.02	0.01			0.01
96~106	0	0	0	0	0	0			0.01
107	1	0	1	0.06	0	0.01			0.01
108	0	0	0	0	0	0			0.01
109	0	1	1	0	0.02	0.01			0.01
110~113	0	0	0	0	0	0			0
114	0	1	1	0	0.02	0.01			0
115~345	0	0	0	0	0	0			0
346	1	0	1	0.06	0	0.01			0

　　观察表 11.6，比较化学和物理学科的作者人数及其频率观测值，洛特卡发现这两个学科的发表论文的作者人数虽不相等，但不论化学还是物理，不论化学的 A、B，还是 A+B，这些频率观测值（见表的第 5、6、7 与 9 列）基本相等. 洛特卡还注意到，发表 1 篇论文的作者人数大致上是发表 2 篇论文的作者人数的 4 倍，是发表 3 篇论文的作者人数的 9 倍，是发表 4 篇论文的作者人数的 16 倍，等等. 洛特卡猜想，发表 x 篇论文的作者人数是发表 1 篇论文的作者人数的 $1/x^2$. 他假设发表 x 篇论文的作者人数的频率为 $f(x)$. 以 x 为横坐标，$f(x)$ 为纵坐标作图. 化学学科 A+B 的前 34 个点的图像见图 11.6(a). 其图像与图 11.2 的帕累托分布相仿，大致成 L 形的偏斜曲线. 接下来画双对数图. 洛特卡以 $\ln x$ 为横坐标，$\ln f(x)$ 为纵坐标作图. 化学学科 A+B 的双对数图见图 11.6(b)，其图像大致成一条直线. 他由最小二乘法算得，化学学科 A+B 的前 34 个点的直线斜率为 -1.888 ∓ 0.007，物理学科的前 17 个点的直线斜率为 -2.021 ∓ 0.017. 这些直线斜率都近似等于 -2. 由此洛特卡给出幂律倒平方分布：$f(x) = c \cdot x^{-2}$. 因为 $\sum\limits_{x=1}^{\infty}(1/x^2) = \pi^2/6$，所以常数

$c = 6 / \pi^2 = 0.607\ 9$. 因而发表 x 篇论文的作者人数在作者总数中的比例为

$$f(x) = \frac{0.607\ 9}{x^2},\quad x = 1,\ 2,\ 3,\ \cdots$$

这就是洛特卡发现的科学论文作者分布的洛特卡幂律倒平方定律. 由此幂律倒平方分布算得的频率拟合值见表 11.6 最右边一列. 拟合效果相当不错. 发表 1 篇论文的作者数量占作者总数的 60.79%, 发表 2 篇论文的作者数量占发表 1 篇论文的作者数量的 1/4……发表 n 篇论文的作者数量占发表 1 篇论文的作者数量的 $1/n^2$.

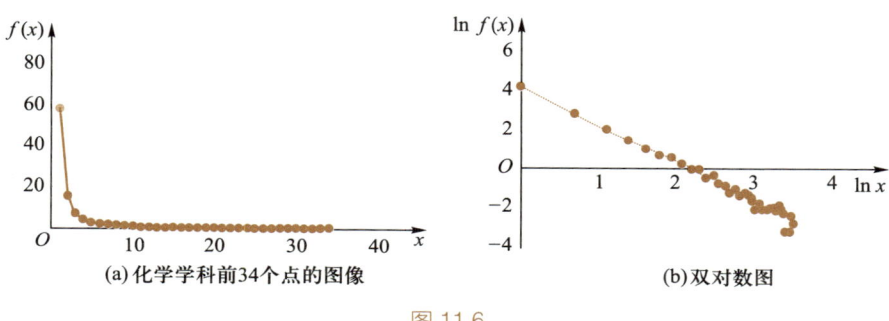

(a)化学学科前34个点的图像　　　　(b)双对数图

图 11.6

　　难以想象, 究竟是什么原因促使洛特卡去翻阅历时十年的《化学文摘》与 1900 年及之前的《物理史表》, 查阅 8 000 多名作者的 26 000 多篇论著. 一百多年前, 电子计算机尚没有问世. 洛特卡手工整理如此多作者的如此多论著, 工作的烦琐乏味是可想而知的. 长长的表 11.6 来之不易. 正如洛特卡在他 1926 年那篇著名论文所言, "如果可能的话, 测定不同才干的人对科学进步的贡献, 这样做很有意义(interest)". 英文单词 "interest", 这里译为 "意义". 其实, 这里也可译为 "兴趣". 洛特卡的研究可以用 "始于兴趣, 终于坚持" 这八个字来概括.

　　帕累托是经济学家, 戴克、朱兰和德鲁克是管理学家, 齐普夫是语言学家和心理学家, 布拉德福是化学家和文献学家, 洛特卡是人寿保险公司的统计员. 他们是非统计专业的科学家, 不是凭空思维, 而是从数据出发. 他们使用的统计方法似乎简单而肤浅, 只不过是表格和图形, 但他们在各自的研究领域取得了原创性的独到发现. 他们发现的规律闻名于世, 流传千古. 他们之所以能从数据发现规律, 一个很重要的原因是, 他们有统计之外其本身的专业知识. 枯燥乏味的数据, 经他们解释分析, 就很有趣. 他们就能从数据挖掘出隐藏着的规律. 由此可见, 从观察到的数据和事实发现规律, 需要多个学科的交叉分析和解释.

11.9 幂律分布及其参数估计

洛特卡给出的幂律倒平方分布, 其一般形式为幂律倒 γ 次方分布

$$f(x) = c \cdot x^{-\gamma}, \quad x = 1, \ 2, \ 3, \ \cdots, \ \gamma > 1 \tag{11.3}$$

幂律倒 γ 次方分布, 简称幂律分布, 又称离散型的帕累托分布. 仅当 $\gamma > 2$ 与 $\gamma > 3$ 时, 幂律分布才分别有均值与方差. 这个离散型的帕累托分布中的参数 c 与幂指数 γ 有关, $c = 1/\zeta(\gamma)$, $\zeta(\gamma) = \sum\limits_{x=1}^{\infty} x^{-\gamma}$ 就是著名的黎曼 ζ 函数. 正因为有黎曼 ζ 函数, 这个离散型的帕累托分布的统计推断问题, 就比式(11.1)的帕累托分布复杂得多. 连续型的帕累托分布有长尾是不难验证的, 见式(11.2). 下面用本章参考文献[12]推得的一个等式, 证明离散型的帕累托分布, 即幂律分布有长尾. 文献[12]附录 B 的 B.4.有个等式(B.14), 这个等式意思是说,

$$\sum_{x=k}^{\infty} x^{-\gamma} = \frac{(k-1/2)^{-\gamma+1}}{\gamma-1} \left[1 + O(k^{-2}) \right], \quad \gamma > 1$$

根据这个等式, 对幂律分布而言, 对所有 $m > 0$, 若 $k \to \infty$, 则

$$\frac{P(X \geq k+m)}{P(X \geq k)} = \frac{\sum\limits_{x=k+m}^{\infty} x^{-\gamma}}{\sum\limits_{x=k}^{\infty} x^{-\gamma}} = \left(\frac{k-1/2}{k+m-1/2} \right)^{\gamma-1} \cdot \frac{\left[1 + O((k+m)^{-2}) \right]}{\left[1 + O(k^{-2}) \right]} \to 1$$

所以离散型的帕累托分布, 即幂律分布有长尾.

在用幂律分布拟合经验观察数据时, 需要估计幂指数 γ. 因为幂律分布有黎曼 ζ 函数, 所以幂指数 γ 的极大似然估计的计算就比较复杂, 有兴趣的读者可阅读本章文献[10–13]. 幂指数 γ 的估计、分析估计量的误差、构造区间估计等问题的进一步讨论, 详见本章文献[14]. 除前面所叙述的画双对数图, 用最小二乘法估计幂指数的方法之外, 下面讲述两个简单的估计方法.

对幂律分布 $f(x) = x^{-\gamma}/\zeta(\gamma)$ 而言，$f(1) > f(2) > f(3) > \cdots$，这是显然成立的. $x = 1$ 是幂律分布的众数. 设 x_1, x_2, $\cdots$, x_n 是来自幂律分布的随机样本，令 n_k 是等于 k 的观测值的个数，$k = 1$, 2, $\cdots$. 幂律分布的众数的概率 $f(1) = 1/\zeta(\gamma)$ 如果用等于 1 的观测值的频率 $P(1) = n_1/n$ 来估计，就得幂指数 γ 的估计 $\hat{\gamma}$ 满足的等式：

$$\frac{1}{\zeta(\hat{\gamma})} = \frac{n_1}{n}, \quad \zeta(\hat{\gamma}) = \frac{n}{n_1}$$

通常称这个方法为 FF 法（first frequency estimation），或众数法. 齐普夫将文献所包含的不同单词，按单词出现的频率由高到低排列，研究序号为 r (= 1, 2, $\cdots$) 的那些词出现的频率 f_r 有什么样的分布. 美国卡内基梅隆大学知名教授、著名心理学家西蒙（Herbert Alexander Simon, 1916—2001）研究的着眼点与齐普夫有所不同. 他研究的是出现 i (= 1, 2, $\cdots$) 次的这些单词的频率 $f(i)$ 的分布，详见下面 11.10 节. 假设某长篇小说有 n 个不同的单词. 在这 n 个不同的单词中，出现 i 次的设有 n_i 个. 西蒙研究频率 $f(i) = n_i/n$ 的分布. 齐普夫统计观察的《尤利西斯》有 $n = 29\ 899$ 个不同的单词. 如按西蒙的研究方法，用幂律分布拟合此长篇小说的数据，假设出现 x 次的单词的概率 $f(x) = x^{-\gamma}/\zeta(\gamma)$. 若使用众数法，由于仅有 $n_1 = 16\ 472$ 个单词出现 1 次，则幂指数 γ 的估计 $\hat{\gamma}$ 应满足等式：$\zeta(\hat{\gamma}) = 29\ 899/16\ 472 = 1.815\ 1$. 数值计算求得 γ 的估计值 $\hat{\gamma} = 1.847\ 6$. 由此得出现 x 次的单词的频率分布 $f(x)$ 的估计为

$$\hat{f}(x) = \frac{x^{-1.847\ 6}}{1.815\ 1} = \frac{0.550\ 9}{x^{1.847\ 6}} \tag{11.4}$$

本章参考文献 [13] 将众数法加以推广，由于 $f(1) = 1/\zeta(\gamma)$，$f(2) = 2^{-\gamma}/\zeta(\gamma)$，则比率：$f(1)/f(2) = 2^{\gamma}$. 如果用等于 1 和 2 的观测值的频率 n_1/n 和 n_2/n 分别来估计 $f(1)$ 和 $f(2)$，则得幂指数 γ 的估计 $\hat{\gamma}$ 应满足的等式：

$$2^{\hat{\gamma}} = \frac{n_1}{n_2}, \quad \hat{\gamma} = \log_2\left(\frac{n_1}{n_2}\right)$$

称这个方法为比率法. 小说《尤利西斯》中仅出现 1 和 2 次的单词数分别为 $n_1 = 16\ 472$ 和 $n_2 = 4\ 776$. 由此得 $\hat{\gamma} = \log_2(16\ 472/4\ 776) = 1.786\ 1$. 数值计算求得 $\zeta(1.786\ 1) = 1.903\ 4$. 由此得出现 x 次的单词的频率分布 $f(x)$ 的估计为

$$\hat{f}(x) = \frac{x^{-1.786\ 1}}{1.903\ 4} = \frac{0.525\ 4}{x^{1.786\ 1}} \tag{11.5}$$

使用 FF 法求得的分布(11.4)式与使用比率法求得的分布(11.5)式，它们之间有差别在所难免. 但它们相差不是很大.

11.10　西蒙与他的"成功产生成功"假设

关于齐普夫的词频分布的成因，除了齐普夫从心理学角度提出的"省力法则"假设，还有另一个从心理学角度提出的"成功产生成功"假设. 关于这个假设，西蒙的研究在国际上享有盛名. 作为一个政治学博士学位的持有者，西蒙是 20 世纪科学界的一位奇特的通才. 他的研究领域有认知心理学、计算机科学、公共行政、经济学、管理学与科学哲学等. 他在 1975 年获得计算机科学领域的图灵奖，1978 年获得诺贝尔经济学奖，1993 年获美国心理学家协会的终身成就奖. 1972 年西蒙第一次来中国访问，之后又 9 次来华访问. 他还有个中文名字"司马贺"，据说是他自己取的.

齐普夫定律、布拉德福定律与洛特卡定律，都是通过对经验数据的观察分析提出来的. 而西蒙更进一步，构建了一个概率模型，在一个理论框架内解读经验数据，推导出拟合分布. 这个概率模型出自他于 1955 年在国际权威统计学学术刊物《生物计量》上发表的，题为"关于一类偏态分布函数"的论文中. 论文引言开门见山点明了主题，试图分析一类分布函数，它出现在范围很广的一类经验数据，特别是社会学、生物学和描述经济现象的数据. 引言列举的论文特别提到的经验分布有：（1）书和散文等文献中单词出现的频率分布；（2）科学论文作者分布；（3）城市人口分布；（4）收入分布；（5）生物属的物种数量的分布. 经验数据表明，上述五类分布虽来自文献学、城市地理学、经济学与生物学等不同领域，但它们都是"少数几个主要和多个微不足道"的. 没有人认为上一章的博特克维奇的普鲁士士兵被马踢伤致死的人数与阿贝的显微镜载玻片上红细胞的个数有什么联系，只是同一个泊松分布为这两种现象提供了一个抽象模型. 对于上述五类经验分布，西蒙试图寻找其共同的抽象分布，描述它们之间的"少数几个主要和多个微不足道"的相似性. 齐普夫研究的是文献中高频、低频单词的分布. 正如之前 11.9 节所述的，齐普夫将文献所包含的不同单词，按单词出现的频率由高到低排列，研究序号为 $r(=1, 2, \cdots)$ 的那些词出现的频率 f_r 有什么样的分布．西蒙研究的着眼点与齐普夫有所不同．他研究的是出现 $i(=1, 2, \cdots)$ 次的这些单词的比例，即它的频率的分布 $f(i)$．这也就是说，任取一个单词，$f(i)$ 恰是它，正好是出现 i 次的一个单词的概率．显然，西蒙研究的问题相当于发表 $i(=1, 2, \cdots)$ 篇论文的作者人数的比例（频率）的分布 $f(i)$；恰有 i 个物种的属的个数在属的总个数中的比例的分布 $f(i)$．事实上，西蒙研究的还可用于描述文献分散规律的布拉德福定律的，刊载 $i(=1, 2, \cdots)$ 篇论文的期刊数的分布 $f(i)$．

为便于解释，西蒙在论文中用词频来描述他构建的概率模型．设有一本正在写的书，它已经有 k 个单词，其中有 $n_k(\leqslant k)$ 个不同的单词．记这 n_k 个不同单词中正好出现 i 次的单词共有 $n(i, k)$ 个．显然，$\sum\limits_{i=1}^{k} n(i, k) = n_k$，$\sum\limits_{i=1}^{k} i \cdot n(i, k) = k$．西蒙假设第 $(k+1)$ 个单词恰是正好出现 i 次的单词，其概率与 $i \cdot n(i, k)$ 成比例，即与正好出现 i 次的所有单词的总数成比例．他假设存在一个仅与 k 有关的数 $c(k)$，使得这个概率等于 $c(k)[i \cdot n(i, k)]$．这个假设表明，一个单词使用的次数越多，则它再次使用的可能性就越大．这就是"成功产生成功"．此外，西蒙假设第 $(k+1)$ 个单词还可能是一个新单词，即是前 k 个单词中没有出现过的，不在这 n_k 个不同单词中的一个新单词，它的概率 α 是恒定的．由此知

$$1 - \alpha = \sum_{i=1}^{k} c(k)[i \cdot n(i, k)] = c(k) \sum_{i=1}^{k} i \cdot n(i, k) = c(k) \cdot k$$

$$c(k) = \frac{1 - \alpha}{k}$$

西蒙由这些假设推导出如下的，含有贝塔、伽马函数的阶乘型分布：

$$f(i) = \rho \cdot \mathrm{B}(i, \rho+1) = \rho \cdot \frac{\Gamma(i)\Gamma(\rho+1)}{\Gamma(i+\rho+1)}, \ i = 1, 2, \cdots \qquad (11.6)$$

其中参数 $\rho > 1$．$f(i)$ 是一个单词为出现 i 次的单词的概率．根据伽马函数的性质：当 $i \to \infty$ 时，对于任意常数 k 都有 $\Gamma(i+k)/\Gamma(i) \sim i^k$，所以当 $i \to \infty$ 时，我们有

$$f(i) = \rho \cdot \frac{\Gamma(\rho+1)\Gamma(i)}{\Gamma(i+\rho+1)} \sim i^{-(\rho+1)} \qquad (11.7)$$

11.10 西蒙与他的"成功
产生成功"假设

$(i \cdot f(i))$ 的图像是 L 形曲线，偏斜，按倒 $(\rho+1)$ 次幂趋于 x 轴. 由于西蒙导出的式 (11.6) 的这个分布中 $\rho>1$，由式 (11.7) 知，$i \cdot f(i) \sim i^{-\rho}$，故它存在期望，但仅当 $\rho>2$ 时它才存在方差.

11.11 尤尔与尤尔分布

西蒙说他所导出的这个分布应称为尤尔分布. 这是因为英国统计学家尤尔 (George Udny Yule，1871—1951) 早在三十余年前，于 1924 年就给出了这个分布，见本章参考文献 [14]. 属 (genus) 与种 (species) 是生物分类中的两个类别. 种是最基本的分类单位，属是种的最近的上层. 大多数的属仅只有一个种，而少数属有多个种. 犹如帕累托的二八定律所言，"20% 的属拥有 80% 的种". 文献 [14] 的附录有表 A 至表 E 的五张表，它们分别是关于金龟子、天牛、蛇、蜥蜴和豆科植物的观察数据. 其中表 B 是关于天牛的观察数据，有 k(=1，2，…) 个种的属的个数 n_k 见表 11.7. 这批观察数据共有 1 024 个属，其中约占总数 80% 的 797 个属内仅至多有 5 个种. 它们是"少数几个主要和多个微不足道"的.

表 11.7　天牛的观察数据

k	n_k	k	n_k	k	n_k	k	n_k	k	n_k	k	n_k
1	469	11	11	21	2	32	1	46	1	69	1
2	152	12	4	22	5	34	3	47	1	89	1
3	82	13	10	23	1	35	2	49	1	95	1
4	61	14	9	24	3	36	1	50	1	104	1
5	33	15	8	25	1	37	1	52	1	107	1
6	36	16	7	26	3	39	2	53	1	120	1
7	18	17	11	27	1	40	2	57	1	125	1
8	17	18	6	28	1	42	1	59	1	合计	1 024
9	14	19	5	30	2	43	2	66	1		
10	11	20	3	31	3	44	1	67	1		

第十一章 帕累托与帕累托分布

尤尔分布就是为拟合生物属的种数量的经验分布，是尤尔构建了一个概率模型，从而推导出它的分布，见 11.12 节的式（11.8）。此外，尤尔引进了自回归和序列相关等重要概念，奠定了时间序列这个统计学分支现代发展的基础。概率论中有以他姓氏命名的尤尔过程，及以他与英国数学家和气象学家沃克（Gilbert Thomas Walker，1868—1958）的姓氏命名的尤尔-沃克方程。1944 年尤尔出版专著《文学词汇的统计研究》。令人感到惊奇的是，在这本著作中，尤尔没有提到他早期关于生物属的种数量分布的研究，没有用他提出的尤尔分布来观察分析词汇的统计数据。著作中提出的尤尔图（Yule graph）至今仍是一种估计不同作家风格的统计方法。设某作家写的书含有 k 个单词，其中有 m_i（即前面所述的 $n(i, k)$）个单词在书中正好出现 i 次。它在书中正好出现 i 次的频率等于 $f_i = (i \cdot m_i)/k$。在直角坐标系中，画曲线 (i, f_i)，$i = 1, 2, \cdots, k$。这个曲线就称为尤尔图。画不同作家的尤尔图，就可以比较他们各自文章中词的分布特征。尤尔图还可以用来推断匿名文章的作者是谁，这对于古籍考证和侦察工作都有一定的价值。

11.12　尤尔分布及其参数估计

西蒙由单词的频率导出的尤尔分布，见式（11.6），其中的参数 $\rho > 1$。而尤尔由生物属的种数量导出的尤尔分布，虽形式上与西蒙导出的相同，但其中的参数 $\rho > 0$。尤尔导出的是尤尔分布的一般情况。称离散型随机变量 X 服从尤尔分布，是指

$$f(x) = P(X = x) = \rho \cdot \frac{\Gamma(x)\Gamma(\rho+1)}{\Gamma(x+\rho+1)}, \quad x = 1, 2, 3, \cdots, \rho > 0 \quad (11.8)$$

由式（11.7）知，$(x, f(x))$ 的图像是 L 形曲线，偏斜，按倒 $(\rho+1)$ 次幂趋于 x 轴。仅当 $\rho > 1$ 与 $\rho > 2$ 时，尤尔分布才分别有均值与方差。下面用本章参考文献 [16] 推得的一个等式，证明尤尔分布是长尾分布。文献 [16] 的等式说，尤尔分布的尾部概率

$$P(X \geq k) = \sum_{x=k}^{\infty} \rho \cdot \frac{\Gamma(x)\Gamma(\rho+1)}{\Gamma(x+\rho+1)} = \rho \cdot \frac{\Gamma(k)\Gamma(\rho)}{\Gamma(x+\rho)}$$

因而对所有 $m>0$，若 $k\to\infty$，则根据伽马函数的性质：当 $k\to\infty$ 时，对于任意常数 m，$\Gamma(k+m)/\Gamma(k)\sim k^m$，故当 $k\to\infty$ 时，

$$\frac{P(X\geq k+m)}{P(X\geq k)}=\frac{\Gamma(k+m)}{\Gamma(k)}\cdot\frac{\Gamma(k+\rho)}{\Gamma(k+m+\rho)}\sim\left(\frac{k}{k+\rho}\right)^m\to 1$$

所以尤尔分布是长尾分布，其尾部服从幂律倒 $\rho+1$ 次方分布.

因为尤尔分布是含有伽马函数的阶乘型分布，所以同幂律分布，其参数的极大似然估计的计算也比较复杂，有兴趣的读者可阅读本章参考文献 [16-18]. 本章仅讲述几个简单而常用的估计方法. 如同幂律分布，对尤尔分布而言，$f(1)>f(2)>f(3)>\cdots$ 也是成立的. $x=1$ 是它的众数. 同幂律分布，众数法也可用来估计尤尔分布的参数 ρ. 尤尔分布众数的概率 $f(1)=\rho/(\rho+1)$，所谓众数法，就是解方程：

$$\frac{\rho}{\rho+1}=\frac{n_1}{n}, \text{ 从而得 } \rho \text{ 的估计} \widehat{\rho}=\frac{n_1}{n-n_1}$$

齐普夫统计观察的《尤利西斯》有 $n=29\ 899$ 个不同的单词. 其中仅出现 1 次的单词有 $n_1=16\ 472$ 个. 由此得 ρ 的估计 $\widehat{\rho}=1.226\ 8$. 故小说《尤利西斯》中出现 x 次的单词的频率分布 $f(x)$ 的估计为

$$\widehat{f}(x)=1.226\ 8\cdot\frac{\Gamma(x)\Gamma(2.226\ 8)}{\Gamma(x+2.226\ 8)} \tag{11.9}$$

如果有 $\rho>1$ 的信息，那么可用矩法，由均值来估计 ρ. $\rho>1$ 时尤尔分布的均值 $\mu=\rho/(\rho-1)$. 如果 $f(x)$ 是书和散文等文献中正好出现 $x(=1,2,\cdots)$ 次的这些不同单词的频率分布，那么其数学期望 μ 的含义就是单词出现的平均次数. 一本有 k 个单词的书，其中有 n_k 个不同的单词，则该书单词平均出现的次数 $\bar{x}$ 显然等于 k/n_k. 所谓矩法，就是解方程：

$$\frac{\rho}{\rho-1}=\frac{k}{n_k}, \text{ 从而得 } \rho \text{ 的估计} \widehat{\rho}=\frac{k}{k-n_k}$$

长篇小说《尤利西斯》的单词容量为 $k=260\ 432$ 个，内有 $n_k=29\ 899$ 个不同的单词. 故单词平均出现的次数 $\bar{x}=260\ 432/29\ 899=8.710\ 4$，$\rho$ 的估计 $\widehat{\rho}=k/(k-n_k)=1.129\ 7$. 故小说《尤利西斯》中出现 x 次的单词的频率分布 $f(x)$ 的估计为

$$\widehat{f}(x)=1.129\ 7\cdot\frac{\Gamma(x)\Gamma(2.129\ 7)}{\Gamma(x+2.129\ 7)} \tag{11.10}$$

汉利为长篇小说《尤利西斯》编写了频率词典，本书没有该词典的完整数据，仅知其在 $n = 29\,899$ 不同的单词中，出现 1、2 与 3 次的单词分别有 16 472、4 776 与 2 194 个．由此算得出现 4 次及 4 次以上的单词有 6 457 个．根据（11.4）、（11.5）、（11.9）和（11.10）算得的拟合值 $n \cdot \widehat{f}(x) = 29\,899 \cdot \widehat{f}(x)$ 见表 11.8．

表 11.8 长篇小说《尤利西斯》单词数据的拟合

单词出现次数	单词个数	拟合值：$29\,899 \cdot \widehat{f}(x)$			
		幂律分布		尤尔分布	
		众数法式（11.4）	比率法式（11.5）	众数法式（11.9）	均值矩法式（11.10）
1	16 472	16 472	15 709	16 472	15 860
2	4 776	4 577	4 555	5 105	5 068
3	2 194	2 164	2 208	2 415	2 454
≥4	6 457	6 686	7 427	5 907	6 517
合计	29 899	29 899	29 899	29 899	29 899
参数估计		$\widehat{\gamma} = 1.847\,6$	$\widehat{\gamma} = 1.786\,1$	$\widehat{\rho} = 1.226\,8$	$\widehat{\rho} = 1.129\,7$
长尾		倒 1.847 6 次方趋于 x 轴	倒 1.786 1 次方趋于 x 轴	倒 2.226 8 次方趋于 x 轴	倒 2.129 7 次方趋于 x 轴

关于《尤利西斯》的数据，表 11.8 中的四种方法所求得的拟合值，都与《尤利西斯》的频率词典给出的观测值相差不大．由于这些参数估计是非极大似然估计，难以使用分类数据的 χ^2 检验，故单就这些数据，对这四种方法进行比较．即使有了完整数据，求得了极大似然估计，在使用分类数据的 χ^2 检验时，观测值如何分组也是个很敏感的问题，不同的分组方法有可能导致不一样的结论．这样一来，就会有个问题，拟合《尤利西斯》的经验数据，究竟是用幂律分布，还是用尤尔分布，或者用其他的分布？国际著名统计学家博克斯（George Box，1919—2013）有一句深具哲理的名言，"所有模型都是错误的，但有些是有用的"．博克斯的名言告诫我们，对于归纳思维推得的模型，不能盲目相信数据和经验．事实上，模型不是精准无误的，它难免有错误．但也正如他所说的，模型还是有用的，归纳思维的确能解决问

题.由尤尔分布与幂律倒 γ 次方分布,由数学期望与众数导出的参数的估计,它们都不是确定无疑的,但都是有用的.究竟用哪一个,要根据数据的具体情况具体分析.在不能确定哪一个更好时,那就两个都用,给决策提供多一些考虑的依据.

11.13 普赖斯及普赖斯定律、普赖斯指数和普赖斯曲线

西蒙之后,科学界又一位奇特的通才,英国著名科学学家、科学史学家和科学计量学奠基人普赖斯(Derek John de Solla Price, 1922—1983),建立了一个概率模型,再一次明确提出了"成功产生成功"假设.普赖斯对幂律网络作出了奠基性的贡献.科学计量学界设立了普赖斯奖.这是专门为纪念普赖斯设立的,是科学计量学领域的国际最高奖.1984 年首届普赖斯奖授予期刊影响因子(impact factor)的发明人加菲尔德(Eugene Garfield, 1925—2017).科学计量学中以普赖斯命名的有普赖斯定律、普赖斯指数和普赖斯曲线.

普赖斯定律是普赖斯通过观察和探索,根据洛特卡定律推导出来的.设某学科最高产的那位科学家撰写了 N 篇论文.令 $m \approx 0.749 \cdot \sqrt{N}$.普赖斯定律说论文数大于 m 的科学家们所发表的论文总数等于全部论文总数的一半.例如 $N=100$,则 $m=7.49$.发表 1 到 7 篇论文的低产科学家们与发表 8 到 100 篇论文的高产科学家们,他们所发表论文总数大致一样多,各占全部论文总数的一半.普赖斯通过观察和探索,根据洛特卡定律进一步推导出,论文数大于 m 的科学家总数在全体科学家总数中的比例 $R \approx 0.812/\sqrt{N}$.当 $N=100$ 时,$R \approx 0.081\ 2$,高产科学家总数在全体科学家总数中的占比仅为 8.12%.由此可见,少数是高产科学家,而大多数是低产的.

下面根据洛特卡的表 11.6 的经验数据验证普赖斯定律.由表 11.6 的经验数据算得,化学 A、B 与 A+B,以及物理的发表 1 到 m 篇论文的低产科学家们所发表论文总数,在全部论文总数的占比(见表 11.9 的第 6 行)情况:化学 B 的很接近 50%,物理的其次,化学 A 与 A+B 的居后,但比 50%大得不多.由表 11.6 的经验数据算得,化学 A、B 与 A+B,以及物理的论文数大

于 m 篇的高产科学家总数，在全体科学家总数中的占比（见表 11.9 的第 7 行），分别都和第 5 行的由普赖斯定律算得的 R 的数值相差不大.

表 11.9　由洛特卡的表 11.6 的经验数据验证普赖斯定律

		化学学科			物理学科
		A	B	A+B	
N: 最高产的那位科学家撰写的论文数		346	114	346	48
普赖斯定律	$m \approx 0.749 \cdot \sqrt{N}$	14	8	14	5
	$R \approx 0.812/\sqrt{N}$	0.044	0.076	0.044	0.117
发表 1 到 m 篇论文的低产科学家发表论文总数的占比		62.6%	52.4%	63.5%	57.0%
论文数大于 m 的高产科学家总数的占比		0.042	0.079	0.043	0.096

　　普赖斯定律出自普赖斯 1963 年的科学史代表名著《小科学，大科学》（*Little Science，Big Science*）一书. 普赖斯认为世界科技的发展先后经历着"小科学"时期和"大科学"时期. 小科学指的是以个体研究为特征的小规模的，19 世纪末以前的古代和近代的科学. 小科学时期，人们思想活跃，自由探索，科技成果出现快速增长. 20 世纪，为适应现代社会大工业生产的需要，科学技术发展进入大科学时期，科学技术研究活动从集体规模扩大到国家规模. 科学研究、技术开发和社会生产密切结合并协调发展，科研机构和科研人员的快速增长，一项项大的科研计划的实施，促进科技迅猛发展. 在普赖斯看来，随着科技发展产生的一系列问题，例如环境和生态问题等有待解决，因而科技将进入一个增长饱和时期. 普赖斯提出的小科学和大科学的理念至今仍影响着世界科技界与科技管理界. 普赖斯于 1961 年出版了另一部科学史代表名著《巴比伦以来的科学》（*Science since Babylon*）. 这部名著讲述了他与李约瑟等人一起对中国古代"水运仪象台"的研究，称这是以钟表制造为代表的欧洲机械技术水平在中世纪晚期突然大幅度提高和成熟的技术的重要来源. 普赖斯这两部名著不仅介绍具体的科学史知识，更主要的是弘扬科学精神，传播科学思想，倡导科学方法，提高读者的科学素养，加深对科学的认识. 故与其说它们是科学史著作，不如说是科学学著作.

科学引文索引（Science Citation Index，简称 SCI）是 1957 年创办的引文数据库. 1971 年普赖斯根据这个引文数据库，观察分析被引用的文献的年龄. 他发现一年中被引用的一半文献，年龄不超过 5 年. 由此，他提出了一个衡量文献老化程度的数量指标，即普赖斯指数. 对某个学科（或期刊）而言，普赖斯指数就是年龄不超过 5 年的引文数量与引文总数之比. 显然，普赖斯指数越大，文献老化越快，其发展比较迅速. 普赖斯指数的大小，随不同学科（或期刊）的自身性质而异. 一般而言，物理学和生物化学方面的期刊的普赖斯指数为 60%～70%，X 射线学和放射学的为 55%～60%，社会科学的为 40%～45%，植物学的在 20% 左右，语言学和历史学的少于 10%.

　　普赖斯曲线的提出颇有戏剧性. 1946 年他获伦敦大学物理学博士学位，然后于 1947 年去新加坡，在马来亚大学任教. 一个偶然的机会，他接受了自 1662 至 1930 年的一整套《英国伦敦皇家学会哲学汇刊》文献的保管工作. 他把这些杂志十年一叠地堆放在床边靠墙的层层书架上，并常在床头阅读. 普赖斯惊异地发现这些文献靠墙竟形成了一条漂亮的指数曲线. 此后，他又对各类所能找到的图书资料进行统计，以历史年代为横轴，历年科技文献总量为纵轴，在平面坐标图上描绘不同年代的点，然后以一光滑曲线连接各点，十分近似地（如图 11.7 所示）表征了科技文献量随时间的指数函数增长规律：$F(t) = a \cdot e^{bt}$，其中 $F(t)$ 是 t 时刻某一年的文献总量，a 是统计初始时刻的文献量，$b > 0$ 是常数. 这篇揭示科学文献累积增长指数规律的论文，普赖斯首先于 1950 年在第 6 届国际科学史大会上宣读，1956 年论文《科学的指数曲线》（*The Exponential Curve of Science*）发表在《发现》（*Discover*）上，并分别于 1959 年和 1962 年在耶鲁大学的系列和专题演讲中讲述. 按现今人们的眼光来看，曲线拟合是很普通的一项工作，但那个时候普赖斯的关于科学发展的定量研究，却在国际科学界引起了广泛影响，人们称誉他是"科学的科学"，意思是说他开创了"用科学的方法研究科学"，是科学计量学的奠基人. 这正如英国著名物理学家法拉第说的，"没有观察就没有科学，科学的发现诞生于仔细的观察之中". 普赖斯的重大发现皆起始于他的仔细观察和探索. 成大事者，必有其过人之处. 当然，"普赖斯曲线"用于历史数据的统计分析颇为准确. 正如普赖斯所言，"似乎没有理由怀疑任何正常的、日益增长的科学领域内的文献是按指数增加的". 显然，若使用普赖斯曲线作预测,则须慎重.

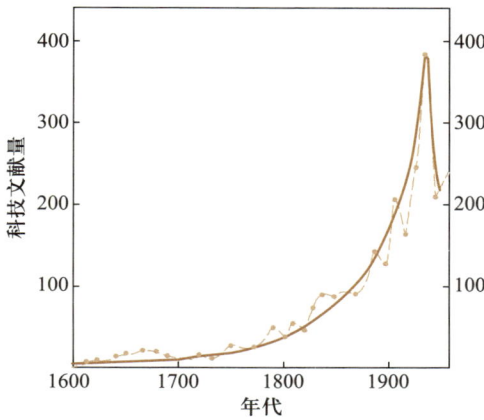

图 11.7 科技文献量的指数函数增长规律

11.14 普赖斯的科学文献网络及累积优势分布

1965 年,普赖斯在世界权威学术期刊《科学》上发表了一篇原创性科学研究,题为"科学文献网络"的论文. 在该论文中他将已发表的文献,与其脚注或参考文献中引用的文献联系起来,构成一个有向网络. 节点 A 和 B 等代表文献,"A→B"表示文献 A 引用了文献 B,对节点 A 来说是"出". 这也就是说,文献 B 是文献 A 的参考文献,对节点 B 来说是"入". 所谓一个节点的"出度"和"入度",就是这个节点有多少个"出"和多少个"入",也就是这一篇文献有多少篇参考文献和它被多少篇文献所引用. 一个网络有很多个节点,显然这些节点的度不全相等. 这些度是如何分布的? 这是网络研究的一个重要问题. 普赖斯依据 1961 年的数据,绘制了科学文献网络的出度和入度的分布图. 图 11.8(a)是出度,它是 1961 年出版的有 $n(=0, 1, 2, \cdots)$ 篇参考文献的论文数,与其在 1961 年出版的论文总数中的百分比. 其中大约 10% 的论文没有参考文献. 普赖斯认为,文献一经发表,就被该文献本身引用了. 故"入度"的最小值是 1. 图 11.8(b)是入度,在 1961 年,被 $n(=1, 2, \cdots)$ 篇文献引用的论文数在被引用论文总数中的百分比. 其中大约 50% 的论文没有被其他文献引用过，其入度是 1. 出度和入度都是 L 形曲线、偏斜、长尾. 普赖斯指出，出度分布的尾部服从幂律倒平方分布，入度分布的尾部快速下降，服从幂律倒 2.5 次方、甚至倒 3 次方分布.

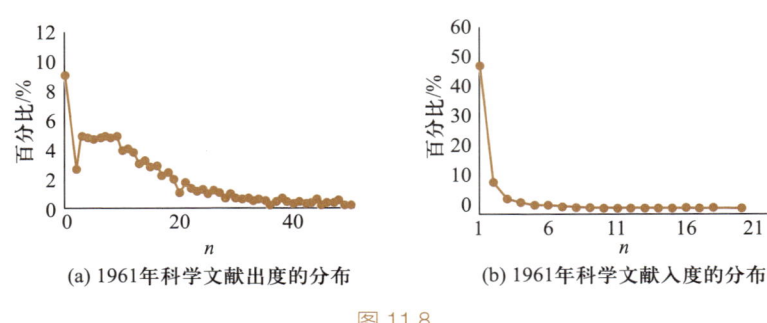

(a) 1961年科学文献出度的分布   (b) 1961年科学文献入度的分布

图 11.8

普赖斯对幂律网络作出的奠基性贡献，除了上述那篇 1965 年的论文，还有他 1976 年发表在《美国信息科学学会杂志》上，题为"文献计量等的累积优势过程的一般理论"的论文. 显然，对于科学文献网络，人们最为关心的是节点的入度，即文献被引用的次数. 由图 11.8(b) 知，入度的分布犹如帕累托原则，"大多数论文很少被引用，被引用次数多的是少数举足轻重的论文". 为什么这种现象在文献计量学及其他许多不同的社会现象中都普遍存在着？普赖斯在他 1976 年论文的引言中直言不讳地指出，这就是累积优势分布. 它是基于"成功孕育(产生)成功"的机制而得来的分布. 著名美国数学家波利亚(George Pólya，1887—1985)，在数学的广阔领域，对实变函数、复变函数、概率论、组合数学、数论、几何和微分方程等分支都做出了开创性的贡献，留下了以他名字命名的术语和定理，其中有著名的波利亚罐子模型. 这个罐子概率模型在医学上常用来模拟疾病的传染. 模型假设罐子中装有 b 个黑球和 r 个红球. 从罐中任意摸取一球，记下其颜色，且在下次取球之前把该球连同另外 $c(>0)$ 个与它同颜色的球一起放入罐子中，如此往复.

"下次取球之前把该球连同另外 c 个与它同颜色的球一起放入罐子中"，普赖斯称波利亚罐子模型的这个规则为"双向后效". 之所以称它为双向后效，那是因为下一次取球，取得红球的概率和取得黑球的概率都发生了

第十一章 帕累托与帕累托分布

变化，其中一个增加而另一个减少. 普赖斯基于累积优势的"成功孕育（产生）成功"的机制提出了"单向后效"的罐子模型. 他视"取得红球"为"成功"，视"取得黑球"为"没有成功". 所谓单向后效，就是在取得红球时，在下次取球之前把该红球连同另外 c 个红球一起放入罐子中，而在取得黑球时，仅把该黑球放入罐子中. 显然，对于单向后效的模型，在取得红球后，下一次取球时增加了取得红球的概率，减少了取得黑球的概率. 而在取得黑球后，下一次取球时，取得红球和取得黑球的概率都保持不变. 普赖斯认为，这种单向和双向后效之间的差异是人们决定，是否应用累积优势分布的准则. "失败"，就是"不成功"，就是"事件没有发生"的意思. 普赖斯更是把"失败"视作"不是事件（non-event）". 在他看来，"没有被引用"不是事件，而"被引用"才是值得标记的事件.

普赖斯首先由 $b=r=c=1$ 时累积优势单向后效的最简单的罐子模型，推导其累积优势分布，用以描述科学文献网络的入度（文献被引用次数）分布. 文献一经发表，就被该文献本身引用了. 设 $s(n)$ 为文献至少被引用 n 次的概率. 显然，$s(1)=1$. 文献一次次地被引用，相当于从罐子中一次又一次地摸得红球（成功）. 一次次地相继取得 $n-1$ 个红球的概率为 $(1/2) \cdot (2/3) \cdots \cdot ((n-1)/n) = 1/n$. 由此知，文献至少被引用 n 次的概率 $s(n)=1/n$. 设 $N(n)$ 为文献被引用 n 次的概率. 则 $N(n)=s(n)-s(n+1)=1/(n(n+1))$. 设文献被引用 X 次，则 X 的分布，即由这个最简单的罐子模型诱导出的文献入度的累积优势分布为

$$P(X=n) = \frac{1}{n(n+1)}, \quad n=1, 2, \cdots$$

这就是 $\rho=1$ 时式（11.8）的尤尔分布. 如把 $b=r=c=1$ 的最简单罐子模型拓广为 $b=m+1$，$r=c=1$ 的情况，则可推得文献入度的累积优势分布为

$$P(X=n) = (m+1) \cdot \frac{\Gamma(n)\Gamma(m+2)}{\Gamma(x+m+2)}, \quad n=1, 2, \cdots \qquad (11.11)$$

这就是 $\rho=m+1$ 时式（11.8）的尤尔分布，其尾部服从幂律倒 $(m+2)$ 次方分布. 普赖斯推得的，科学文献入度的累积优势分布（式（11.11））的数学期望为 $1+1/m$. 设经验数据中文献被引用次数的均值为 $\bar{x}$. 通常取 m 的估计值为 $\hat{m}=1/(\bar{x}-1)$.

普赖斯在 1976 年的论文中给出了一组观察数据. 其中的季度观察数据来自 1975 年的 6 157 篇论文, 年度观察数据来自 1967 年的 1 882 864 篇论文, 5 年累积观察数据来自 1965—1969 年的 6 214 篇论文. 季度、年度和 5 年累积的论文数互不相等. 普赖斯将这些论文数都修订为 10 000 篇, 然后依次按比例修订这些观察数据. 修订后季度、年度和 5 年累积的观察数据分别见表 11.10 第 2、4 和 6 列. 论文被引用次数的均值 $\bar{x}$ 和 m 的估计值 $\hat{m}$ 的数值分别见表 11.10 的最后两行. 由普赖斯导出的累积优势分布(式(11.11)), 计算所得的这些观测值的拟合值分别见表 11.10 第 3、5 与 7 列. 它们的尾部分别服从幂律倒 4.96、倒 3.49 和倒 2.87 次方分布.

　　虽然普赖斯的 1965 年和 1976 年的两篇论文对幂律网络作出了奠基性的贡献, 但它们并没有在网络研究领域产生大的影响. 其主要原因在于互联网虽始于 1969 年, 但最初只是限于研究部门、学校和政府部门使用. 直到 20 世纪 90 年代初, 普赖斯的论文发表 20 年之后, 独立的商业网络才开始发展起来, 成了覆盖全世界的全球性互联网络.

表 11.10　修订后季度、年度和 5 年累积的论文被引用数据

被引用次数	季度		年度		5 年累积	
	观测值	拟合值	观测值	拟合值	观测值	拟合值
1	7 968.2	7 983.1	7 280.9	7 132.0	6 689.7	6 510.4
2	1 223.0	1 339.9	1 328.9	1 589.6	1 260.0	1 684.2
3	532.7	385.1	550.5	579.4	555.2	692.3
4	154.3	145.2	312.3	268.0	329.9	354.1
5	66.6	64.8	154.9	143.2	225.3	206.3
6	24.4	32.6	97.5	84.4	181.8	131.1
7	6.5	17.8	64.3	53.3	114.3	88.7
8	8.1	10.4	45.2	35.6	90.1	63.0
9	3.2	6.4	31.4	24.8	88.5	46.4
10	1.6	4.2	24.4	17.9	69.2	35.2
11	0	2.8	18.3	13.3	56.3	27.3
12	1.6	1.9	14.2	10.1	35.4	21.7

被引用次数	季度		年度		5 年累积	
	观测值	拟合值	观测值	拟合值	观测值	拟合值
13	1.6	1.4	11.0	7.8	24.1	17.5
14	3.2	1.0	8.9	6.1	40.2	14.3
15	0	0.7	7.3	4.9	24.1	11.9
16	0	0.5	6.1	4.0	20.9	10.0
17	1.6	0.4	5.2	3.3	9.7	8.5
18	0	0.3	4.2	2.7	22.5	7.3
19	0	0.3	3.8	2.3	9.7	6.3
20	0	0.2	3.0	1.9	24.1	5.4
>20	3.4	1.0	27.7	15.4	129.0	58.1
$\bar{x}$	1.34		1.67		2.16	
$\hat{m}$	2.96		1.49		0.87	

11.15　巴拉巴西与万维网的直径

　　著名美国物理学家巴拉巴西(Albert-László Barabási, 1967—)以复杂网络理论研究闻名于世. 他及其学生和博士后于 1999 年在世界权威学术期刊《自然》上, 发表了题为"万维网的直径"、主要内容仅一页纸的短文. 这篇短文适逢互联网蓬勃发展时机, 在网络研究领域引起了巨大的反响和深远的影响. 当时巴拉巴西在诺特丹大学(University of Notre Dame)任教. 该校的域名"nd.edu"有 $N = 325\ 729$ 个文档(节点)和 1 469 680 个链接. 他们构建了一个"机器人", 用以网络搜索, 检索链接, 研究这个域名的拓扑结构. 所谓网络的直径就是两个文档之间的最短路径的平均值. 所谓最短路径是从一个文档导航到另一个文档所需的最小数量的链接. 巴拉巴西等人搜索发现 nd.edu 域名的直径 $d_{\text{nd.edu}} = 11.2$. 这也就是说, 从 nd.edu 域名的一个文档导航到另一个文档, 只需平均点击 11 次. 显然, 域名的直径 d 与域名的尺寸, 即文档(节点)个数 N 有关. 他们就不同的 N, 模拟构造类似于nd.edu的网络, 然后通过搜索, 分别得到这些网络的直径 d. 他们发现直径 d 关于

$\ln(N)$线性上升(见图 11.9),并由此发现直径 $d_N = 0.35 + 0.89 \cdot \ln(N)$. nd.edu 域名的 $N = 325\ 729$,故其直径的估计为 $d_{325\ 729} = 11.65$. 这与他们搜索发现的 $d_{\text{nd.edu}} = 11.2$ 相差无几. 巴拉巴西等人的文章发表于 1999 年. 那个时候,万维 网估计有 $N = 8 \times 10^8$ 个文档. 经计算,$d_{\text{www}} = 18.59$. 所以巴拉巴西等人发表于 《自然》的那篇文章宣称,尽管万维网很大,但它高度连通,平均直径只有 19 个链接. 他们说,未来几年内,预计网络规模将增加 1 000%,其直径将 从 19 变为 21.

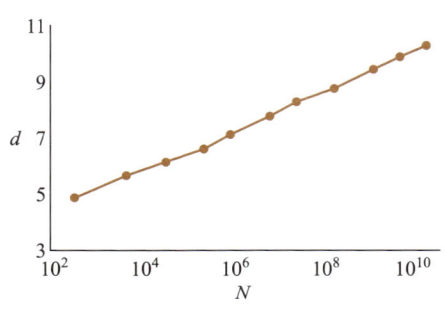

图 11.9 万维网的直径

1967 年,美国哈佛大学社会心理学教授斯坦利·米尔格拉姆(Stanley Milgram,1933—1984)做了一个著名的实验,他招募到三百多名志愿者,请 他们每人都邮寄一封信函. 信函的最终目标是他指定的一名住在波士顿的股 票经纪人. 由于几乎可以肯定信函不会直接寄到目标,他就让志愿者把信函 发送给他们认为最有可能与目标建立联系的亲友,并要求每一个转寄信函的 人都发一封信件给米尔格拉姆本人. 出人意料的是,居然最终有六十多封信 到达了目标股票经纪人手中,并且这些信函经过的中间人的数目平均只有 5 个人. 这也就是说,世界上任何互不相识的两人,平均只需要 5 个中间人就 可以建立联系. 1967 年 5 月,米尔格拉姆在《今日心理学》杂志上发表了实 验结果,并提出了著名的"六度分隔"假设:陌生人之间平均有 6 个层次的 距离. 这个实验揭示了一个重要的概念:任何两位素不相识的人之间,通过 一定的联系方式,总能够产生必然的联系或关系. 六度分隔说的是人际网 络. 1999 年巴拉巴西等人发表在《自然》上的那篇文章,研究的是万维网的 "分隔理论". 万维网很大,但高度连通,平均直径只有 19 个链接. 其实,巴拉巴西那篇文章受到人们关注的核心内容并不是万维网的直径，而在于他们发现的万维网的度，所服从的幂律分布.

在巴拉巴西那篇文章发表之前，传统上网络是用随机图模型来描述的. 模型给定 N 个节点，假设每一对节点都是以概率 p 相连接，则节点有 k 条边的概率，即节点的度遵循泊松分布

$$P(k)=\frac{\mathrm{e}^{-\lambda}\lambda^{k}}{k!}, \text{ 其中 } \lambda=NC_{N-1}^{k}p^{k}(1-p)^{N-1-k}$$

人们最初使用这种模型来解释现实生活中的网络. 巴拉巴西等人发现，互联网节点的出度和入度的分布都与经典随机图模型的泊松分布有显著差异. 他们根据诺特丹大学的 nd.edu 域名收集得到的数据，画它的出度和入度的双对数图（见图 11.10）. 双对数图显示，出度 $P_{\mathrm{out}}(k)$ 和入度 $P_{\mathrm{in}}(k)$ 的尾部都遵循幂律分布：$P(k) \sim k^{-\gamma}$，其幂指数分别为出度 $\gamma_{\mathrm{out}} = 2.45$，入度 $\gamma_{\mathrm{in}} = 2.1$. 巴拉巴西作为物理学家，实证研究诺特丹大学含有 $N = 325\ 729$ 个节点和 $1\ 469\ 680$ 个链接的 nd.edu 域名，通过观察分析、归纳推断认为，整个万维网的出度和入度分布的尾部都服从幂律分布：$P(k) \sim k^{-\gamma}$，万维网网络结构特性参数中幂指数 γ 的取值通常为 $2 \sim 3$. 这个出人意料的发现是巴拉巴西等人在网络科学领域打响的第一枪，影响深远.

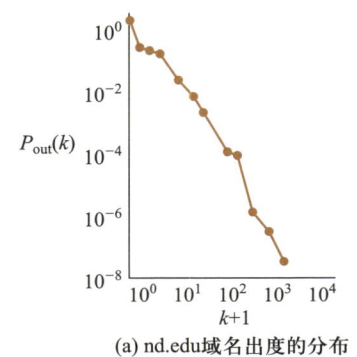
(a) nd.edu域名出度的分布

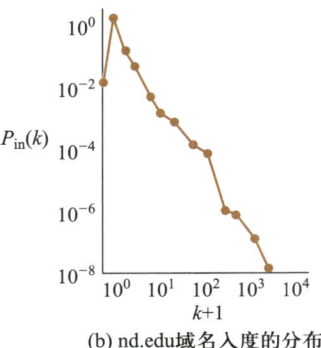
(b) nd.edu域名入度的分布

图 11.10

巴拉巴西的那篇文章末尾指出，万维网的链接分布超越了传统的随机图模型，要求我们去研究网络整体的拓扑结构. 而这项研究则展开在他们的另一篇文章中，在继《自然》的文章发表一个月之后，紧接着他们在《科学》上发表了题为"随机网络中标度的展现"一文. 这是他们就网络的无标度特征、网络的建模机制、幂律分布的成因发表的一篇更具有标志性的文章. 巴拉巴西等人 1999 年发表在《科学》上的文章指出，万维网节点连通度的幂律分布的特征来自网络的两个很简单的建模机制：1）网络不可能固定 N 个节点. 网络通过添加新的节点不断扩展增长的. 2）新的节点不可能以同样的概率 p 连接到其他节点. 新的节点"偏好链接"，倾向于优先连接到已有的连通度大的节点. 巴拉巴西等人的偏好链接与西蒙和普赖斯的"成功产生（孕育）成功"的机制，没有什么太大的差别. 巴拉巴西他们是在不知晓西蒙和普赖斯的相关工作的情况下，独立地提出了网络偏好链接的机制. 正因为是巴拉巴西开创性的研究，推动着互联网、社交网络、科学文献网络、生物系统（例如蛋白质相互作用）网络、城市和工业发展形成的（例如电网和网络医学等）大型网络的研究与应用，推动着复杂网络科学的兴起与发展. 巴拉巴西是国际网络科学学会的创始人.

显然，不仅互联网是偏好链接，许多常见的大型网络，例如由演员的协作关系形成的社交网络、由城市和工业发展形成的电网、机场与机场相互通航形成的空中交通网络及由科学出版物的引用模式形成的网络等大型网络都是偏好链接，网络的度分布都是幂律分布. 巴拉巴西在 1999 年《科学》上的文章说，他们所考察的电影演员社交网络的度分布有 $N = 212\ 250$ 个节点，平均链接 $\mu = 28.78$，倒 $\gamma_{actor} = 2.3$ 次方的幂律尾. 美国西部由发电机、变压器和变电站，及连接它们的高压输电线路组成的电网，其规模相对较小，有 $N = 4\ 941$ 个节点，平均链接 $\mu = 2.67$，倒 $\gamma_{power} = 4$ 次方的幂律尾. 长尾的幂律分布，尾巴下降缓慢. 因而相对于泊松分布，幂律分布有清晰可见的长尾. 对于网络幂律分布而言，那条长尾恰是"至关重要的极少数". 它们是电影演员社交网络中的少数几个知名演员、万维网中一些有相当多站外链接的门户网站（如中国新浪网等）、空中航空交通网络中的少数几个大型中枢机场. 幂律网中这类关键节点，是网络的枢纽，起着集散辐射的作用. 幂律网中这些与非常多节点相连接的枢纽节点极少，绝大部分节点只连接着很少的节点. 正因为极少的枢纽节点的存在, 使得幂律网显得很稳健, 对随机发生的意外故障有强大的容错能力. 但如果意外故障发生在枢纽节点, 或枢纽节点受到外力蓄意攻击, 则网络结构就显得很脆弱, 容易变得支离破碎. 因而幂律网同时具有稳健性与脆弱性.

11.17 无标度网

巴拉巴西是世界上首个提出无尺度 (scale free), 又称无标度模型的科学家. 巴拉巴西作为物理学家, 提出的无标度概念来源于统计物理的相变理论 (the theory of phase transition). 物质有不同的相. 在一定的条件下, 例如加热到一定温度, 液体就变为气体, 即从液相转变为气相. 统计物理学家把个体的尺度值相差悬殊, 以至于其相的特征不能用某一尺度值来刻画描述的现象称为无标度现象. "短尾" 如正态和泊松分布, 其集聚趋势可以用一个数, 例如平均数来描述. 根据 《中国居民营养与慢性病状况报告 (2020年)》, 18 至 44 岁中国男性平均身高 169.7 cm, 中国女性平均身高 158 cm. 因为身高服从正态分布, 所以这两个平均身高可分别用来表示我国 18 至 44 岁男性和女性身高的集聚趋势. 正态和泊松分布等 "短尾分布" 是有标度的. 但幂律分布的大部分节点的度值相对较小, 而少部分节点的度值相对较大, 甚至极大, 这就使得没有什么数可以很好地表示幂律网的度值的集聚趋势. 借助统计物理的相变理论, 巴拉巴西称幂律网为无标度网.

自然界与社会生活中存在各种各样性质迥异的幂律无标度分布现象, 对它们的研究具有广泛而深远的意义. 无标度出自 scale free. 对此不禁要问, 这与尺度不变 (scale invariance) 是不是同一个概念? 它们基本相同, 但无标度特指幂律分布网络, 而尺度不变则是一个更大的概念, 常用来特指尺度变换在某种意义下的不变性. 式 (11.1) 的帕累托分布是连续型幂律分布. 将帕累托分布的 x 尺度变换为 $y = cx$, 则 y 的密度函数为

$$g(y) = \frac{a}{b'} \cdot \left(\frac{b'}{y} \right)^{a+1}, \quad y > b', \quad \text{其中} \, b' = cb$$

故 y 的分布不变, 仍是帕累托分布. 分布的尺度不变性并不是幂律分布所固

有的，例如指数分布也有尺度不变性．将无标度理解为 scale free，特指幂律分布网络的无标度现象，较为恰当．网络的理论与应用研究贯穿着质疑和争议．无标度网络有没有问题？幂律度分布是否常见，以及它们产生的机制是否合理？幂律度分布，例如尤尔等的阶乘型分布的统计推断等许多问题都存在诸多质疑和争议．显然，对网络的理解不会穷尽．科学总是"未完成"，甚至会来回折腾．伴随着理性求真的质疑和争议，对网络的理解会不断更新完善．正如上海大学数学系著名学者史定华教授所言，"复杂网络要成为一门新科学，加强基层理论研究势在必行且有重要意义"．年轻人想在网络科学领域有所作为，建议学习史定华教授关于网络科学的专著《网络度分布理论》．

11.18　后记

　　回顾这一章所叙述的科学家，除了尤尔，其他的都不是统计学家．帕累托是经济学家，戴克、朱兰和德鲁克是管理学家，齐普夫是文献学家，布拉德福是化学家和文献学家，洛特卡是人寿保险公司的统计员，西蒙是心理学家，普赖斯是科学学家、科学史学家和科学计量学家，巴拉巴西是物理学家．他们使用统计方法分析数据，在他们各自的研究领域作出了原创性的贡献．著名美国统计学家萨维奇（Leonard Jimmie Savage，1917—1971）说："统计学基本是寄生的：靠研究其他领域内的工作而生存．这不是对统计学表示轻视，这是因为对大多数寄主来说，如果没有寄生虫就会死．对有的动物来说，不能消化它们的食物．因而，人类奋斗的很多领域，如果没有统计学，虽然不会死，但一定会变得很弱．"刚一听说，统计学基本是寄生的，真有点统计受到轻视的感觉．仔细想想，这其实是在赞扬统计．没有统计学，很多领域就会变得很弱．统计学与其他学科的交叉，互相配合，互相映衬，互相促进，相得益彰．像帕累托这些科学家，他们面向实际原始数据，用得最多的数据分析方法不外乎列表、制图等描述性统计方法，及量化研究常用的最小二乘法．他们用得多的是归纳推理，由部分推断总体，得出一般性的、有深度的结论．他们不是凭空思维，而是由数据出发，运用的统计方法看似简单而肤浅，但他们发现的规律与理论，闻名于世，流传千古.

　　帕累托分布、幂律分布和尤尔分布都是长尾分布. 长尾分布包含在重尾分布之中. 人们往往是通过研究重尾分布来研究长尾分布. 重尾分布广泛应用于各种领域，如计量文献学、金融、保险、意外事故与复杂系统、网络学等. 对重尾分布有兴趣的读者可参阅本章参考文献[19]和[20].

本章参考文献

　　这一章参考了下列文献：

　　[1] 基于戴克（H. Ford Dickie）1951 年的论文《ABC 库存分析的目标是美元，而不是美分》（*ABC Inventory Analysis Shoots for Dollars*，*not Pennies*），而写的一份培训教材 *ABC-Analyse*（德文），2013.

　　[2] LOTKA A J，1926. The frequency distribution of scientific productivity. Journal of the Washington Academy of Sciences，16(12)：317-323.

　　[3] SIMON H A，1955. On a class of skew distribution functions. Biometrika，42(3-4)：425-440.

　　[4] PRICE D J D S，1965. Networks of scientific papers. Science，149(3683)：510-515.

　　[5] PRICE D J D S，1976. A general theory of bibliometric and other cumulative advantage processes. Journal of the American Society for Information Science，27(5/6)：292-306.

　　[6] ALBERT R，JEONG H，BARABÁSI A-L，1999. Diameter of the world-wide web. Nature，401(6749)：130-131.

　　[7] BARABÁSI A-L，ALBERT R，1999. Emergence of scaling in random networks. Science，286(5439)：509-512.

　　[8] 汪小帆，2020. 无标度网络研究纷争：回顾与评述. 电子科技大学学报，49(4)：499-510.

　　[9] 史定华. 网络度分布理论. 北京：高等教育出版社，2011.

　　[10] WALTHER A，1926. Anschauliches zur Riemannschen zetafunktion. Acta Math.，48(3-4)：393-400.

　　[11] GOLDSTEIN M L，MORRIS S A，YEN G G，2004. Problems with fitting to the power-law distribution. The European Physical Journal B，41：255-258.

［12］CLAUSET A，SHALIZI C R，NEWMAN M E J，2009．Power－law distributions in empirical data．SIAM Review，51(4)：661-703．

［13］SEAL H L，1952．The maximum likelihood fitting of the discrete Pareto law．Journal of the Institute of Actuaries(1886-1994)，78(1)：115-121．

［14］DENG W L，WANG J L，2023．The Euler-Riemann ζ function and the estimation of the power－law exponent．Physica A：Statistical Mechanics and its Applications，624．

［15］YULE G U，1925．A mathematical theory of evolution，based on the conclusions of Dr. J. C. Willis，F. R. S. Philosophical Transactions of the Royal Society B，213(402-410)：21-87．

［16］CHEN Y-S，CHONG P，1992．Mathematical modeling of empirical laws in computer applications：a case study．Computers Math. Applic.，24(7)：77-87．

［17］GARCIA J M G，2011．A fixed－point algorithm to estimate the Yule-Simon distribution parameter．Applied Mathematics and Computation，217(21)：8560-8566．

［18］DENG W L，WANG L M，WANG J L，2023．Parameter interval estimation for Yule-Simon distribution．应用概率统计(Chinese J. of A.P.S.)，31(3)：225-237．

［19］NAIR J，WIERMAN A，ZWART B，2022．The fundamentals of heavy tails－properties，emergence，and estimation．Cambridge：Cambridge University Press．

［20］RESNICK S I，2007．Heavy－tail phenomena－probabilistic and statistical modeling．Springer Series in Operations Research and Financial Engineering．New York：Springer－Verlag．

第十一章 帕累托与帕累托分布

12.1 总论

弗朗西斯·高尔顿爵士(Sir Francis Galton，1822—1911)，英国皇家学会会员. 他是英国维多利亚时代一位涉猎甚广的学者：是地理学家、气象学家、热带探险家、差异心理学的创始人、指纹识别的发明者、统计学相关和回归的先驱、优生学家、原始遗传学家，还是畅销书作家，坚定不移的遗传论持有者、查尔斯·达尔文的表兄弟(高尔顿的母亲与达尔文的父亲是同父异母的兄妹). 高尔顿的最高学位是硕士学位，后来，因其成就，获得过一些荣誉博士学位.

高尔顿一生取得的成就可以从其头衔窥知一二：

(1) 热带探险家(tropical explorer)和地理学家(geographer)：高尔顿的科学生涯始于他对热带非洲的考察，后来因此当选为皇家地理学会成员.

(2) 气象学家(meteorologist)：高尔顿首先描述了反气旋(anticyclone)，并率先引入了基于气压数据图表的天气地图(weather map).

(3) 遗传学家(geneticist)：通过用统计方法研究遗传特征，高尔顿创立了遗传学的生物统计方法.

(4) 心理学家(psychologist)：高尔顿建立了差异心理学，有时候被称为实验心理学的"伦敦学派".

（5）优生学家：高尔顿写了大量关于改善人的遗传素质，产生优秀后代的文章并进行了广泛的宣传，他称之为"优生学".

（6）统计学家(statistician)：只有引入回归和相关等新的统计概念，才能将遗传研究置于科学基础之上.

对高尔顿来说，也许统计学仅仅是一种工具，当需要相应的统计方法服务于所从事的遗传学、优生学以及其他学科时，他可以设计出合适的统计方法来. 高尔顿虽然是当之无愧的统计学家，但是，遗传学和优生学无疑才是其工作的重中之重，他从未出版过一部专论统计学的著作，却出版过好几本遗传学、优生学、指纹方面的著作，甚至还出版了关于旅游的畅销书.

他坚持认为某些才能是可以遗传的，在其《世袭的天才》(*Hereditary Genius*①)一书中，他曾经说过：

"一种偶尔表达的、却是经常暗含的假设是——特别是在写来教导孩子们向善的故事中——婴儿生而非常相似，而造成男孩和男孩之间以及男人和男人之间差异的唯一因素是持续的勤奋及道德上的努力. 我对这种假设没有耐心. 我以最无保留的方式反对自然平等的自诩. 托儿所、中学、大学和职业生涯的经验是其反面的证据链条."

高尔顿在遗传学方面的工作对后世有着深刻的影响. 布夏尔(Bouchard)于1997年②说过："认知能力的一般因素的观点……以及遗传因素可能是认知能力差异的一个重要来源的观点，自从高尔顿首次系统地阐述以来，一直在争论不休……高尔顿书出版的时代就登在《伦敦时报》上的关于高尔顿的书的那些评论，如果进行轻微更改，就可以在今天发表."

关于本章高尔顿的简介，有几点需要说明：（1）写一份关于高尔顿的简短介绍并不容易，无论如何组织材料都难免挂一漏万. 高尔顿的追随者卡尔·皮尔逊(Karl Pearson，为了与同为著名统计学家其子埃贡·皮尔逊(Egon Sharpe Pearson)区别，本章一律使用其全名卡尔·皮尔逊). 为了写成关于弗朗西斯·高尔顿的传记，花了十数载，最后写成了一部三卷四个部分

---

① GALTON F，1869. Hereditary genius. London：Macmillan.

② 论文"BOUCHARD JR T J，1996. IQ similarity in twins reared apart：Findings and responses to critics. Intelligence，Heredity，and Environment，126-160" 第一段的中文翻译.

的传记(见本章 12.10 节,进一步阅读:高尔顿传记与介绍).(2)如果脱离高尔顿在其他领域的工作去谈论其在统计学领域的贡献,很难理解他产生相关思想的背景,反而更不容易理解那些统计学方法对高尔顿本人意味着什么.(3)本质上,脱离其生长环境去谈论高尔顿在各个学科的贡献,亦不容易找到其科学研究的源头,但是为了不离题太远,本章不对高尔顿的身世着墨过多.

1. 早年生活

1822 年,高尔顿出生在"The Larches",这是英国伯明翰斯巴克布鲁克(Sparkbrook)地区的一座大房子,建在一座早前叫"Fair Hill"的原址上,是首次分离出氧气的化学家普里斯特利(Joseph Priestley,1733—1804,英国皇家学会会员,植物学家、地质学家、化学家、医生,也是第一位系统研究洋地黄生物活性的学者)的故居,威瑟林(William Withering,1741—1799)将其重新命名.图 12.1 是出自维多利亚时代的水彩画家奥克利(Octavius Oakley,1800—1867)的高尔顿 18 岁时的肖像.

图 12.1 奥克利的
《高尔顿肖像》(1840)

高尔顿是一个神童——他两岁时就已经开始读书.五岁时,他懂得一些希腊语、拉丁语并能阅读长篇小说.六岁时,他转向成年人的书籍,包括乐于阅读莎士比亚,以及他长篇引用过的诗歌.高尔顿就读于伯明翰的爱德华国王学校,但对狭窄的古典课程感到恼火,并在 16 岁时离开了这个学校.他的父母敦促他进入医学界,他在伯明翰综合医院(Birmingham General Hospital)和伦敦国王学院医学院学习了两年.随后,他于 1840 年至 1844 年(18—22 岁)初在剑桥大学三一学院(Trinity College,Cambridge)学习数学.

根据共济会英格兰联合总会(United Grand Lodge of England)记录,1844 年 2 月,高尔顿在剑桥红狮旅馆(Red Lion Inn)举行的科学分会(scientific lodge)上成为共济会会员,他拥有过三个共济会级别:学徒(apprentice,1844 年 2 月 5 日)、技工(fellow craft,1844 年 3 月 13 日)、能手(master mason, 1844 年 5 月 13 日). 记录中的注释指出: 弗朗西斯·高尔顿, 三一学院学生, 于 1844 年 3 月 13 日获得共济会证书. 高尔顿在科学分会的共济会证书之一可以在他在伦敦大学学院的档案中找到.

精神崩溃阻止了高尔顿试图获得荣誉学位的意图, 他选择接受 "投票" (通过) 文学学士学位 ("poll" (pass) B.A.degree), 就像他的表兄弟查尔斯·达尔文一样. 按照剑桥的惯例, 无须进一步学习, 他于 1847 年获得了文学硕士学位. 他曾经短暂恢复过其医学学习, 但 1844 年父亲的去世使他在经济上独立, 但在感情上陷入了困境, 他完全终止了他的医学学习, 转向国外旅游、体育和技术发明.

高尔顿早年就热衷于旅行, 在前往剑桥之前, 他曾独自一人穿越东欧前往君士坦丁堡. 1845 年和 1846 年, 23 至 24 岁的他前往埃及, 沿尼罗河前往苏丹的喀土穆 (Khartoum), 然后从那里前往贝鲁特、大马士革, 然后前往约旦.

1850 年, 他在 28 岁时加入了皇家地理学会 (Royal Geographical Society), 在接下来的两年里, 他开始了一次漫长而艰难的探险, 进入了当时鲜为人知的西南非洲 (现在的纳米比亚). 他写了一本关于亲身经历的书《热带南非探险者纪事》(*Narrative of an Explorer in Tropical South Africa*, 1853, John Murray). 该书于 1889 年又再版了一次. 他被授予皇家地理学会创始人勋章和法国地理学会银质奖章, 以表彰他对该地区的开创性制图测量. 这奠定了他作为地理学家和探险家的声誉. 他继续撰写了可以说是与科学完全无关的畅销书《旅行的艺术》(*The Art of Travel*, 1855, John Murray), 这是一本为维多利亚时代的旅行者提供实用建议的手册, 共出版了 1855、1856、1860、1867 以及 1872 五个版本, 第五版印刷了多次, 至今仍在印刷, 这很神奇. 这个五个版本都可以在高尔顿的相关网站上找到.

2. 中年

高尔顿是一位博学者, 他在许多领域做出了重要贡献, 包括气象学 (反气旋和第一张流行的气象图)、统计学 (回归和相关)、心理学 (联觉)、生物学 (遗传的性质和机制) 及犯罪学 (指纹). 这些在很大程度上受到他对计数和测量的偏好的影响.

他在英国科学促进会 (British Association for the Advancement of Science)

非常活跃, 在 1858 年至 1899 年的各次会议上发表了许多关于各种主题的论文. 他于 1863 年至 1867 年担任秘书长 (general secretary), 1867 年和 1872 年担任地理部主席, 1877 年和 1885 年担任人类学部主席. 他在皇家地理学会委员会任职四十多年, 在皇家学会的各个委员会和气象委员会任职.

心理学之父冯特 (Wilhelm Wundt, 1832—1920) 的学生、20 世纪初美国应用心理学先驱、最早将心理学研究结果统计量化的心理学家卡特尔 (James McKeen Cattell, 1860—1944), 年轻时有一段时间一直在阅读高尔顿的文章, 并决定要在他手下学习. 他在获得博士学位后最终与高尔顿建立了专业关系, 并在高尔顿的实验室测量个体并进行共同研究.

1888 年, 高尔顿在南肯辛顿博物馆 (South Kensington Museum) 的科学陈列廊建立了一个实验室. 在高尔顿的实验室中, 可以测量参与者, 以了解他们的优势和劣势. 高尔顿也把这些数据用于他自己的研究. 他通常会向人们收取一小笔费用.

3. 晚年

高尔顿一直致力于优生学思想的传播, 为了吸引更广泛的受众, 高尔顿在 1910 年 5 月至 12 月间创作了一部名为 *Kantsaywhere* 的小说. 这部小说描述了一个由 "优生教" 组织的乌托邦, 旨在培育更健康、更聪明的人类. 他未出版的笔记本表明, 这是他至少自 1901 年以来一直在创作的材料的扩展. 他把它交给梅休因出版社 (London: Methuen) 出版, 但他们表现出的热情不大. 高尔顿写信给他的侄女, 说这个出版社应该被 "窒息或取代". 由于被爱情场景冒犯, 他的侄女似乎已经烧毁了小说的大部分, 但一些大碎片得以幸存, 后来由伦敦大学学院在线发布.

高尔顿去世后葬于沃里克郡 (Warwickshire) 克拉维顿 (Claverdon) 村 St. Michael and All Angels 墓地的家庭墓地.

4. 奖项和影响力

高尔顿在其职业生涯中获得了许多奖项, 包括皇家学会的科普利奖章 (Copley Medal of the Royal Society, 1910 年). 1853 年, 他因对西南非洲的探索和制图而获皇家地理学会颁发的最高奖项创始人勋章 (Founder's Medal). 他于 1855 年当选为雅典娜神庙俱乐部的成员, 并于 1860 年成为皇家学会的

会员. 他的自传①还列举了:

 法国地理学会银质奖章(1854 年, Silver Medal, French Geographical Society)

 英国皇家学会金质奖章(1886 年, Gold Medal, The Royal Society)

 法国国民教育委员会勋章(1891 年, Officier de l'Instruction Publique)

 牛津大学民法博士学位(1894 年, D.C.L.Oxford)

 剑桥大学理学博士(荣誉)(1895 年, Sc.D.(Honorary), Cambridge)

 人类学研究所赫胥黎奖章(1901 年, Huxley Medal, Anthropological Institute)

 剑桥大学三一学院荣誉院士(1902 年, Hon.Fellow Trinity College, Cambridge)

 英国皇家学会达尔文奖章(1902 年, Darwin Medal, The Royal Society)

 伦敦林奈学会达尔文-华莱士奖章(1908 年, Linnean Society of London's Darwin-Wallace Medal)

 高尔顿于 1909 年被封为爵士. 他的统计继承人卡尔·皮尔逊(图 12.2), 伦敦大学学院高尔顿优生学讲席教授(现高尔顿遗传学讲席教授)的第一位持有人, 在高尔顿去世后写了一部三卷本共四个部分的高尔顿传记.

图 12.2　87 岁的弗朗西斯·高尔顿(右)与统计学家卡尔·皮尔逊(左)

---

 ①　GALTON F, 1909. Memories of My Life. New York: E. P. Dutton and Company: 331.

第十二章　天才高尔顿: 以统计学
　　　为纽带的科学王国

开花植物属 Galtonia 以高尔顿的名字命名.

高尔顿于 1904 年在伦敦大学学院（University College London，UCL）建立了一个实验室. 2018 年，UCL 前任校长兼教务长阿瑟（Michael Arthur）教授委托利兹大学的索兰克（Iyiola Solanke）教授领导的一项调查，研究伦敦大学学院在优生学的教学和研究中的历史角色和现状，以及伦敦大学学院从与优生学研究相关的任何金融工具中受益的现状①. 2021 年 1 月 7 日，伦敦大学学院就其优生学的历史和遗产发表了正式的公开道歉，作为承认和解决其与优生学运动的历史联系的一系列行动的一部分，这项运动亦涉及卡尔·皮尔逊，其中涉及以高尔顿和卡尔·皮尔逊命名的相关建筑和职位的更名的考虑.

12.2 气象学：高尔顿统计创新的原始驱动

高尔顿是第一个发现反气旋（与气旋相反）并引入和使用了显示具有相近气压区域的图——现代天气图. 他的书 *Meteorographica*②（图 12.3）是在欧洲大陆范围内收集、绘制和解释天气数据的第一次系统的尝试，是现代科学

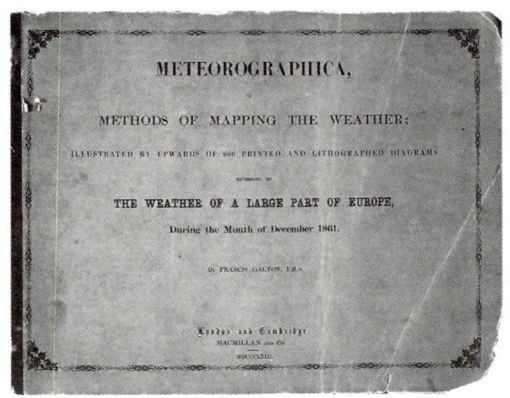

图 12.3　高尔顿的书 *Meteorographica* 封面

① 详情见伦敦大学学院网站.

② GALTON F, 1863. "Meteorographica, or, Methods of Mapping The Weather": Illustrated by upwards of 600 printed and lithographed diagrams referring to the weather of a large part of Europe, during the month of December 1861. London: Macmillan.

气象学的基础工作. 他在此书以及为地理学会及其对尼罗河的搜索所做的数据测绘和表示活动, 最终引导他实现了遗传定量研究所需的统计创新.

高尔顿绘制了发表于《泰晤士报》(*The Times*)的第一张天气图(1875 年 4 月 1 日, 显示了前一天 3 月 31 日的天气). 天气图或者天气预报现在已成为世界各地报纸的标准配置.

他从事其他科学活动的同时, 在气象委员会服务许多年. 和其他领域一样, 他提出了源源不断的创新想法、建议和工具——他的许多设备都有广泛的实际用途. 然而, 他为委员会所做的工作被严重忽视. 高尔顿在 Kew 天文台(Kew Observatory)工作时, 还设计了几种新颖而巧妙的机械仪器来记录有关天气的信息.

在该领域, 高尔顿发表过 17 项论著.

12.3 遗传学和优生学: 高尔顿统计学的核心背景

高尔顿是遗传学的统计方法的创始人, 该方法现在通常被称为 "生物统计方法"(biometric approach). 卡尔·皮尔逊及其在伦敦大学学院的学生对该方法进行了极大的扩展和发展, 后来在伦敦大学学院建立了世界上第一个统计系. 韦尔登(Walter Frank Raphael Weldon, 1860—1906), 英国进化生物学家和生物统计学的创始人之一, 与弗朗西斯·高尔顿以及卡尔·皮尔逊为《生物计量》(*Biometrika*)杂志的联合创始编辑. 可以认为, 卡尔·皮尔逊、高尔顿以及生物学家韦尔登一起创立了生物统计学派.

高尔顿对遗传学的研究始于达尔文的泛基因理论(pangenesis). 查尔斯·达尔文曾提出, 遗传机制是 "泛基因", 即在交配期间体液中的 "坏芽"(gemmules)混合. 高尔顿提议通过在兔子身上进行一系列巧妙的实验来验证这一点, 看看输血是否会改变遗传特征. 达尔文很热情, 并就实验问题与高尔顿进行了许多通信. 高尔顿失望地发现, 输血并没有起到类似的作用, 这有效地反驳了泛基因论. 查尔斯·达尔文对高尔顿发表的研究结果的反应是辩解性的, 他试图通过一系列有针对性的修正(例如, 血液不再是传播 "坏芽" 所必需的)来支持他的理论, 并通过发表文章做出了激烈的反应. 高尔

第十二章 天才高尔顿: 以统计学
　　　　为纽带的科学王国

顿基于对其表兄达尔文的尊重,一直想避免争议,发表了一篇引人注目的回应①,回应表明了他对查尔斯·达尔文尊重的程度.

高尔顿在优生学(eugenics)的构建过程中发挥了重要作用,该理论本意旨在改善人类种群,防止遗传潜力的退化.他在《人类才能及其发展研究》这本书中引入了 eugenics 这个词,并在当时的科学家和知识分子中推广这一概念.在生命的最后十年里,高尔顿大力追求优生事业,并将其作为自己的信仰.高尔顿、萧伯纳(George Bernard Shaw),威尔斯(H. G. Wells)和其他人在《美国社会学杂志》(*American Journal of Sociology*)上的讨论②说明了这场辩论的广泛内容多年来几乎没有改变.高尔顿与优生学有关的信件、论文等超过 20 项.

他的表兄查尔斯·达尔文于 1859 年出版的《物种起源》(*The Origin of Species*)一书改变了高尔顿的生活.他被这部作品,特别是关注动物育种的第一章关于"驯化下的变异(variation under domestication)"所吸引.

高尔顿余生的大部分时间都致力于探索人类种群的变化及其影响,达尔文在《物种起源》中只暗示了这一点,只是后来在 1871 年出版的《人类的由来》(*The Descent of Man*③)一书中,借鉴了高尔顿在此期间的工作,又谈到了这一点.高尔顿建立了一个研究计划,涵盖了人类变异的多个方面,从心理特征到身高,从面部图像到指纹图案.这需要发明新的性状测量方法,使用这些措施设计大规模的数据收集,并最终发现用于描述和理解数据的新统计技术.

高尔顿起初对人类能力是否可遗传的问题感兴趣,他的研究方法是,计算杰出男性的不同级别的亲属数量.他推断,如果这些品质是遗传的,那么亲属中的杰出男性应该比一般人群中更多.为了验证这一点,他发明了历史计量学(historiometry)方法.历史计量学是对人类进步或个人特征的历史研究,用统计学方法分析在相对中立的文本中对天才的引用、他们的陈述、行

---

① GALTON F, 1871. Experiments in pangenesis, by breeding from rabbits of a pure variety, into whose circulation blood taken from other varieties had previously been largely transfused. Annuals and Magazine of Natural History, (7): 372-388.

② 参见 GALTON F, 1904. Eugenics: Its definition, scope, and aims. American Journal of Sociology, 10(1): 1-25. (With Discussion).

③ DARWIN C, 1871. The descent of man. New York: D. Appleton.

12.3 遗传学和优生学:高尔顿
统计学的核心背景

为和发现. 历史计量学结合了计量历史学(研究经济史)和心理计量学(研究个人个性和能力的心理学)的技术. 高尔顿从大范围的传记来获得广泛的数据，并以各种方式对这些数据进行了制表和比较. 高尔顿喜欢制表，他的各种著作论文中有大量的表格存在. 这项开创性的工作在他 1869 年的影响深远的著作《世袭的天才》①一书中得到了详细描述. 在这本书里，除其他一些结论外，他还表明，当亲属级别从一到二以及从二到三变化时，杰出亲属的数量有所下降. 他以此作为能力遗传的证据.《世袭的天才》是第一次研究遗传对智力影响的系统性尝试，并以其使用钟形正态分布(当时称为 "law of errors")来描述智力的差异而著名，并利用家族谱系分析来确定遗传的效应.

高尔顿认识到他的方法的局限性，并认为通过比较双胞胎可以更好地研究这个问题. 他的方法设想测试出生时相似的双胞胎(如同卵双胞胎)是否在不同的环境中分化，以及出生时不同的双胞胎(如异卵双胞胎)在相似的环境中抚养时是否会趋同. 他再次使用问卷调查的方法收集了各种数据，这些数据在 1875 年的一篇论文《双胞胎的历史》(*The history of twins*)中进行了制表和描述. 在这样做的过程中，他预见了现代行为遗传学(behaviour genetics)的领域，该领域严重依赖双胞胎研究. 他的结论是，证据倾向于先天遗传而不是后天培育. 收养研究是行为遗传学的经典研究方法之一，用于估计环境和基因影响对性状变异的影响程度. 他还提议进行收养研究，包括跨种族收养研究，以便分离遗传和环境的影响.

高尔顿认识到，文化环境会影响一个文明社会公民的能力，及其繁殖成功率. 在《世袭的天才》中，他设想了一种有利于具有适应力和持久的文明的情形："关于种族改良，最好的文明形式如此，社会成本不高；收入主要来源于专业来源，而来源于继承的则不多；每个小伙子都有机会展示自己的能力，而且，如果天赋异禀，他就能够通过年少时获得的奖学金(exhibition, scholarship②)的慷慨资助，获得一流的教育并进入职业生涯；他们的婚姻和古代一样隆重；鼓励种族自豪感(当然，我不是指当今以这个名字所

---

① 见 180 页的页下注①.
② exhibition 和 scholarship 都是奖学金，exhibition 授予在专业上表现突出者，scholarship 授予在专业上持续表现优秀者，前者金额低于后者.

代表的荒谬情绪）；弱者可以在独身修道院或姐妹会中受到欢迎并将其作为避难所，最后，来自其他土地的更好的移民和难民被邀请和欢迎，他们的后代被允许入籍．"

高尔顿于 1883 年发明了优生学（eugenics）一词，并在《人类才能及其发展研究》（*Inquiries into Human Faculty and Its Development*①（图 12.4））一书中写下了他的许多观察和结论．

图 12.4　《人类才能及其发展研究》封面

在这本书的引言中，他写道：

"本书的意图是触及或多或少与种族培育（the cultivation of race）相连的各种主题，或者我们可以称之为"优生"问题，并介绍我自己的一些研究中的某几项结果．

这指的是先天地赋予高贵的品质，其中的问题与希腊语中所说的 eugenes（即血统的优点）有关．这点以及关联的词 eugeneia 等对人、动物和植物同样适用．我们非常想用一个简短的词来表达改良血统的科学，这一科学绝不局限于明智的交配问题，而尤其就人类而言，它要认识到一切无论在多么遥远程度上的影响因素．eugenics 一词足以表达这个观点；它至少是一个比我曾经冒险使用的"viriculture"更简洁、更一般化的词．"

他认为，应该为家族优点制定一个"标记"计划，并通过提供金钱奖励来鼓励高级别家庭之间早婚．他指出了英国社会的一些趋势，例如杰出人士的晚婚以及少孩，他认为这些都是遗传性的．他主张通过向有能力的夫妇提供生孩子的激励措施来鼓励优生婚姻．1901 年 10 月 29 日，高尔顿在皇家人类学研究所（the Royal Anthropological Institute）发表第二次赫胥黎演讲中，选择讨论优生问题．

优生学教育学会的期刊《优生学评论》（Eugenics Review）于 1909 年开始出版．该协会的名誉主席高尔顿为第一卷写了前言．第一届国际优生学大

---

① GALTON F, 1883. Inquiries into human faculty and its development. London: Macmillan.

会于 1912 年 7 月召开. 温斯顿·丘吉尔(Winston Churchill)是与会者之一.

高尔顿在遗传学方面发表过近 80 项成果, 散见于学术刊物、报纸、杂志、演讲, 现在有些还常常被提到, 比如:

GALTON F, 1886. Regression towards mediocrity in hereditary stature. The Journal of the Anthropological Institute of Great Britain and Ireland, 15: 246-263.

GALTON F, 1890. Kinship and correlation. North American Review, 150: 419-431.

12.4 心理学：高尔顿统计学的另一个场景

高尔顿是最早的实验心理学家之一, 也是现在被称为差异心理学(differential psychology)的研究领域的创始人. 差异心理学——个体差异的心理学——描述并解释了人们在心理上的差异及其原因. 换句话说, 它关心的是什么使我们成为个体. 差异心理学的两个主要主题是人格和智力. 差异心理学家也研究情绪、态度和人们的兴趣. 他们研究儿童和成人的智力和个性的发展, 及其随年龄的变化. 这包括遗传和环境对智力和个性差异的贡献. 差异心理学也对智力和个性如何与现实生活结果(如健康、工作和教育)相关联感兴趣. 高尔顿几乎从零开始, 不得不发明他所需要的主要工具, 他确实开发了统计方法——相关和回归. 这些手段现在是实证人文科学的基本工具, 但在他那个时代是未知的. 斯特恩(William Stern, 1871—1938)是德国心理学家和哲学家, IQ(智商)这个概念的发明者, 在其一本 1900 年出版的德文书里给出 differential psychology 这个名词. 尽管包括斯特恩在内的著名心理学家都因提出个体差异的概念而广受赞誉, 但历史记录表明, 是查尔斯·达尔文(1859)首次激发了人们对个体差异研究的科学兴趣.

他的心理学研究还包括视觉化中的心理差异, 他是第一个指出和研究"数字形式(number forms)", 现在称为"联觉(synaesthesia)"的人. 联觉是一种神经系统问题, 其中一种感觉或认知通路(如听觉)的刺激会导致第二种感觉或认知通路(如视觉)的自动、非自愿体验. 简单地说, 当一种感觉被激活时，另一种不相关的感觉也会同时被激活．例如，可能会有这样的形式，听到音乐的同时会将声音感知为漩涡或颜色图案．他还发明了单词联想测试，并研究了潜意识的运作．他对用各种可能的方法测量人类很感兴趣．这包括测量他们的感官辨别能力，他认为这与智力能力有关．高尔顿认为，一般能力的个体差异反映在相对简单的感官能力表现和对刺激的反应速度上，这些变量可以通过感官辨别和反应时间测试客观地衡量．他还测量了人们的反应速度，后来他将其与最终限制智力的内部通路联系起来．在高尔顿的整个研究中，他认为反应快的人比其他人更聪明．他在这一领域的工作被收集到了那本名为《人类才能及其发展研究》的覆盖范围甚广的书中．

高尔顿在这个领域发表过超过 30 项论著．

12.5　人类学：高尔顿统计学的扩展领域

因为对遗传的兴趣，高尔顿后来将他对人类特征的研究扩展到了普通人体测量学（anthropometry，或 "measurement of man"），试图找到尽可能多的

可测量特征，以便确定它们的分布和遗传．他清楚地认识到，只有在处理大样本时，数据的统计研究才是可靠的，为了收集大量数据，他创建了一个 "人体测量实验室（Anthropometric Laboratory）"（图 12.5），该实验室被纳入伦敦 1885 年举办的国际健康展（International Health Exhibition）．作为这项工作的一部分，高尔顿设计了第一批科学的心理测量，并由此建立了心理测量学（psychometrics）．

图 12.5　国际健康展上的
人体测量实验室

实验室用通常由高尔顿自行设计并按照其规格制造的仪器对观众进行测试．他在机械上的独创性很快产生了许多仪器和技术，其中大部分都非

常成功.

　　受试者乐于牺牲被测试的权利，以换取他们身上测量的结果. 通过这种方式，高尔顿为不同的个体收集了 9 000 多组数据，获得了一个具有合理代表性的样本. 然而，高尔顿收集的数据非常成功，但是，在那个时代，处理这些数据却成了问题；对这些数据中相当大一部分的正确处理是到 20 世纪 20 年代和 30 年代的事情了.

　　由于高尔顿在展览会上取得巨大成功，他在南肯辛顿博物馆建立了实验室的永久版本，并持续收集了多年的数据. 直到 20 世纪 80 年代人们才第一次对这些数据进行了全面分析，那时统计技术和基于计算机的分析已经足够成熟和快速，足以处理这项任务.

　　另外，高尔顿后来对姓氏消失概率的统计研究导致了高尔顿-沃森(Galton-Watson)随机过程的概念，这是分支过程(branching processes)的一种.

　　高尔顿在人类学方面的著述超过 60 项.

12.6　肖像合成：高尔顿的平均脸

　　这是一个很有意思的话题，联系了高尔顿的发明创新的能力和统计学思维方式.

　　高尔顿对"合成肖像"的使用进行了多年的研究，通过固定眼睛然后反复有限次地曝光而叠加个体面部的多个摄影肖像来创建一张平均脸(average face)，将不同对象如罪犯、肺结核患者等的照片组合在一起，形成单个混合图像. 高尔顿使用自己设计的仪器，通过多年的反复试错(trial-and-error)完善了该方法的技术细节. 这项工作始于 19 世纪 80 年代，当时学者雅各布斯(Joseph Jacobs，1854—1916)与高尔顿一起研究人类学和统计学. 雅各布斯的出版物中使用了高尔顿合成的图像. 精神分析法是一种通过病人和精神分析学家之间的对话来评估和治疗心理病理的临床方法. 奥地利神经学家和精神分析法的创始人弗洛伊德(Sigmund Freud，1856—1939)在其关于梦境著作中，接受了高尔顿的建议，即这些复合物可能代表了理想类型或"自然类型"概念的有用标志.

高尔顿特别感兴趣的是使用这些复合肖像来测试这些肖像能否发现一种可识别的犯罪类型. 高尔顿尝试在许多其他应用中使用合成肖像, 包括通过"病态类型"（sick type）的外貌来识别慢性病患者, 结果充其量也是模棱两可的. 图 12.6 是一些高尔顿制作的复合肖像. 但他在这个方向上的实验表面, 就他所掌握的数据, 并没有发现这种类型, 比如, 罪犯的画像经复合后往往变得平淡无奇. 高尔顿在肖像复合方面留下的文献有 20 余项.

（a）罪犯的复合肖像

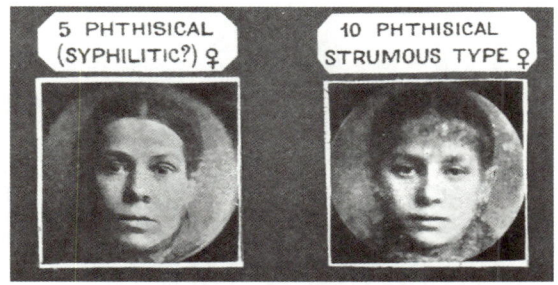

（b）不同疾病类型的符合肖像

图 12.6　高尔顿制作的平均脸照片

在 1990 年代, 在他的发明的一百年之后, 许多心理学研究已经探究了这些面孔的吸引力. 通过身体外貌和心理特征之间的联系, 人们发现高尔顿并非完全是错的, 因为现代研究表明, 对于非常大的样本来说, 身体特征和犯罪等特征之间确实存在微弱但显著的联系. 这是高尔顿在他原来的演讲中谈论过的一个方面.

　　赫歇尔（William James Herschel，1833—1917）爵士是最早主张使用指纹识别犯罪嫌疑人的人之一．在为印度行政参事会（Indian Civil Service）工作时，他于 1858 年开始在文件上使用指纹作为安全措施，以防止对签名的否认．1880 年，东京一家医院的苏格兰外科医生福尔兹（Henry Faulds）博士发表了他的第一篇关于指纹用于识别身份的论文，并提出了一种用印刷墨水记录指纹的方法．他建立了指纹的第一个分类．1886 年，他向伦敦大都会警察局提出了它们在法医工作中的潜在用途，但未被接受．福尔兹把他的方法写信告诉查尔斯·达尔文．但由于年龄太大，身体也不好，达尔文把这个方法告诉了他的表弟弗朗西斯·高尔顿．

　　高尔顿继续为这项研究创造了第一个科学基础，发表了指纹分析和识别的详细统计模型，这有助于法院接受它，并在他的著作《指纹》中鼓励将其用于法医学．在 1888 年的皇家学会论文和三本书中（*Finger Prints*，1892；*Decipherment of Blurred Finger Prints*，1893；*Fingerprint Directories*，1895），高尔顿估计了两个人拥有相同指纹的概率，并研究了指纹的遗传性和种族差异．他撰写了关于这项技术的文章（无意中引发了赫歇尔和福尔兹之间的争论，这场争论一直持续到 1917 年），确定了指纹中的常见模式，并设计了一个指纹分类系统．他描述并将它们分为八大类：（1）平纹弓（plain arch）；（2）帐篷拱（tented arch）；（3）简单环（simple loop）；（4）中央口袋环（central pocket loop）；（5）双环（double loop）；（6）侧袋环（lateral pocket loop）；（7）平旋（plain whorl）；（8）偶然（accidental）．

　　1897 年，在印度加尔各答（Kolkata）成立了第一个指纹局（Fingerprint Bureau）．亨利（Edward Richard Henry，1850—1931）爵士，第一男爵，是 1903 年至 1918 年的伦敦大都会警察局长，曾在印度服务过．高尔顿的指纹分类系统后来在亨利爵士组织下进行改编，形成了亨利分类系统．第一个英国指纹局于 1901 年在伦敦大都会警察总部苏格兰场成立时，英格兰和威尔士接受了该系统，用于警察部队和其他管理机构．

　　虽然高尔顿不是第一个提出使用指纹进行身份识别的人，但他是将指纹研究建立在科学基础上，从而为在刑事案件中使用指纹奠定基础的第一人. 他通过自己的人类学实验室收集了大量指纹样本，最终积累了8 000多套. 他对指纹细节的研究为不同指纹的有意义的比较提供了基础，而且他能够通过细枝末节，对各个指纹唯一性构造统计学证明. 最重要的是，高尔顿使用指纹广泛宣传，有助于说服持怀疑态度的公众，使他们相信指纹可以可靠地用于身份识别.

高尔顿出版过两本关于指纹的主要著作：

GALTON F，1892．Finger Prints．London：Macmillan．

GALTON F，1893．Decipherment of Blurred Finger Prints．London：Macmillan．

第一本封面上有一整套他自己的指纹（见图12.7）. 第二本是关于破解模糊指纹的重要小册子.

高尔顿还发表了大量关于指纹的学术论文、热门文章、信件和采访，大约有30项之多. 这是一项重要的基础工作，并为1894年议院委员会的赞同性的裁决铺平了道路，该裁决很快促成在法庭上接受指纹证词，以确定惯犯，并随后用于法医学.

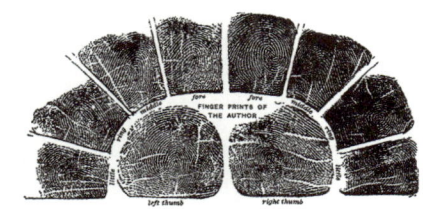

图 12.7 高尔顿自己的指纹

指纹的局部模式（minutia）由脊和壑构成，高尔顿的方法如下：

（1）从赫歇尔和他自己收集的其他人提供的例子中，高尔顿证明，从青年到老年，甚至到去世后，人的指纹都非常稳定. 它们的大小随着成长而变化，但（除了一个小的例外）它们的局部模式并不变化. 在研究的数百个特征中，唯一的例外是一个男孩的指纹的一个局部模式在2岁半到15岁之间发生了变化.

（2）高尔顿接着把指纹分解成多个部分. 为此他提出了一个问题：如果随机地隐藏指纹的一个小正方形区域，一位经验丰富的分析师根据在小正方形外部观察到的情况，通过猜测重建隐藏部分，成功猜测概率为1/2的小正

12.7 指纹研究：高尔顿对出现
相同指纹概率的估计

方形应该有多大？从实验中，他发现一个边长约为 6 个脊宽度的正方形就可以. 实际上，在 75 次试验中，高尔顿估计，六脊正方形的平均成功猜测概率约为 1/3. 他认为五脊正方形会更接近所寻求的尺寸，但他为了"安全起见"选择六脊正方形，如图 12.8 所示.

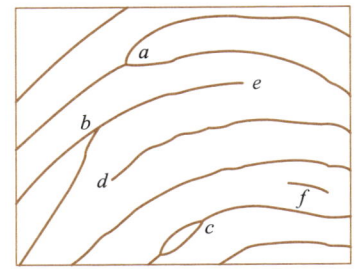

图 12.8　指纹示意图

（3）然后，他把每个指纹图分成 24 个六脊正方形. 他假定每个小方块上图案相同的概率为 1/2（见上述（2）），则两个指纹完全一样的概率为 $\dfrac{1}{2^{24}}$. 再加上方块附近的脊的走向$\left(\text{猜对的概率是}\dfrac{1}{2^4}\right)$以及进入和

离开方块的脊的数量$\left(\text{猜对的概率是}\dfrac{1}{2^8}\right)$的考虑，总体来说，两个指纹相同的

概率是 $\dfrac{1}{2^{24}}\times\dfrac{1}{2^4}\times\dfrac{1}{2^8}=\dfrac{1}{2^{36}}\approx\dfrac{1}{6.4\times10^9}$，结合当时的人口估算为 16 亿，两个指纹相

同的概率相当小，可以忽略不计.

当然，高尔顿还研究了指纹与遗传的关系，证明了指纹并不遗传，在亲属甚至是双胞胎之间的关联也不会大到影响身份识别的效果. 关于两个孩子指纹的独立性的检查（指纹类型数量分布的独立性），高尔顿采用了一些跟八年之后卡尔·皮尔逊的卡方检验不同的方法.

12.8　统计学：高尔顿科学王国的纽带

高尔顿能够通过运用创新性的统计学概念将他关于遗传的研究置于科学基础之上，而且，即使不是第一位，他也完全可以被称为最早的社会科学家之一，这为后来高尔顿的追随者卡尔·皮尔逊将统计学作为一门学科发展铺平了道路，也为后来差异心理学的研究奠定了基础. 这里不得不提到斯皮尔曼（Charles Edward Spearman，1863—1945），他是英国理论和实验心理学家，深受高尔顿的影响，提出了斯皮尔曼等级相关系数，并通过等级相关系数和因子分析对统计学发展做出了杰出贡献. 波特爵士（Sir Cyril Burt，1883—1971）是英国心理学家，以在心理测试中发展因素分析和研究遗传对智力和行为的影响而闻名. 波特及其学生将智力和遗传能力的研究塑造成一门强大的学科.

现代社会科学几乎没有几个方面（或至少不应该）不依赖高尔顿引入的统计创新.

具有讽刺意味的是，高尔顿本人并未过多关注其统计方法的数学方面，他本质上是一位实干家. 他把技术的改进留给了像皮尔逊这样有献身精神、才华横溢的数学家，但仍提供了关键的概念形成；他是一个实践的创新者，而不是技术员. 通过甜豌豆实验，高尔顿首先发现了回归（regression），他最初称之为 reversion. 他的甜豌豆产生的种子，其大小的（正态）变差相对其父代来说，具有向均值回归的现象.

几年后，他通过另一种间接途径得出了统计相关系数，煞费苦心一次次地重新绘制关于二元正态分布的数据，直到他意识到椭圆曲线的公式（一个在 19 世纪数学中很流行的主题，但在今天几乎完全过时）能提供一种方法，可以用一个数字总结他所看到的图形关系. 然后，这个数字可以用来解释这种关系，并形成比较的基础. 根据朋友的建议，他找到了一位剑桥大学数学家，为他解决了细节问题——在后来的几年里，他与皮尔逊一起富有成效地使用了这一方法.

高尔顿于 1890 年在《北美评论》（*North American Review*）发表的文章《亲属关系与相关性》（*Kinship and correlation*[1]）中，对自己发现的相关性和回归进行了精彩的描述. 关于高尔顿对统计学的巨大影响，从他去世的讣告[2]中就有较为中肯的评价，该讣告发布在《皇家统计学会期刊》（*Journal of the Royal Statistical Society*）上.

问卷调查

高尔顿对心智的研究涉及人们对其心智是否以及如何处理心理意象等现

---

[1]　见 12.3 节末所列第二条参考文献.

[2]　Obituary: Sir Francis Galton, D.C.L., D.Sc., F.R.S. Journal of the Royal Statistical Society, 1911, 74(3): 314-320.

Obituary: Sir Francis Galton, F.R.S. The Geographical Journal, 1911, 37(3): 323-325.

象的主观描述的详细记录.为了更好地得到这些信息,他率先使用了调查表.在一项研究中,他要求伦敦皇家学会的成员描述他们所经历的心理图像.在另一项研究中,他从杰出的科学家那里收集了深入的调查资料,以研究先天遗传与后天培养对科学思维倾向的影响.

方差和标准偏差

任何统计分析的核心都是测量值变化的概念:它们既有中心趋势,或者叫均值,以及围绕这个中心值的扩散,或者叫方差.在 19 世纪 60 年代后期,高尔顿构思了一种量化正态变异的度量:标准偏差.

高尔顿是一个敏锐的观察者.1906 年,在参观牲畜博览会时,他偶然发现了一个有趣的比赛.一头公牛正被展出,村民们被邀请在公牛被屠宰和烹制好后猜测它的体重.近 800 人参加了比赛,高尔顿在活动结束后研究他们每个人猜测的值.高尔顿认为,"最中间的估计表达了大众的信仰,所有其他估计都被大多数人认为太低或太高".高尔顿报告此值(他自己引入的术语中位数,但他当时未使用这个词)为 1 207 磅(1 磅 ≈ 0.45 kg).令他惊讶的是,这与裁判测量的质量相差不到 0.8%.不久之后,在回应某个质询时,他把猜测的均值报告为 1 197 磅,但没有对因此提高的准确性进行评述.近期对历史档案的研究发现,在将高尔顿的计算结果引用到发表于《自然》的原始文章时发生了一些失误:中位数其实是 1 208 磅,烹制后的质量为 1 197 磅,因此平均的估计误差为零.索罗维基(James Surowiecki)在《群体的智慧》①中以这次质量判断比赛作为其开篇例子,他认为,如果高尔顿知道这个真实的结果,他关于人群智慧的结论无疑会以更强的方式表达.

正态分布

为了研究变化,高尔顿发明了高尔顿板(Galton board),这是一种类似弹球的装置,也被称为弹球机(bean machine),这里的 bean 就是刚才说的弹球,作为二项分布正态近似的实物演示,演示误差律和正态分布的工具.他还发现了二元正态分布的性质及其与相关性和回归分析的关系.

----

① SUROWIECKI J, 2004. The Wisdom of Crowds. New York: Random House.

第十二章 天才高尔顿:以统计学
　　　　为纽带的科学王国

相关性和回归

1846 年，法国物理学家布拉维（Auguste Bravais，1811—1863）首次发明了一个量，后来变成相关系数．在检查了前臂和身高测量值后，高尔顿在 1888 年独立地重新发现了相关性概念，并展示了它在遗传学、人类学和心理学研究中的应用．高尔顿认为，两个特征之间，比如人身上两块骨头长度之间的关系，有一些公共因素影响，也有一些独立因素起作用，那些公共因素的影响导致了这些特征之间的关系，而那些独立因素作用则导致了这种关系的变异性．他列举了大量符合这种观察的例子，包括生物的、商业的（Galton，1890）．高尔顿据此提出了相关性的概念，并使用了今天沿用的 correlation 这个词，发明了回归线的使用并选择 r（reversion 或 regression 的首字母）来表示相关系数①．

Ogive 曲线（S 形曲线）是建筑用语，用于统计时，等价于经验累积分布函数，而且也分为两种，小于（less than）型和大于（more than）型．与现在常用的经验分布函数是阶梯函数不同，ogive 函数用直线连接相邻的点．在 1870 年代和 1880 年代，高尔顿是使用正态理论将实际表格数据用直方图和 ogive 曲线进行拟合的先驱，这些数据大部分是他自己收集的：例如兄弟姐妹和父母身高的大量样本．对这些实证研究结果的考虑给他带来了更多关于进化论、自然选择和回归均值的洞见．

高尔顿是第一个描述和解释向均值回归这一常见现象的人，他在关于连续几代甜豌豆种子大小的实验中首次观察到了这一现象．

"回归到均值"发生的条件取决于该术语的数学定义方式．高尔顿首先在数据点的简单线性回归的背景下观察到了这一现象．高尔顿开发了以下模型：小颗粒通过弹球机（bean machine 或叫 quincunx）落下（后来叫高尔顿板，图 12.9），形成正态分布，直接以其入口点正下方为中心．然后，这些颗粒可以向下释放到第二个栅格中（对应于第二代测量场合）．然后，高尔顿问了一个相反的问题："这些颗粒是从哪里来的？

---

① CLAUSER B E, 2007. The life and labors of Francis Galton: a review of four recent books about the father of behavioral statistics. Journal of Educational and Behavioral Statistics, 32(4): 440-444.

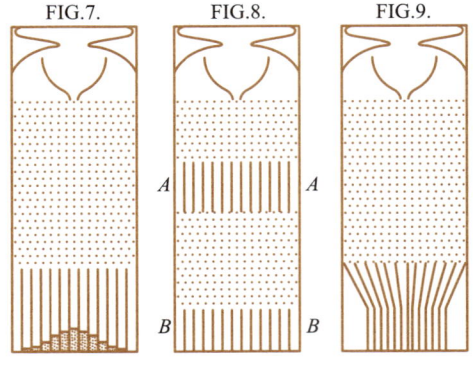

图 12.9　高尔顿板①

　　高尔顿的想象力展示了正常世界是如何被分解成各个成分的，这些成分可以追溯到第一阶段结束时小球的位置. 这台机器与他的遗传研究非常匹配. 最终轮廓表面上的同质化，当前一代可以看作是前几代的混合. 事实上，高尔顿的实验可以本质上理解为就是正态分布的正态混合本身是正态的（或者，在离散版本中，二项分布与具有相同 p 的二项分布卷积是二项的）. 你甚至可以看到回归现象：从中线放出的小球的预期最终位置就在它的下面，但是在最底层的小球的预期原点是什么呢？显然从它的位置上更向着中心，因为朝向中心的小球比更远的要多.

　　当然，从数学的角度来看，回归现象是很自然的事情. 设 x 和 y 具有联合正态分布：

$$\begin{pmatrix} x \\ y \end{pmatrix} \sim N\left(\begin{pmatrix} \mu_x \\ \mu_y \end{pmatrix}, \ \begin{pmatrix} \sigma_x^2 & \sigma_{xy} \\ \sigma_{xy} & \sigma_y^2 \end{pmatrix} \right), \ \sigma_{xy} \neq 0$$

则

$$E(y \mid x) - \mu_y = \frac{\sigma_{xy}}{\sigma_x^2}(x - \mu_x) = \frac{\sigma_y}{\sigma_x}\rho(x - \mu_x) = \beta(x - \mu_x)$$

若 $\sigma_x \geq \sigma_y$，则 $\beta < 1$，显现出高尔顿的回归的意义. 这里条件 $\sigma_x = \sigma_y$ 相当于 x 与 y 具有相同的分布，这在高尔顿考虑的问题中基本得到满足.

---

　　①　图 12.9 取自：GALTON F, 1889. Natural inheritance. London：Macmillan. 第 63 页.

第十二章　天才高尔顿：以统计学
　　　　为纽带的科学王国

高尔顿关于回归的里程碑式的论文发表于 1886 年. 高尔顿的目的不是去发现一种统计技术或者理论, 而是通过数据来研究遗传规律. 从这个角度来说, 回归原本是个遗传学概念, 不是统计学概念, 但是今天却成为统计学研究的一个重要分支, 并且已经完全背离了高尔顿最原始的"回归"一词的本义.

另外, 作为用统计方法解决各个领域问题的一种论文文体, 即便从今天的角度来看, 高尔顿这篇论文也是一个很好的范本.

高尔顿最初的实验对象是植物种子, 他发现子代种子大小与其父代种子并不相仿, 而总是比父代种子更趋中化(more mediocre)——若父代大, 则比父代小; 若父代小, 则比父代大. 而且平均的子代向均值的回归与父代偏离均值的程度直接成正比. 他以此为基础于 1877 年 2 月 9 日在皇家研究院(the Royal Institution)作了一个演讲. 他并不怀疑结论的正确性, 但是由于各种原因, 对精确的回归比(ratio of regression, 高尔顿的原词)仍然有一点点疑虑, 而且也没有找到这种现象的他自己能接受的解释方式. 经过多年徒劳无功的努力之后, 高尔顿启动了一个家庭记录(family records)计划, 测量各个家庭成员身材的相关数据. 高尔顿认为对该计划数据的分析充分证实并远远超出了其从植物种子中得到的结论. 对人类身材这个场合, 以意想不到的一致性和精度, 它给出了对中值回归(regression towards mediocrity)的数值从 1 变成 2/3, 并提供了许多遗传学方面的事实.

下面是一些关于该论文的一个不算特别简略介绍.

(1) 高尔顿的数据包括 930 个成年子女的身高和他们各自共 205 对父母的身高. 但是, 估计是因为当时还没有发展出多元回归的技术, 在每一个案例中, 高尔顿通过乘 1.08 将女性身高转化为等价男性身高. 高尔顿说这是当时流行的做法. 然后, 将转化后的母亲身高与父亲身高平均, 得到(抽象的)"父母身高", 高尔顿将其称为"父辈中值(mid-parent)", 作为子女身高的

① GALTON F, 1886. Regression towards mediocrity in hereditary stature. The Journal of the Anthropological Institute of Great Britain and Ireland, 15: 246-263.

解释因素.高尔顿解释这么做的原因是高个子父亲娶矮个子母亲的情况可以被高个子母亲嫁给矮个子父亲的情况抵消.所以认为他所抽取的父母数据可以代表父母一代的总体分布.当然,高尔顿平等对待每个成年子女身高,这似乎并不合理,至少,一个家庭内部各个子女的身高应该具有相关性.高尔顿认为,用身高作为遗传的回归现象研究的好处是:数据容易获得;在35年的生命中段相对稳定;对成长环境依赖性小(当然这点今天看起来显然是不对的),对死亡率的微不足道的影响(下文有进一步解释);身材不是一个简单的元素而是100多个身体部位的长度或厚度的总和,包括骨头、软骨、头部的头皮和脚底的肉质等,因而可以完美地贴合正态分布(他文章用词是law of errors,误差分布律),等等.高尔顿还认为,身高作为遗传研究主题的另一个重要优点是,婚姻选择很少或根本不考虑身材高矮.他的检验方法是,把205名父亲和205名母亲各分成三组——tall(T),medium(M)和short(S)(男性67—70英寸的身高视为M),见图12.10(其论文中的TABLE III).结果是,身高不同的男性和女性(矮高或高矮)结婚的频率与身高相似的男性和女性(都高或都矮)结婚的频率差不多,高尔顿说前一种情况为32例而后一种情况为27例.因此,他认为可以将已婚人士视为随机从普通人群中成对挑选出来.这些想法对今天做数据分析依然具有很好的启发性.

高尔顿谈到身高跟死亡率的关系,我们的理解是这样的:身高对死亡率没有影响,收集到的数据才会有代表性.否则,比如说身材高的人寿命短,则收集到的数据中矮个子的比例就会高于矮个子在出生人口中的比例,使得数据不具有代表性.这点体现了高尔顿思维的缜密性.

关于图12.10中的TABLE III,毫无疑问,这是列联表的雏形,但不是用我们今天常用的列联表的检验方法,费希尔提出的列联表方法要晚好几十年呢.此外,"12+14=32"不知道是怎么算出来的,正确的数字应该是26.这也就是说身高不同的男性和女性(矮高或高矮)结婚的有26例."矮高或高矮"与"都高或都矮"结婚的案例数之比为26:27.如果用列联表分析,那么p值为0.574,似乎确实是独立的,结论与高尔顿的结论类似.但是,这个结论与今天的观察并不吻合,无论怎么说,夫妇双方的身高应该是具有相关性的.

TABLE III.

S., t. 12 cases.	M., t. 20 cases.	T., t. 18 cases.
S., m. 25 cases.	M., m. 51 cases.	T., m. 28 cases.
S., s. 9 cases.	M., s. 28 cases.	T., s. 14 cases.

Short and tall, 12+14=32 cases.

Short and short, 9 ⎫
Tall and tall, 18 ⎬ =27 cases.

图 12.10　高尔顿对身高与婚姻选择关系的检验

（2）他认为，元素的多样性导致了子女身高密切依赖于父母双方的平均身高，并用数据对此进行了验证：挑选有六个及以上孩子的大家庭，对女性身高进行变换后，把那些身高与均值相差分别为 1、2、3、4，以及"5 英寸或更高"的父母的成年子女按照不同的行进行排列（见图 12.11，高尔顿的原文叫 TABLE II）．然后每行分成类似的类，以显示他们身高与相应的家庭子女身高的平均数相差 1、2、3 等英寸的个案数量（换算成总量 50 人的规模）．如果逐行将这些数字画成曲线，它们非常相似．最右一列为每组实际观察的子女人数．他的方法也类似于列联表．本质上，高尔顿用这种方法去证明子女身高偏差与父母的身高偏差没有关系，其逻辑似乎是这样的，假定子女身高为

TABLE II.

EFFECT UPON ADULT CHILDREN OF DIFFERENCES IN HEIGHT OF
THEIR PARENTS.

Difference between the Heights[1] of the Parents in inches.	Proportion per 50 of cases in which the Heights[1] of the Children deviated to various amounts from the Mid-filial Stature of their respective families.						Number of Children whose Heights were observed.
	Less than 1 inch.	Less than 2 inches.	Less than 3 inches.	Less than 4 inches.	Less than 5 inches.	Within Extreme Limit.	
Under 1 ..	21	35	43	46	48	50	105
1 and under 2..	23	37	46	49	50	..	122
2 ” 3..	16	34	41	45	49	50	112
3 ” 5..	24	35	41	47	49	50	108
5 and above ..	18	30	40	47	49	50	78

图 12.11　父母身高差距对子女身高的影响

12.9　GALTON F，1886：高尔顿
关于回归的论文

$$y - \mathrm{E}y = b(x_1 - \mathrm{E}x)(\text{父亲身高}) + c(x_2 - \mathrm{E}x)(\text{母亲身高}),$$
$$= (b+c)(x_1 - \mathrm{E}x) + c(x_2 - x_1)$$

然后去检查是否 $P(y - \mathrm{E}y = k \mid x_2 - x_1 = j)$ 的值跟 j 无关. 这里, 因为女性身高已经做过变换, 所以两者均值相等, 都为 $\mathrm{E}x$. 当然, 因为高尔顿检验的是分布函数, 所以其检验实质上并不需要假定线性性质. 也许高尔顿并没有想这么多, 他至少没有提到这一层.

先进行检验(高尔顿的程序可以看作是一个检验程序)然后确定 $x_2 - x_1$ 是不是要包含在模型中的做法, 相当于变量选择, 也可以说是 "预检验估计", 后世的某些统计学理论认为这种做法并不合理.

（3）高尔顿用图形(原文的 Plate IX, Fig.(a), 见图 12.12)中的两条斜线分别表示中值父母与其子代的身高. 高尔顿指出, 子女身高与其父辈中值的关系用 Fig.(a) 右边部分的偏差大小表示时相当简单, 而用 Fig.(a) 左边部分的身高表示时, 不太可能用简单的话语来表述. 高尔顿给出的回归率是 2/3, 这个值应该是通过直接观测数据散点图得到的, 而不是使用比如现在流行且当时已经存在的最小二乘法(法国科学家勒让德于 1806 年发明最小二乘法, 1829 年高斯提供了最小二乘法的一些理论结果).

图 12.12 中的点是各个父辈中值身高条件下子女身高的平均值, 高尔顿甚至将这个值称为 "遗传子(generant)". 这是高尔顿从生物学的想象给出的名词, 从统计学的意义上说, 这就是条件期望的估计. 高尔顿对这一数据体现出的规律给出了他认为合理的生物学解释. 图 12.12 中的 Fig(b) 部分是其设计的根据父母各自身高预测子女平均身高的一个物理装置(高尔顿喜欢这种基于物理的模型).

（4）高尔顿还指出, 遗传回归律的反方向并不是简单 2/3 的相反数, 他认为是 1/3. 高尔顿一直都很神奇!

（5）高尔顿制作了一张大表, 表的两条边分别是每个子女的身高以及父母身高中值, 父代子代身高的数值皆精确到十分之一英寸. 然后他数了每平方英寸内个体的数目, 并把它们记录下来, 得到了图 12.13(原文的 TABLE I)(他的表并未按在文中出现的顺序编号). 这个表也类似于一个列联表. 只不过, 一开始的 930 个子代数据到这里只剩下 928 个了.

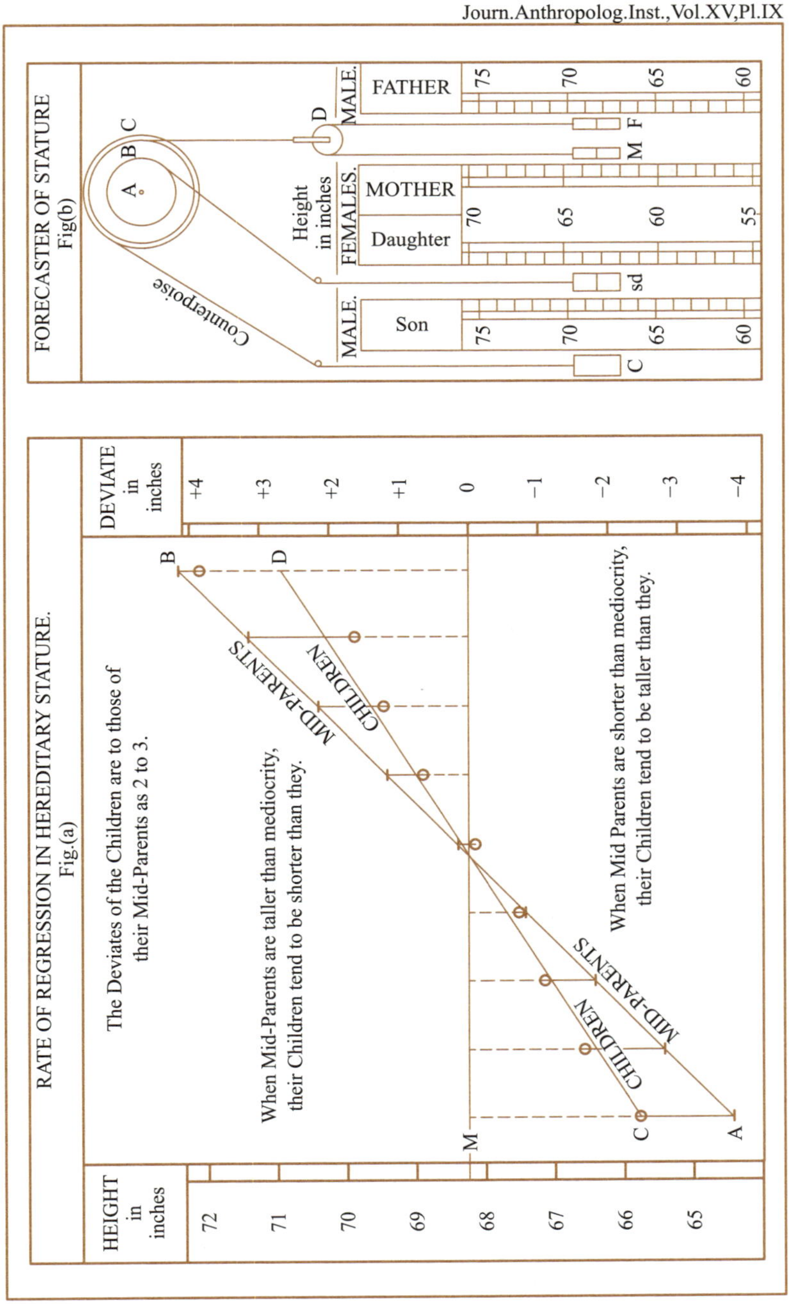

Plate IX.

Journ.Anthropolog.Inst.,Vol.XV,Pl.IX

FORECASTER OF STATURE
Fig(b)

RATE OF REGRESSION IN HEREDITARY STATURE.
Fig.(a)

The Deviates of the Children are to those of their Mid-Parents as 2 to 3.

When Mid-Parents are taller than mediocrity, their Children tend to be shorter than they.

When Mid Parents are shorter than mediocrity, their Children tend to be taller than they.

J.P.&W.R.Emslie,lith.

图12.12 高尔顿的回归分析散点图及其对结果的解释

12.9 GALTON F，1886：高尔顿
关于回归的论文

TABLE I.

NUMBER OF ADULT CHILDREN OF VARIOUS STATURES BORN OF 205 MID-PARENTS OF VARIOUS STATURES.

(All Female heights have been multiplied by 1·08).

Heights of the Mid-parents in inches.	Heights of the Adult Children.														Total Number of		Medians.
	Below	62·2	63·2	64·2	65·2	66·2	67·2	68·2	69·2	70·2	71·2	72·2	73·2	Above	Adult Children.	Mid-parents.	
Above	..	..	..	..	..	..	..	..	..	..	1	3	..	..	4	5	..
72·5	..	..	..	..	..	..	..	1	2	1	2	7	2	4	19	6	72·2
71·5	..	..	..	..	1	3	4	3	5	10	4	9	2	2	43	11	69·9
70·5	1	..	1	..	1	3	12	18	14	7	4	3	3	..	68	22	69·5
69·5	..	..	1	16	4	17	27	20	33	25	20	11	4	5	183	41	68·9
68·5	1	..	7	11	16	25	31	34	48	21	18	4	3	..	219	49	68·2
67·5	..	3	5	14	15	36	38	28	38	19	11	..	..	..	211	33	67·6
66·5	..	3	3	5	2	17	17	14	13	4	..	..	..	..	78	20	67·2
65·5	1	..	9	5	7	11	11	7	7	5	2	1	..	..	66	12	66·7
64·5	1	1	4	4	1	5	5	..	2	..	..	..	..	..	23	5	65·8
Below	1	..	2	4	1	2	2	1	1	..	..	..	..	..	14	1	..
Totals	5	7	32	59	48	117	138	120	167	99	64	41	17	14	928	205	..
Medians	..	..	66·3	67·8	67·9	67·7	67·9	68·3	68·5	69·0	69·0	70·0	..	..	..	..	..

NOTE.—In calculating the Medians, the entries have been taken as referring to the middle of the squares in which they stand. The reason why the headings run 62·2, 63·2, &c., instead of 62·5, 63·5, &c., is that the observations are unequally distributed between 62 and 63, 63 and 64, &c., there being a strong bias in favour of integral inches. After careful consideration, I concluded that the headings, as adopted, best satisfied the conditions. This inequality was not apparent in the case of the Mid-parents.

图12.13 高尔顿的父母子女身高数据

他通过在水平线和垂直线的每个交叉点上写下四个相邻方格的和这种方式来平滑化这些格子(今天的局部平滑不就是这样的吗? 神奇的高尔顿!),然后直接处理这些平滑后的数据得到图 12.14(原文的 Plate X).

对这些数据,他指出并讨论了如下一些性质:

(a)通过具有相同值的点绘制的线形成了一系列同心且相似的椭圆,它们的共同中心位于对应于 $68\frac{1}{4}$ 英寸的垂直线和水平线的交点,它们的轴也具有差不多的倾斜. 用我们熟悉的语言来说,高尔顿通过平滑方法得到了父辈子辈身高分布的联合密度估计,估计值就是图标中的数字,其椭圆就是二维分布密度曲线的等高线,高尔顿相当于发现等高线是椭圆. 其实,高尔顿一直在试图从各个层面说明身高分布是联合正态分布,虽然他整篇文章没有用过"正态分布"这个词.

(b)每个椭圆依次被水平切线接触的点(比如图 12.14 中的点 N),位于与垂直方向以 2/3 的比率倾斜的直线上;那些被垂直切线接触的点(比如图 12.14 中的点 M),位于与水平方向以 1/3 的比率倾斜的直线上. 这些比率正是回归系数.

(c)高尔顿认为,如果假定"误差频率律(the law of frequency of error)"适用,各种量显然都依赖于三个基本数据:

(i)族群变异性度量,用现代语言说就是总体方差,其可以导出父辈中值变异性.

(ii)共家庭(co-family)的变异性度量,即将具有类似父辈中值的后代作为一个共家庭的成员,这本质上就是条件方差.

(iii)平均回归比率(average ratio of regression). 关于平均回归比率,通过上面的 Plate IX 来解释. 高尔顿的回归概念不是一个整体概念,而是每个条件上应变量均值的回归,所以,平均回归比率就是每个点上的回归比率的平均.

以今天的语言,如果用随机变量 X 和 Y 表示父代和子代身高,采用联合正态分布,那么 Y 与父辈中值的回归系数可以用父辈中值方差、条件方差来表示. 高尔顿用一个简单的方程这三者联系起来:

$$v^2\frac{p^2}{2}+f^2=p^2,$$

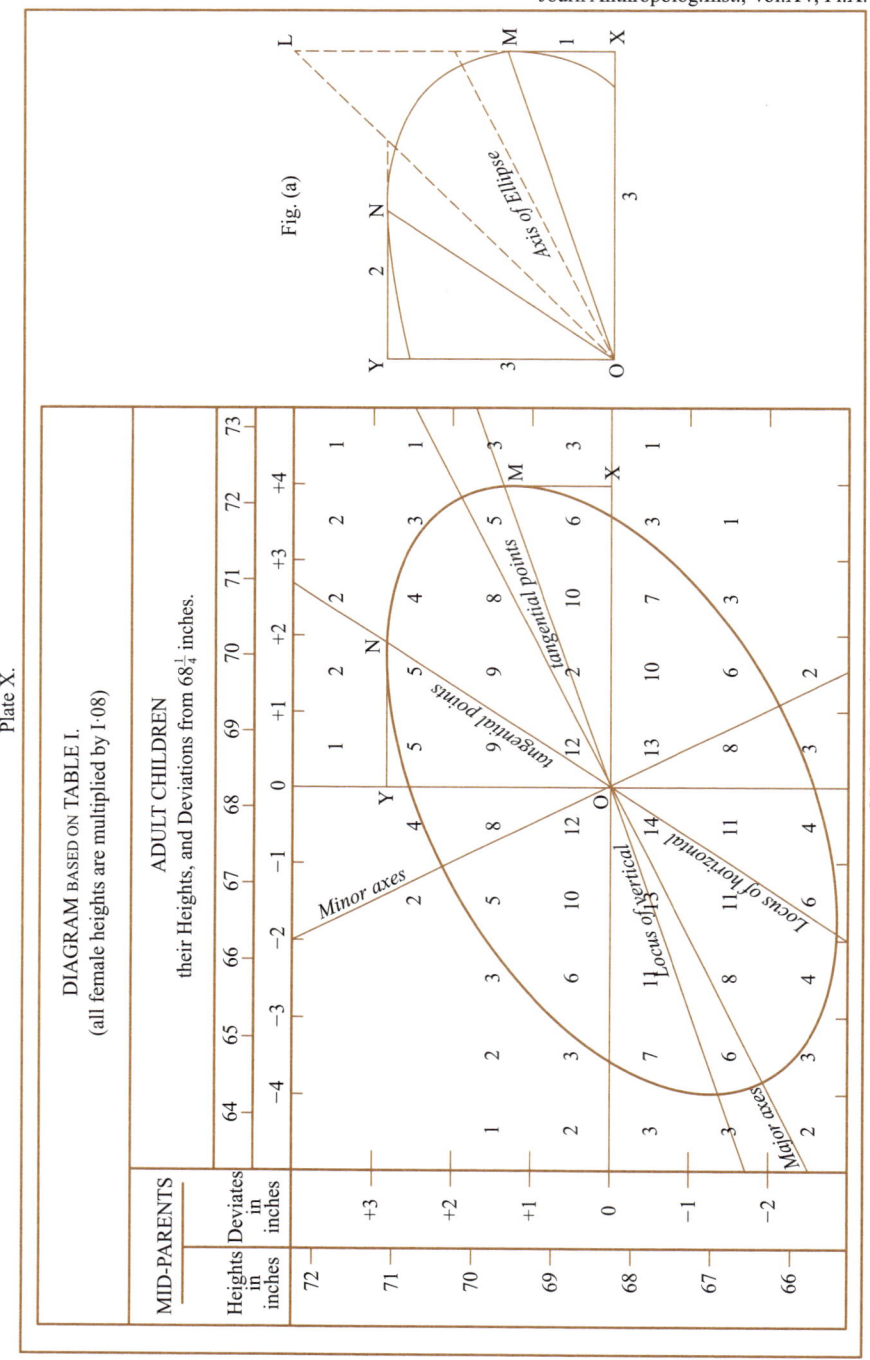

图12.14 高尔顿身高数据的正态分布图示

第十二章 天才高尔顿：以统计学
　　　　为纽带的科学王国

其中 $v=2/3$ 是回归系数，$p=1.7$ 是总体标准差（适用于父代和子代），$f=1.5$ 是条件标准差. 该方程是其整篇论文唯一的数学公式！从数学的逻辑来看，该方程本质上就是

$$p^2 = \text{var}(Y) = v^2 \frac{\text{var}(X)}{2} + \text{E}[\text{var}(Y|X)] = v^2 \frac{p^2}{2} + f^2$$

这说明高尔顿有可能知道

$$\text{var}(Y) = \text{var}[\text{E}(Y|X)] + \text{E}[\text{var}(Y|X)]$$

这个公式，却又不明说. 抑或者，他不知道这个公式. 总之，这很神奇！

（6）高尔顿认为父辈与子辈身高具有相同的分布，这应该来自他的观察，当然这样的假定在一个相对不太长的时间内是合理的，否则会造成人类身高的爆炸或者是坍塌. 他用表格方法解释了两代人身高同分布这个现象，如图 12.15.

他的逻辑是，父辈身高通过"父辈中值"这个计算，使得分布更为集中，通过回归（得到遗传子）更进一步地集中，然后通过每个父辈中值上条件方差在子代把分布扩散（disperse）而恢复到与父辈一样的分布. 当然，这种解释仅仅是把相关的数学表达式用数据的方式来复现. 神奇的是，高尔顿从头到尾不用数学公式，完全是对数据观察得到的结论！

（7）高尔顿还解释了，身高不但遗传自父母，还有先辈，一直往上追溯到其祖先的分布与种族（race）相同样本大小的抽样具有相同统计特征为止. 不过，这种解释大概来自高尔顿的想象，并无数据支撑，倒是与他设计的弹球机的原理类似.

（8）高尔顿也将他的问题从所有与遗传有关的问题中剥离出来，数学家所能处理的那种抽象术语来进行描述，然后把它交给剑桥大学圣彼得学院的迪克森（J. Hamilton Dickson）帮其处理. 迪克森对高尔顿的分析结果进行了修正，比如他把高尔顿原本的回归系数 1/3（代代对子代）修正为 6/17.6. 当分析结果返回到高尔顿时，他显然被数学震撼到了："当他的回答给到我时，我从来没有感觉到对数学分析的王国和巨大影响力是如此的忠诚和尊重，他的回答通过纯粹的数学推理，以远超我所期望的极大的准确性证实了我的各种各样和艰苦的统计结论，因为原始数据有些粗略，我不得不小心翼翼地将它们平滑化."但是，很遗憾，高尔顿在论文中并未说明究竟是什么数学结

TABLE IV.
PROCESS THROUGH WHICH THE DISTRIBUTION OF STATURES, IN SUCCESSIVE GENERATIONS OF THE SAME PEOPLE, REMAINS UNCHANGED.

Statistical Distribution of Statures in the several Systems of

Height in inches.	Deviation in inches.	GENERATION I.	MID-PARENTS.	GENERANTS.	GENERATION II.
73		2			2
72	+ 4	6	2	1	6
71	+ 3	10	6	7	10
70	+ 2	15	16	13	15
69	+ 1	17	26	29	17
68	0	17	26	29	17
67	− 1	15	16	13	15
66	− 2	10	6	7	10
65	− 3	6	2	1	6
64	− 4	2			2
Total ···	···	100	100	100	100
Probable derivation ···		1·7	1·2	0·8	1·7

(Inter-column annotations: MID-PARENTS. *Concentrates.* / GENERANTS. *Concentrates.* / GENERATION II. *Disperses.*)

Annotations at right: Upper Quartile. / MEDIAN. / Lower Quartile.

NOTE.—The cases are symmetrically disposed above and below the common mean value of $68\frac{1}{4}$ inches. The Upper and Lower Quartiles are the values that in each case divide the number of cases above the Median or mean value, and those below it, respectively into equal parts. Thus in each column there are (1) 25 cases per cent. above the Upper Quartile, (2) 25 cases between the Upper Quartile and the Median, (3) 25 cases between the Median and the Lower Quartile, (4) 25 cases below the Lower Quartile. The difference between either Quartile and the Median is technically called the "Probable" deviation.

图12.15 高尔顿关于两代人身高同分布的生物学解释

第十二章 天才高尔顿：以统计学
　　　　为纽带的科学王国

果，甚至连问题的数学表述都没有说，更不要说数学处理的过程了，比如说，迪克森是不是用了最小二乘法（最小二乘法的提出已经过去几十年了）等．记得有篇文章说高尔顿数学不好，恐怕确实是不太好，当然，这不影响我们对高尔顿的崇拜，崇拜其在数据分析并将其应用于各种领域的杰出才能．

12.10　进一步阅读：高尔顿传记与介绍的材料

高尔顿是个神奇的人，文献中有大量关于高尔顿的生平、传记、学术以及生活的各种材料，下面所列是一些比较重要的部分．

［1］BULMER M, 1998. Galton's law of ancestral heredity. Heredity, 81 (5): 579-585.

［2］BULMER M, 2003. Francis Galton: Pioneer of heredity and biometry. Baltimore: Johns Hopkins University Press.

［3］BURT C, 1962. Francis Galton and his contributions to psychology. British Journal of Statistical Psychology, 15(1): 1-49.

［4］CLAUSER B E, 2007. The life and labors of Francis Galton: a review of four recent books about the father of behavioral statistics. Journal of Educational and Behavioral Statistics, 32(4): 440-444.

［5］CONKLIN B G, GARDNER R, SHORTELLE D, 2002. Encyclopedia of forensic science: a compendium of detective fact and fiction. Phoenix: Oryx Press.

［6］COWAN R S, 2005. Galton, Sir Francis(1822-1911)// Oxford Dictionary of National Biography(online ed.). Oxford: Oxford University Press.

［7］FORREST D W, 1974. Francis Galton: The life and work of a victorian genius. Taplinger.

［8］GALTON F, 1908. Memories of my life. London: Methuen(eBook Published, 7 August 2015, Routledge).

［9］GILLHAM N W, 2001a. A life of Sir Francis Galton: From African exploration to the birth of eugenics. Oxford: Oxford University Press.

［10］GILLHAM N W, 2001b. Evolution by jumps: Francis Galton and

William Bateson and the mechanism of evolutionary change. Genetics, 159(4): 1383−1392.

[11] GILLHAM N W, 2001c. Sir Francis Galton and the birth of eugenics. Annual Review of Genetics, 35: 83−101.

[12] GILLHAM N W, 2013. The battle between the biometricians and the mendelians: how Sir Francis Galton's work caused his disciples to reach conflicting conclusions about the hereditary mechanism. Science & Education, 24(1−2): 61−75.

[13] JENSEN A R, 2002. Galton's legacy to research on intelligence. Journal of Biosocial Science, 34(2): 145−172.

[14] PEARSON K, 1914. The life, letters and labours of Francis Galton, Volume 1: Birth 1822 to marriage 1853. Cambridge: Cambridge University Press.

[15] PEARSON K, 1924. The life, letters and labours of Francis Galton, Volume 2: Researches of middle life. Cambridge: Cambridge University Press.

[16] PEARSON K, 1930a. The life, letters and labours of Francis Galton, Volume 3a: Correlation, personal identification and eugenics. Cambridge: Cambridge University Press.

[17] PEARSON K, 1930b. The life, letters and labours of Francis Galton, Volume 3b: Characterization, especially by letters, index. Cambridge: Cambridge University Press.

[18] STIGLER S M, 2010. Darwin, Galton and the statistical enlightenment. Journal of the Royal Statistical Society, Series A, 173(3): 469−482.

[19] WALLIS K F, 2014. Revisiting Francis Galton's forecasting competition. Statistical Science, 29(3): 420−424.

[20] WINSTON R, 2020. Robert Winston: eugenics has evil in its DNA. The Times.

[21] BROOKES M, 2004. Extreme measures: The dark visions and bright ideas of Francis Galton. New York: Bloomsbury.

[22] COWAN R S, 1969. Sir Francis Galton and the study of heredity in the nineteenth century(PhD). Georgetown University.

第十二章 天才高尔顿：以统计学
为纽带的科学王国

［1］陈希孺，2002．数理统计学简史．长沙：湖南教育出版社．

［2］伯恩斯坦，2010．与天为敌：风险探索传奇．穆瑞年，吴伟，熊学梅，译．北京：机械工业出版社．

［3］C. R. 劳，2004．统计与真理——怎样运用偶然性．李竹渝，石坚，译．北京：科学出版社．

［4］格涅坚科，1956．概率论简史//概率论教程．丁寿田，译．北京：人民教育出版社．

［5］STIGLER S M，1986．The history of statistics：The measurement of uncertainty before 1900．Cambridge：Harvard University Press．

郑重声明

高等教育出版社依法对本书享有专有出版权。任何未经许可的复制、销售行为均违反《中华人民共和国著作权法》，其行为人将承担相应的民事责任和行政责任；构成犯罪的，将被依法追究刑事责任。为了维护市场秩序，保护读者的合法权益，避免读者误用盗版书造成不良后果，我社将配合行政执法部门和司法机关对违法犯罪的单位和个人进行严厉打击。社会各界人士如发现上述侵权行为，希望及时举报，我社将奖励举报有功人员。

反盗版举报电话　（010）58581999　58582371

反盗版举报邮箱　dd@hep.com.cn

通信地址　北京市西城区德外大街 4 号

　　　　　高等教育出版社知识产权与法律事务部

邮政编码　100120

读者意见反馈

为收集对教材的意见建议，进一步完善教材编写并做好服务工作，读者可将对本教材的意见建议通过如下渠道反馈至我社。

咨询电话　400-810-0598

反馈邮箱　hepsci@pub.hep.cn

通信地址　北京市朝阳区惠新东街 4 号富盛大厦 1 座

　　　　　高等教育出版社理科事业部

邮政编码　100029